JN038999

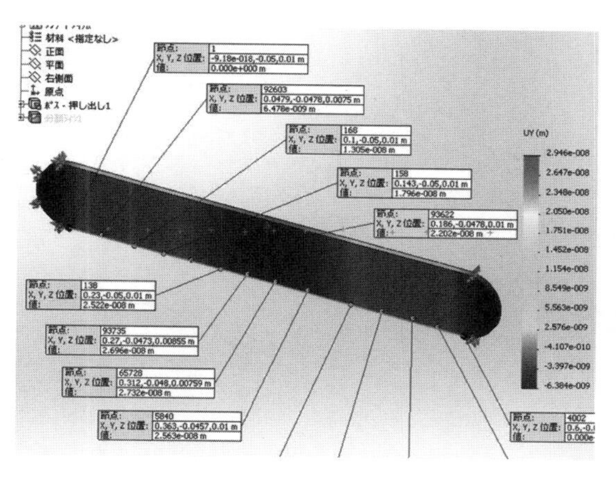

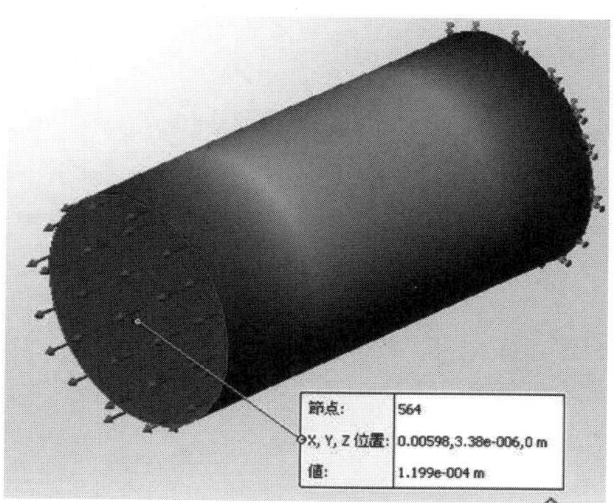

SOLIDWORKS によるCAE 教室

― 構造解析/振動解析/伝熱解析 ―

篠原主勲 著

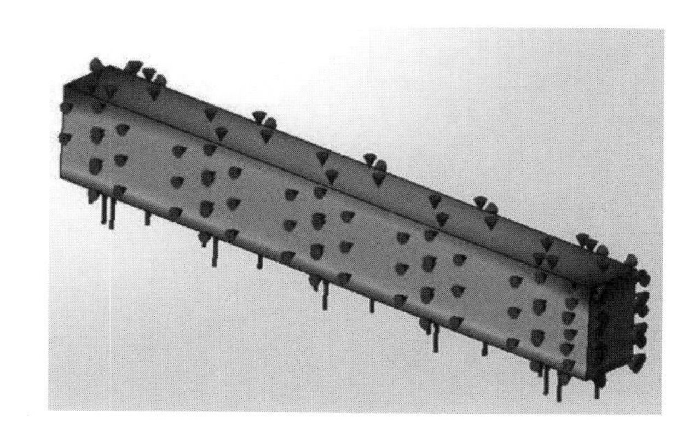

コロナ社

まえがき

大学で機械工学の分野を専攻すると，2年生あたりから，材料力学，機械力学（振動工学），流体力学，熱力学（伝熱工学）からなる4力などの聞きなれない言葉が講義で飛び交うようになります．教科書を見ると，これらの概念が理路整然とした理論式でまとめられているのですが，このような式が結局のところ，何を意味しているのか，よく理解できずに苦しむ学生を多く見かけます．教える側の教員は，教科書にある挿絵を見せながら，どのような現象かを説明しますが，なかなか学生の理解が得られません．例えば，機械力学（振動工学）の重要なキーワードに固有振動モードという言葉があります．教科書をみると，必ず梁の振動モードの説明があり，梁のどこが節でどこが腹か？（節は動きがない位置を示し，腹は最も揺れ動く位置）などの詳細な説明があります．しかし，教科書の挿絵（静止した絵）を見ながらの講義では，学生の反応はいまひとつであることが多いように感じられます．

本書の作成のきっかけは2015年ごろで，新カリュキュラムにCAE教育を取り入れたいとの教室会議での議論でした．企業でのCAEの役割は“試作や試験の回数を減らして開発コストを削減すること”でした．著者が企業で勤務した20年くらい前は，“CAEソフトの使い勝手が悪い”，“何をやっているかわからない”など，設計現場からのクレームが多く，CAEソフトを設計に役立てる企業は一部に限られていたように思います．また，著者が大学に入学した時代は1990年代であり，当時はパソコンやCAEソフトといったものはありましたが，非常に高価で一般の学生がすぐに入手できるといったものではありませんでした．しかし2020年現在において，20年前のCAEソフトウェアと比較し，思った以上にSOLIDWORKSの操作性が向上し，学部学生でも難なく使いこなせることがよくわかりました．またCAEソフトは非常に安価（もしくはフリー）になり，さまざまなセミナー（CAE懇話会：http://www.cae21.org/）や，CAE技術者資格認定（https://www.jsme.or.jp/cee/）などが整備されたのも相まって，近年，企業への導入がますます加速しています．企業採用担当者との会話などを通し，著者がイメージする20年前のCAEとまったく状況が異なっていることがよくわかりました．このようなCAEを取り巻く社会背景の中，CAEソフトを利用し，この4力を学生にスムーズに理解させることができないかと考えるようになりました．

CAEソフトがすばらしいのは，グラフィカルな可視化により，どのような物理現象が生じるか，何となくですが，直観的に見てわかるところです．また，CAEソフトを用いた演習系の授業であれば，形状やメッシュ，もしくは解析結果のグラフなどを作成する作業が必要になります．それらの作業を通し，座学による講義では集中力が維持できない学生が4力に興味を持ってくれるのではないかと期待し，本書を執筆しました．一般にCAEソフトは製品の改善や改良などに用います．本書では座学で勉強する理論を理解するため，CAEによる解析を実施している点が大きく異なります．そのため，実機形状などの複雑な形状の解析は行いません．円柱や長方形などの簡易形状を対象にFEM解析を行います．それらの解析結果の理解を深めてもらうため，解析結果を必ず，理論値と比較します．

本来ならば，理論を実証するために実験を通して計測する方法が一般的で，中学校などでは実験を行うことが義務付けられています．中学校で実施する実験は限定的な簡易実験であるため，限られた時間内で実施することができます．一方で大学は，幅広い分野で内容も高度であるため，限られた時間内で，教科書記載の理論式を１つ１つ実験で実証する時間はありません．しかしCAE機能を駆使すれば，実験器具を用いずに，短時間で簡単に美しいアニメーションやコンター図で４力の物理現象を再現できます．このような実験をCAEで実施したいということで，本書のタイトルをCAE教室としてみました．

ソフトウェアとしてSOLIDWORKSを用いた理由は，教育機関であれば非常に安価な価格設定であるからです．CAEのみならず，CADのマニュアルも豊富でユーザー数も多く，使い勝手がよいためです．また2018年においてはSOLIDWORKSにCAM機能が搭載されました．そのためSOLIDWORKSは，２次元図面，３次元図面，解析・シミュレーション・評価，機械工作までの作業を一貫して実施できるCAD/CAM/CAEソフトウェアになりました．すべてSOLIDWORKSにて実施できるということは，煩雑な操作方法の学習時間を軽減し，効率的にCAD/CAM/CAEの本質について学生への教育を施すことが可能であることを意味します．SOLIDWORKSは，CAE初心者が取り組みやすいソフトだと思います．煩雑なパラメータの設定を必要とせず，SOLIDWORKSがすべて自動的に処理します．そのため必要最低限の操作手順さえ行えば，何かしらの結果が得られます．ただし一方でSOLIDWORKSのデメリットもあり，解析ができないものもあります．例えば，衝突解析はできません．すでに部材と部材が接触しているような接触解析については，解析可能です．しかし，初期状態において，部材と部材が接触しておらず，時間が経過した後に，それらの部材がたがいに衝突し，接触するような弾塑性解析をSOLIDWORKSで実施することはできません．また大規模並列解析などの機能がないため，計算精度の向上にも限界があります．実際のものづくりの開発現場で用いられる高機能CAEソフトについて，参考までにいくつか挙げておきます．

ANSYS, Nastran, Marc, LS-DYNA, ABAQUS, Altair RADIOSS

本書を通して，一人でもCAEの分野に興味を持ってもらい，CAEの普及促進の一助になればと思っています．

CAE教育においてソフトウェアの使い方に終始するのではなく，各種力学の知識の重要性を前提に，シミュレーションを体感しながら，知識の定着を図るというコンセプトを理解し，本書出版に尽力いただきましたコロナ社に感謝申し上げます．

2020年１月

篠原主勲

目　　　次

1. CAE

2. 共 通 操 作

3. 引張り（線形静解析）

4. 引張り（非線形静解析）

5. 梁のたわみ（線形静解析）

6. 円柱のねじり（線形静解析）

7. ばね（非線形静解析）

8. ヘルツ接触応力（非線形静解析）

9. 一自由度系の振動（過渡応答解析）

10. 一自由度系の振動（周波数応答解析）

11. 梁の振動（線形動解析）

12. 円環の振動（線形動解析）

13. 斜面を滑る物体の運動（非線形動解析）

14. 熱の伝わり方（伝熱解析）

15. 熱応力（構造-熱連成解析）

1章　CAE

1.1　CAEとは

CAEとはComputer Aided Engineeringの頭文字をとった造語で，日本語ではコンピュータ支援工学などと訳されます．これまで，宇宙，航空，自動車などのメーカーでは，安全な“もの”を作るため，試作機を何台も作成し，実験を行っていました．しかし，現在では，コンピュータの発展により，実際に起こる物理現象をコンピュータの画面上で行い，“もの”の安全性を確認することができるようになりました．実験と比較し，CAEは，実際の“もの”を作成せずに，仮想空間の中で，コンピュータ環境の資源がある限り，何度も実験を繰り返すことができます．そのため，ものづくりの開発期間短縮と低コスト化に直結するため，さまざまな企業がCAE技術を取り入れるようになりました．

1.2　CAE専門用語

CAEによる解析を実施すると，CAE特有の操作が必要になります．この操作を理解してもらうための専門用語をあらかじめ理解しておく必要があります．

1.2.1　FEM

FEMはFinite Element Methodの頭文字をとった造語で，日本語では**有限要素法**となります．微分方程式を解くための数値解析手法になります．材料力学，機械力学，流体力学，熱力学（伝熱工学）などの分野では，自然現象による法則をさまざまな微分方程式を用い，表現します．一般にそれらの微分方程式では厳密な正解を得ることができません．しかし，数値解析を用いれば，厳密な正解は得られないのですが，ほぼ正解に近い値になる近似解を得ることができます．FEMは近似解を得るための代表的な手法の1つになります．FEMは数学的に理路整然とした数値解析手法ですが，この方法を理解するためには高度な数学をよく理解する必要があります．SOLIDWORKSはこのFEMによる数値解析手法をブラックボックス化し，ユーザーに意識させないような仕組みになっています．

1.2.2　メッシュ

CADで作成した形状は，線，面積，体積などの組合せで作成されます．この線，面積，体積には空間方向の領域があります．FEMによる数値解析を実施するためには，CADで作成した形状，すなわち空間領域を一定の規則に従って分割していく作業が必要になります．四面体や六面体などを用いることで形状を細かい小領域に分割します．この小領域を要素と呼びます．この分割された格子状のものを**メッシュ**と呼びます．当然ですが，形状がない場合は解析領域もないため，メッシュを作成することはできません．

1.2.3　節点と要素

SOLIDWORKSでは，一定の規則に従って形状を分割する方法として四面体を用います．メッシュを作成すると，形状全体は小さい四面体で埋め尽くされます．別の言い方をすれば，メッシュ形状は，四面体をうまく組み合わせることで，CAD形状を表現していることになります．四面体には4つの頂点があります．有限要素法ではこれらの頂点を**節点**と呼び，四面体自体を**要素**と呼びます．

1.3　なぜ相対誤差が生じるのか？

本書では，SOLIDWORKS解析による**解析値**が，**理論値**よりどの程度離れているかを示す**相対誤差**を用い，定量的に解析値と理論値を比較します．

ところで，なぜ相対誤差が生じるのでしょうか．さまざまな理由が考えられますが，一般にはメッシュの粗密に依存しています．**メッシュの粗密**とは，大きい要素を用いて解析領域を分割した場合ではメッシュは粗であるといい，解析値の精度が低下します．小さい要素を用い，解析領域を分割した場合では，メッシュは密であるといい，SOLIDWORKS解析値の精度が向上します．

ではなぜメッシュの粗密でこのようなことが生じるのでしょうか．CAD形状を構成する線，面積，体積は空間方向に連続です．例えば，無数の点を一直線に並べると線になります．無数の点ですから，点の数は無限にあります．SOLIDWORKSによる解析を実施するためには，連続であるものを**メッシュ分割**することで，有限の個数に分割する作業が必要になります．有限の個数で線を分割すると，線を分割した点と点の間は，解析に考慮されません．その間の情報は消えてなくなります．部分的に情報が消失した状態で解析を実施するため，正しい解が得られなくなります．そのため，SOLIDWORKS解析値と理論値に差が生じます．この差を，**離散化誤差**あるいは切り捨て誤差と呼びます．本書では，相対誤差を誤差と略記します．

ではなぜ常にメッシュを密にしないのでしょうか．それはメッシュを密にすればするほど，解析時間やデータ容量が増大するためです．特に流体解析では数週間の計算時間を必要とするケースが多いため，パソコンが高性能であることが要求されます．

1.4　ベクトルと行列

メッシュ分割を行うと，CAD形状に複数の節点が作成されます．有限要素法では，解析終了後に，それぞれの節点に対してそれぞれの値を出力します．節点数分の大量の数値データを出力するため，これらの値をうまく整理する必要があります．各節点の値を$f_1, f_2, \cdots, f_n$とします．これらの値を1つのセット$\{f\}$として次式のように扱ってみましょう．

$$\{f\}=\begin{Bmatrix} f_1 \\ f_2 \\ \vdots \\ f_n \end{Bmatrix} \tag{1.1}$$

このように縦に1列に並べた数値を**ベクトル**と呼び，記号 f に括弧{ }をつけます．次に材料の剛性について考えてみましょう．この剛性を簡単に考えてもらうため，“ばね”とみなし，イメージしてもらえばいいでしょう．ばねを表現するためには2つの端点が必要です．**図1.1**に示すようにメッシュ分割後に複数の節点が作成されます．

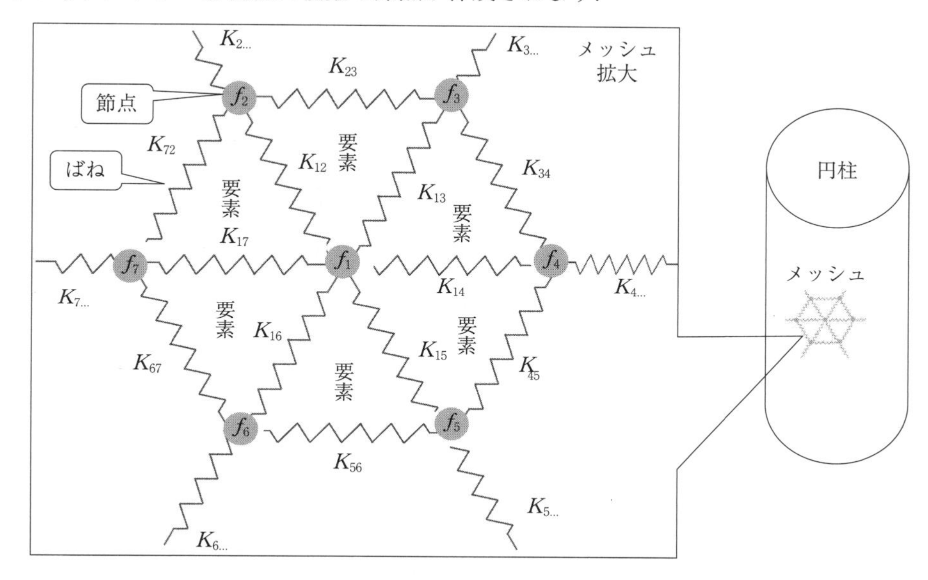

図1.1　節点および要素

1つの節点が複数の隣の節点とばねで接続されるので，剛性は次式の行列で表現されます．

$$[K]=\begin{bmatrix} K_{11} & K_{12} & \cdots & K_{1n} \\ K_{21} & K_{22} & \cdots & K_{2n} \\ \vdots & \vdots & \ddots & \vdots \\ K_{n1} & K_{n2} & \cdots & K_{nn} \end{bmatrix} \tag{1.2}$$

このように縦と横に並べた数値を**行列**と呼び，記号 K に括弧[ ]をつけます．また[ ]$^{-1}$の“−1”は**逆行列**を示します．図1.1はイメージであり，図1.1の絵と式（1.2）の記号は必ずしも一対一に対応していないため，注意してください．正確には“要素剛性マトリックスの重ね合わせ”が必要です．詳細については有限要素法に関する書籍を参考にしてください．また，行列の演算方法については線形代数の書籍を参考にしてください．

2章　共通操作

本章では，SOLIDWORKS による作業を始める前に必要な用語，および共通操作の説明について述べます．

2.1　マウス操作

SOLIDWORKS ではマウス（**図 2.1**）で画面に現れるポインタを操作し，作業を行います．ポインタ（**図 2.2**）は一般には矢印の形をしています．マウスには左ボタンと右ボタン，およびホイールがあります．**表 2.1** にマウス操作の基本，図 2.1 にマウスの図解をまとめました．

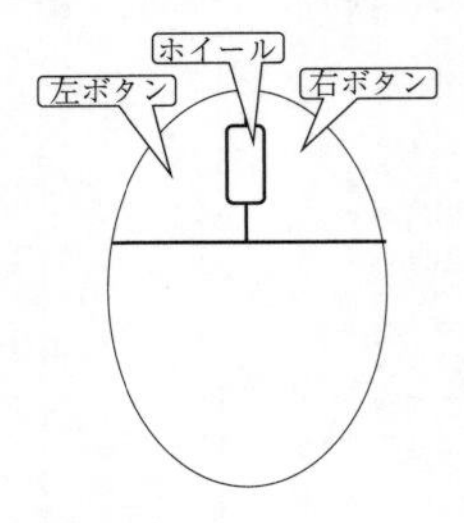

図 2.1　マ　ウ　ス

図 2.2　ポ イ ン タ

表 2.1　マウス操作の基本

用　語	内　　容
左クリック	マウスの左ボタン（図 2.1）を指ですばやく押して，すばやくその指を離すこと．本書中に『クリック』との記載があれば，左クリックを行うことを指す．
右クリック	マウスの右ボタン（図 2.1）を指ですばやく押して，すばやくその指を離すこと．
ダブルクリック	マウスの左ボタンもしくは右ボタンのクリックを連続で 2 回行うこと．
ドラッグ	右ボタンもしくは左ボタンを指で押したまま，ポインタを移動し，指を離すこと．

2.2　プリントスクリーン

プリントスクリーン（PrintScreen）とはキーボードのキーの 1 つです（**図 2.3**）．このキーを押すと，コンピュータのモニターに表示された画面を一時的に保存します．Ctrl ボタンと V ボタンの両方を同時に押すことで Word ファイルに画面を貼り付けることができます．

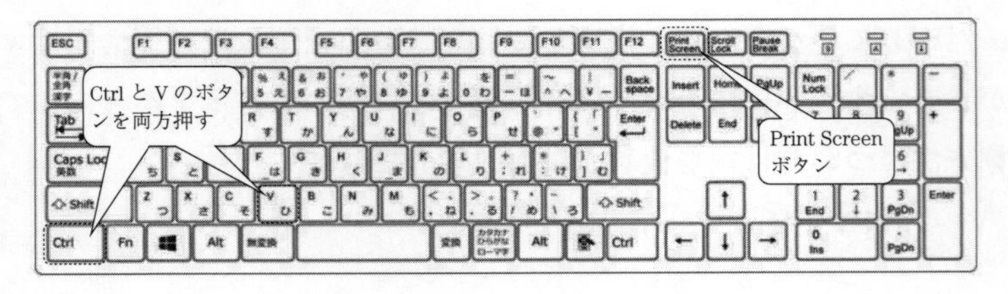

図 2.3　プリントスクリーンと貼付け

2.3 SOLIDWORKSの画面構成

本書で使用するManagerおよびバーは，**図2.4**に示すFeature Manager，Command Manager，メニューバーおよびビューツールバーになります．Feature Managerには形状を作成する過程で行われた操作や作業を時系列に並べます．Command Manager，メニューバーおよびビューツールバーについては次節以降で述べます．

2.4 メニューバー

図2.5に示すメニューバーはファイル，編集，表示，挿入，ツール，Simulation，ウィンドウ，ヘルプから構成されます．メニューバーの内容を常に表示する操作手順を述べます．最初に図に示す「▶」をクリックします．次にピンのアイコン「📌」をクリックします．

2.5 Command Manager メニューバー

Command Managerを用い，丸や矩形の「スケッチ」をベースに形状を作成します．Command Managerには「フィーチャー」，「スケッチ」，および「評価」などのタブがあります．それらのタブにはさまざまなアイコンが用意されています．本書ではそれらのアイコンを用いて操作手順を解説します．作業に入る前にそれらのアイコンを表示してください．**図2.6**に示す「フィーチャー」タブにポインタを合わせ，マウスを右クリックします．**図2.7**に示す「説明付大ボタン使用」をクリックします（すでにチェック「✔」がある場合は操作不要です）．

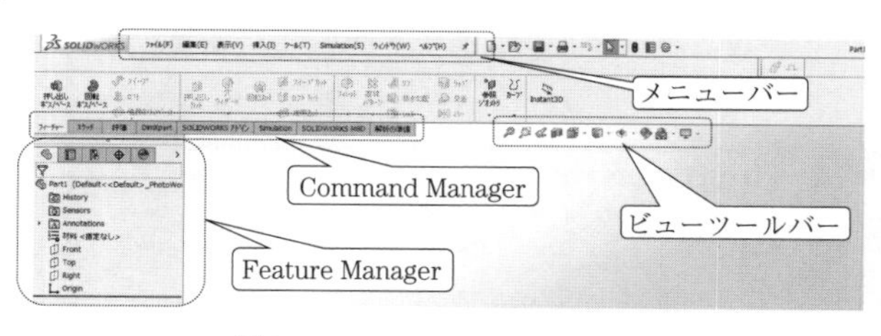

図2.4　Feature Managerなど

図2.5　メニューバー

図2.6　フィーチャーのタブ

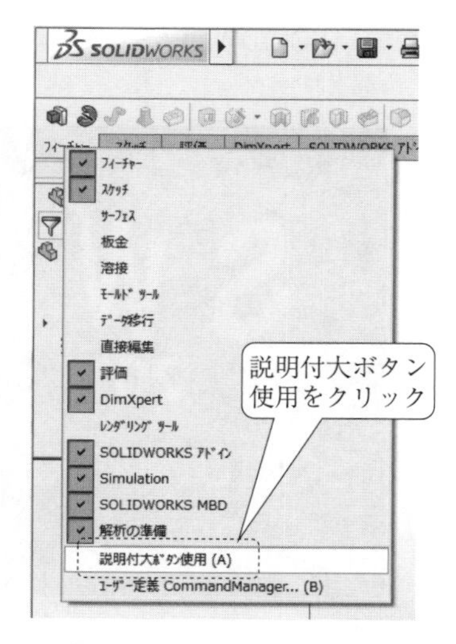

図2.7　説明付大ボタン使用

2.6 ビューツールバー

モデルの拡大，縮小，移動，回転にビューツールバーを用います（**表 2.2**）．このバーの中で，本書で用いるアイコンのみを解説します．

表 2.2　ビューツールバー

アイコン	内容
	CAD 形状全体を表示します．
	CAD 形状の指定領域を拡大表示します．
	CAD 形状の表示方向を変更します．アイコン隣の“▼”をクリックし，等角，不等角，両等角投影など表示方向を選択します．

2.7 共 通 操 作

3 章から 15 章にかけて，SOLIDWORKS の操作による作業を行います．また Microsoft Office の Excel を用い，グラフや表を作成します．各章の作業において，共通の作業があります．本章では，その作業を抽出し，【2.1】～【2.22】にまとめました．3 章以降に登場する記号▶は再生を示します．作業内容がわからない場合は，適時，本章を読み返してください．操作の順番については，複数の挿絵を左から右へ，上から下へと読み進んでください．また，図内の①，②，③…は【番号】内における操作の手順を示していますので，番号順に行ってください．文章中の「　」は SOLIDWORKS 画面上の文字列を示します．

【2.1】 SOLIDWORKS の起動と初期設定（図 2.8～図 2.10）

① 「SOLIDWORKS」アイコンをクリック

図 2.8　SOLIDWORKS アイコン

② 「ファイル」をクリック→ ③「新規」をクリック

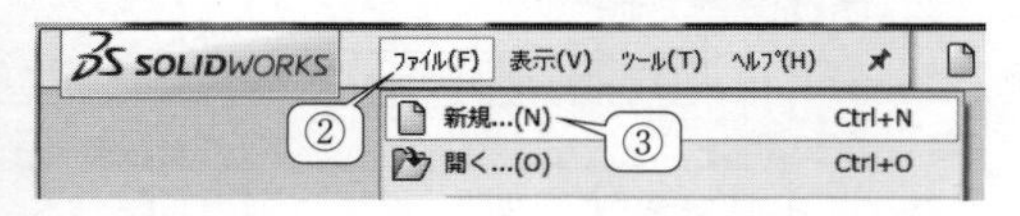

図 2.9　新　　規

④ 「部品」をクリック→ ⑤「OK」をクリック

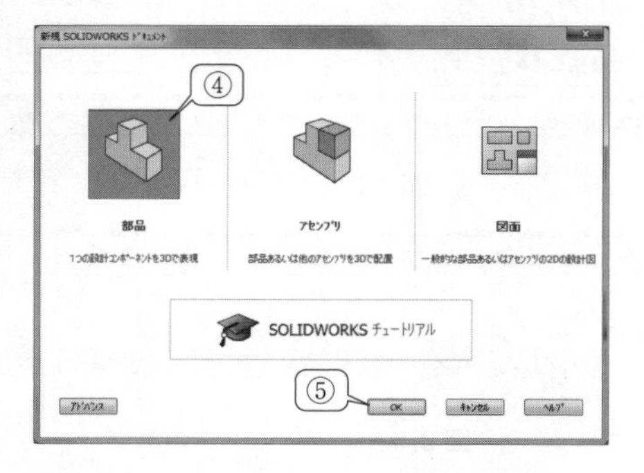

図 2.10　新規 SOLIDWORKS ドキュメント

【2.2】単位系の設定（その1）（図2.11〜図2.12）　本書では，SOLIDWORKSによる解析によって得られた解析値を検証するため，材料力学，振動工学，伝熱工学などに基づく理論値もしくは実験値と比較します．比較するためには単位に注意する必要があります．本書では変数と単位が並ぶときのみ，単位を括弧［　］で記述することにします．CAD形状を作成するときに，mm（ミリメートル）で作成すると，単位換算が必要になります．無用な混乱を避けるため，本書では**国際単位系**（SI）に統一し，作業を行うものとします．国際単位系（SI）は基本単位の組合せです．長さの単位としてm（メートル），質量の単位としてkg（キログラム），時間の単位としてs（秒）を用います．長さの単位をmm（ミリメートル）とすると，理論値（もしくは実験値）とSOLIDWORKS解析値が一致しませんので注意してください．SOLIDWORKSでは複数の単位系が準備されています．本書では国際単位系（SI）を意味する**MKS**の単位系のみを使用します．操作手順を示します．

①「ツール」をクリック→②「オプション」をクリック

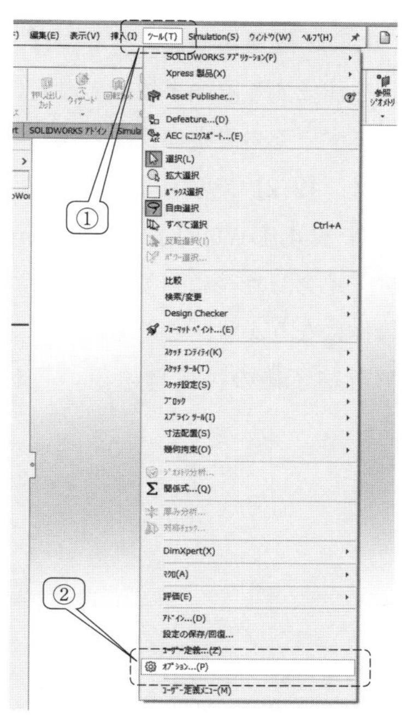

図2.11　オプション

③「ドキュメントプロパティ」のタブをクリック → ④「単位」をクリック → ⑤「MKS（m，kg，秒）」にチェック→⑥「OK」をクリック

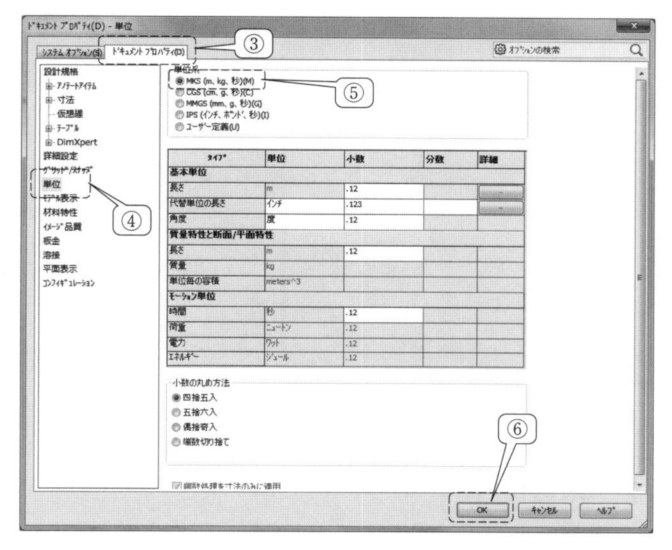

図2.12　単位系の設定

【2.3】単位系の設定（その 2）（図 2.13～図 2.16）

本書で用いる操作の単位系の設定には，2 種類あります．1 つは，形状を作成する際の単位系の設定になります．その設定の操作方法については，【2.2】で示しました．もう 1 つは SOLIDWORKS Simulation をアドインした後に，単位設定を行う操作になります．これらの単位系は解析終了後の後処理に用いられます．

①「Simulation」をクリック→②「オプション」をクリック

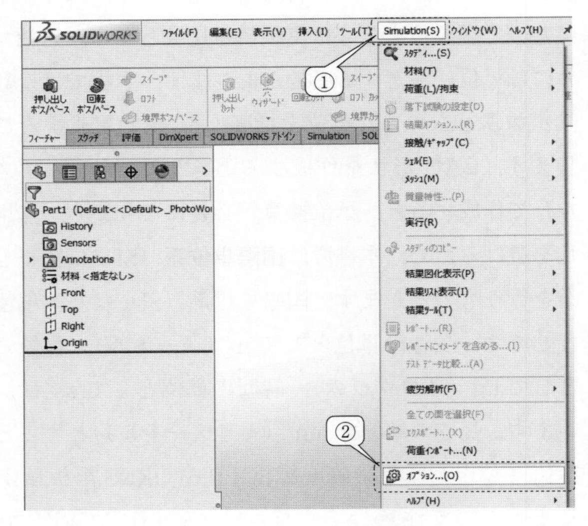

図 2.13　オプション

①「デフォルトオプション」→②「SI（MKS）」にチェック→③「OK」をクリック

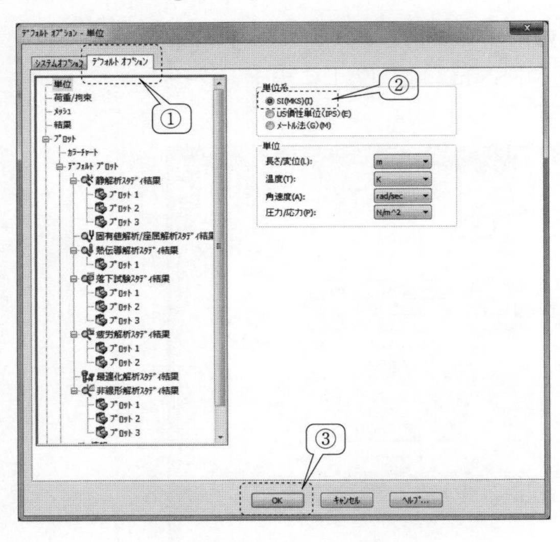

図 2.14　単　位　系

○長さの単位を「m」に変更

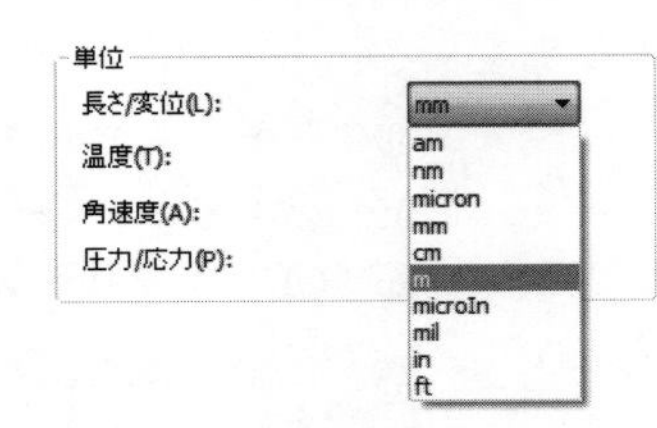

図 2.15　長さの単位変更

○応力の単位を「N/m²」に変更

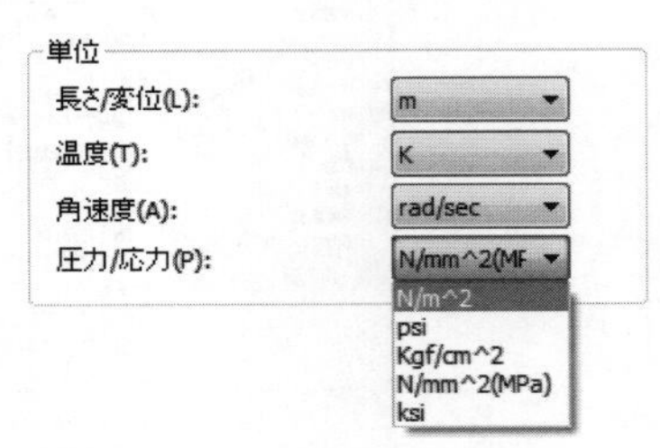

図 2.16　圧力/応力の単位変更

【2.4】円のスケッチ（図 2.17～図 2.21）

本書では，ほとんどの章において，円のスケッチを行う操作が必要になります．その操作方法について述べます．

①「スケッチ」のタブをクリック→
②「◎▾」の隣の「▼」をクリック

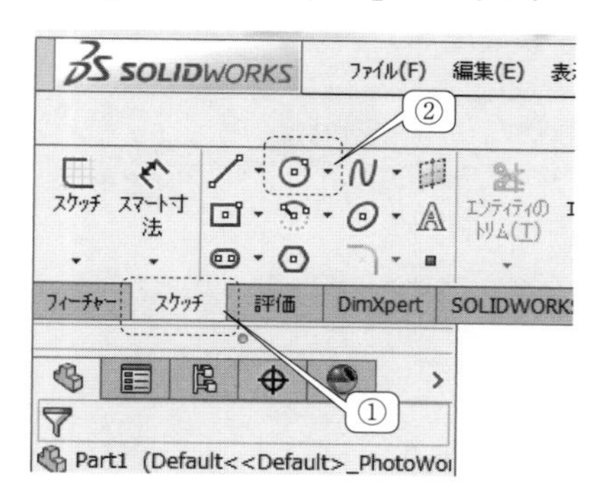

図 2.17　スケッチ

③「円」をクリック

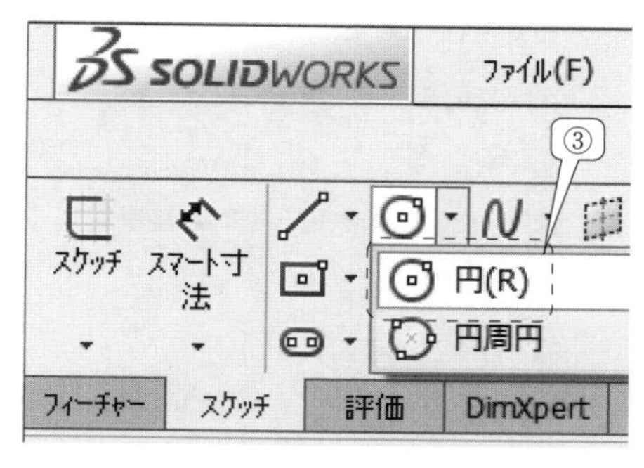

図 2.18　円

○「Front」,「Top」,「Right」（正面，平面，右側面）の 3 つ面があります．本書では，「Front」（正面）を用い，3DCAD 形状の作成の作業を開始します．面の選択が異なると，その後の解析の設定や結果の設定も異なることに注意します．④ポインタを「Front」の面に合わせ，クリックします．この操作より「Front」という面に対して円をスケッチすることになります．

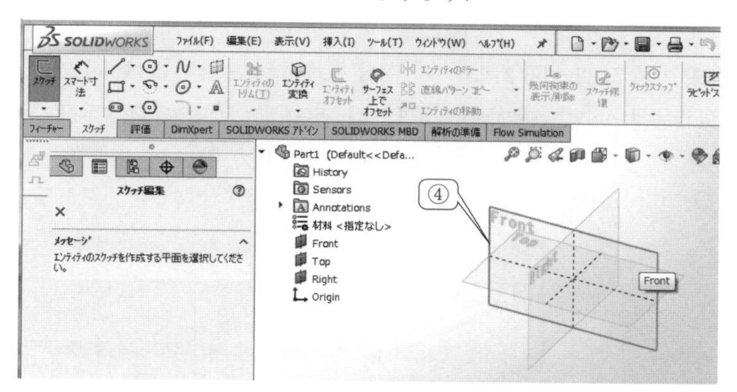

図 2.19　「Front」,「Top」,「Right」の 3 つ面

○ビューツールバーのアイコンで視点を変更→⑤ポインタを原点に移動し，クリック．円の中心位置を原点に置くことになります．

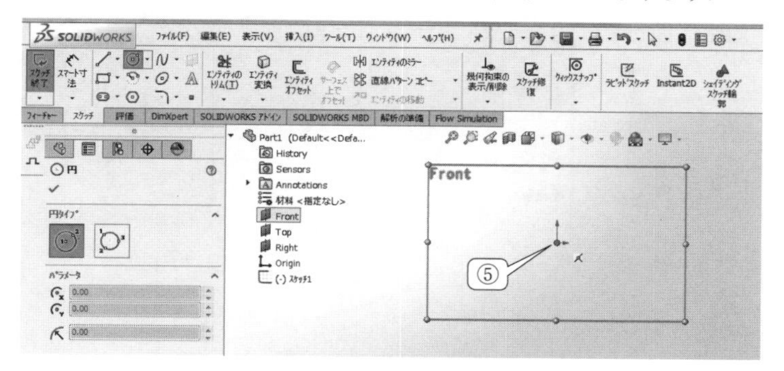

図 2.20　「Front」の原点

⑥ポインタを原点から遠ざかる方向に移動し，クリック→⑦数値を入力することで半径を調整→⑧作業終了後に「✔」をクリック

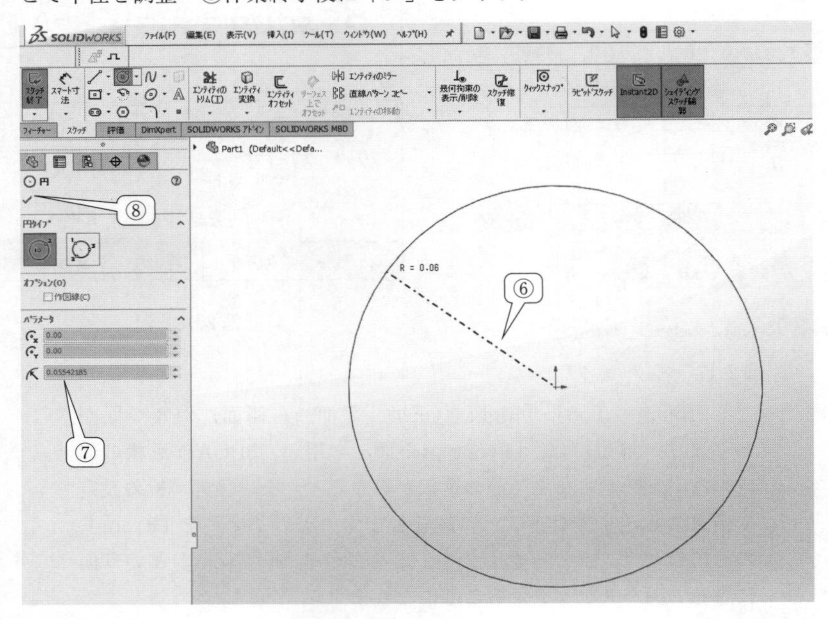

図 2.21　円 の 作 成

【2.5】円柱の作成（図 2.22〜図 2.23）　円柱を作成するためには，【2.4】円のスケッチを作成する必要があります．ここでの図解は【2.4】が終了した後の操作手順を示します．

①「フィーチャー」のタブをクリック→②「押し出しボス/ベース」をクリック→③円柱の高さを数値で入力（この例では 0.1m で設定）→④作業終了後に「✔」をクリック

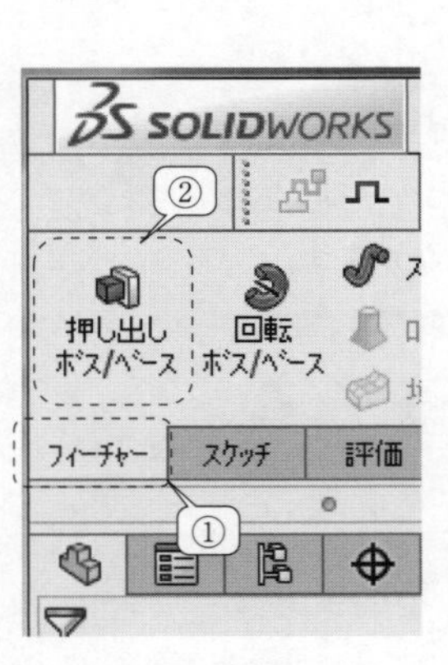

図 2.22　押出しボス/ベース

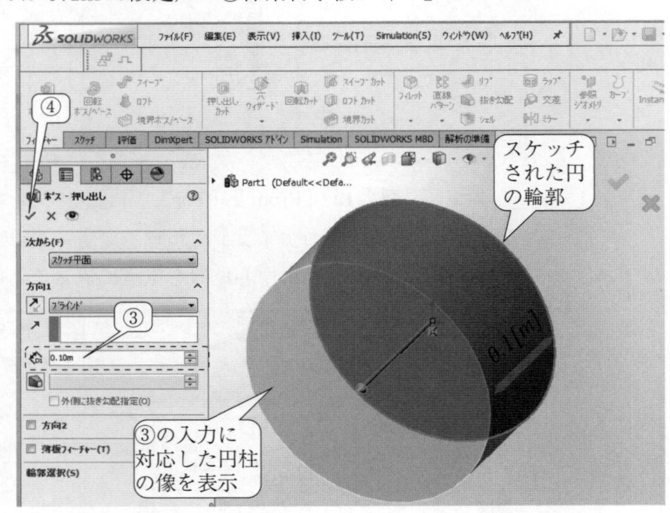

図 2.23　円柱の作成

【2.6】矩形のスケッチ（**図 2.24〜図 2.27**） 本書では，ほとんどの章において，長方形の「スケッチ」を行う操作が必要になります．その手順を示します．

①「スケッチ」タブをクリック→②「▼」をクリック

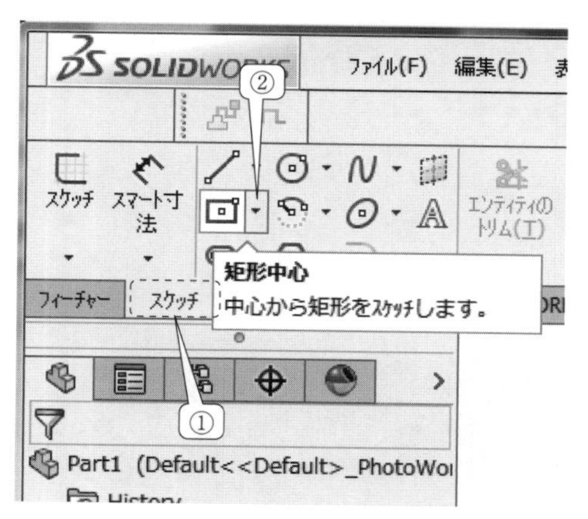

図 2.24 スケッチ

③「矩形コーナー」をクリック

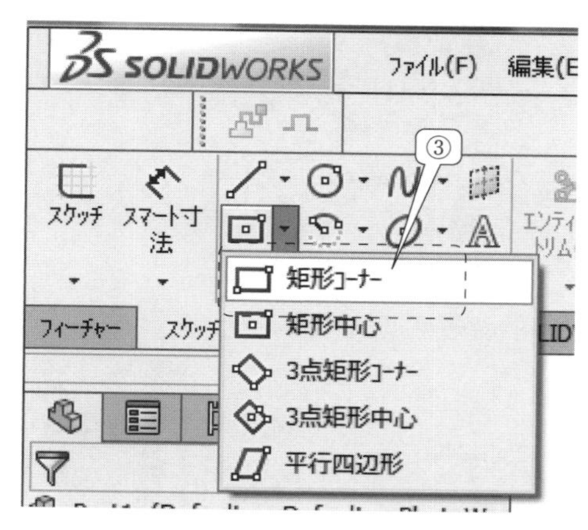

図 2.25 矩形コーナー

○ポインタを「Front」の面に合わせ，クリック．「Front」という面に対して長方形をスケッチすることになります（図 2.19 参照）．→○ビューツールバーのアイコン「」で視点を変更→④ポインタを原点に移動し，クリック．矩形の 4 つの頂点の 1 つが原点になります．

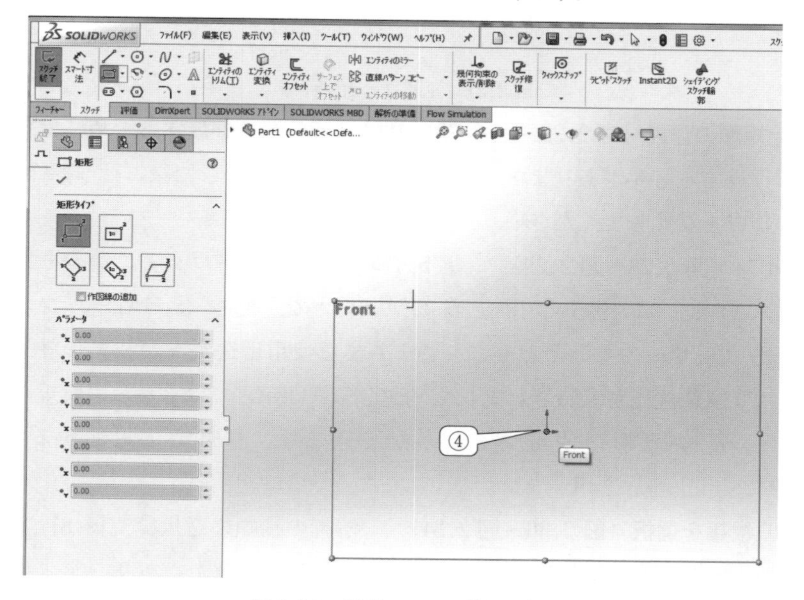

図 2.26 矩形コーナー作図開始

⑤ポインタを原点から遠ざかる方向に移動し，クリック→⑥値を入力することで矩形を調整します（図内の（a）から（d）は長方形の頂点の位置と座標の数値入力のボックスの対応関係を示します）→⑦作業終了に「✔」をクリック

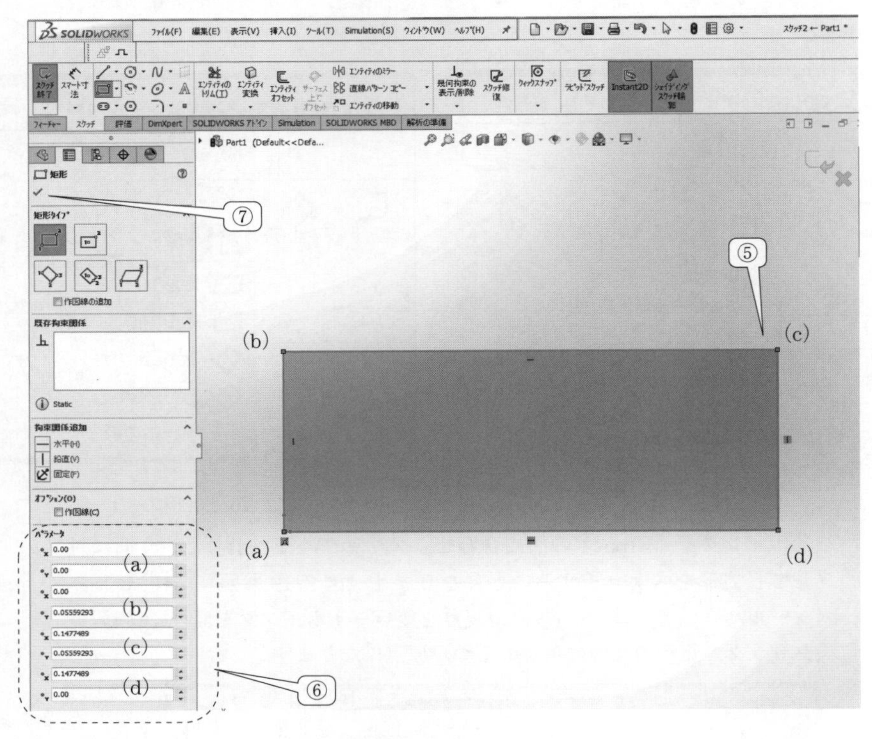

図 2.27　矩形コーナー作図

【2.7】3 次元矩形の作成（図 2.22～図 2.23）　3 次元矩形を作成するためには，**【2.6】**矩形のスケッチを作成する必要があります．**【2.7】**は**【2.6】**が終了した後に行う操作になります．**【2.5】**円柱の作成を参照してください．

【2.8】アドイン（図 2.28～図 2.29）　**アドイン**とは，ソフトウェアに機能を追加することです．SOLIDWORKS は 1995 年出荷当初において，純粋な CAD ソフトでした．SOLIDWORKS ユーザーの拡大とともに，さまざまな使用用途が広がりました．その使用用途の 1 つとして CAE 機能が実装されました．SOLIDWORKS ではそれらの新規に追加された機能をアドインという形で使用することができます．本書では追加する機能として SOLIDWORKS Simulation を用います．

【2.9】解析の種類を選択（図 2.30～図 2.31）　解析の種類の選択は，**【2.8】**アドイン後に必ず行う作業になります．SOLIDWORKS の CAE 機能は多機能であり，構造解析，振動解析，伝熱解析，流体解析，機構解析など幅広く網羅しています．これから実施する解析がどのような解析なのか，解析タイプを選択する必要があります．物体の運動を観察し，時間変化がないタイプの解析については，静解析もしくは非線形静解析のアイコンを選択します．本書で

①「ツール」をクリック→②「アドイン」をクリック

①
②

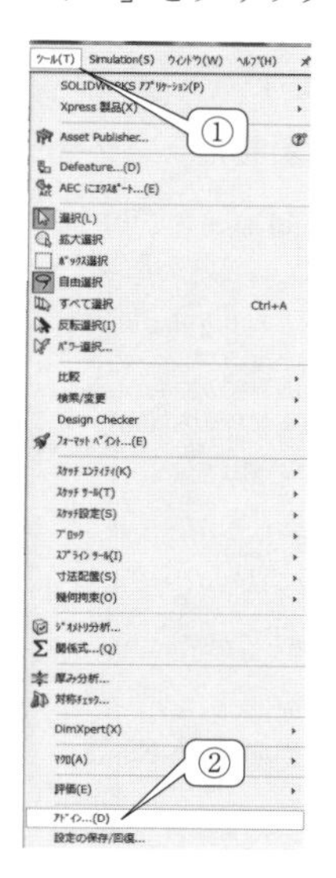

図 2.28　アドイン

③「SOLIDWORKS Simulation」チェック→④「OK」をクリック

③
④
SOLIDWORKS Simulation
SOLIDWORKS Simulation
C:¥Program Files¥SOLIDWORKS Corp¥SOLIDWORKS¥Simulation ¥cosworks.dll

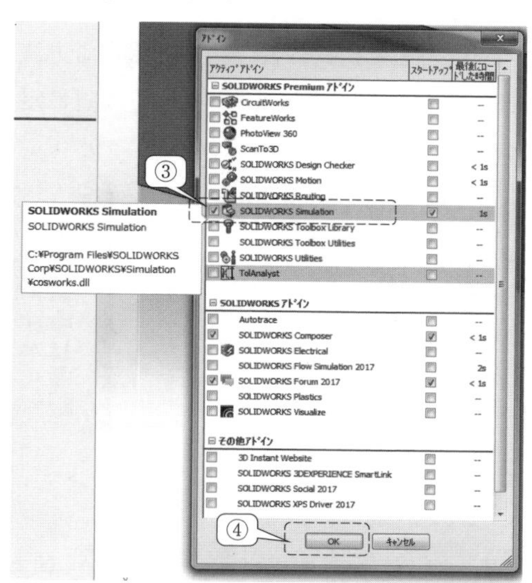

図 2.29　SOLIDWORKS Simulation

①「Simulation」をクリック→②「スタディ」をクリック

①
②

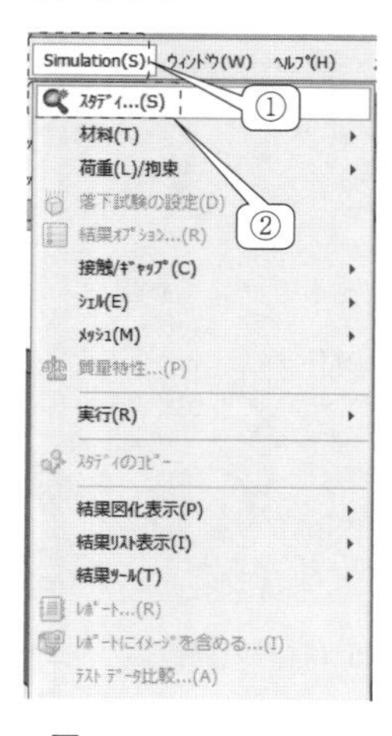

図 2.30　スタディ

③解析タイプを選択後に「✔」をクリック

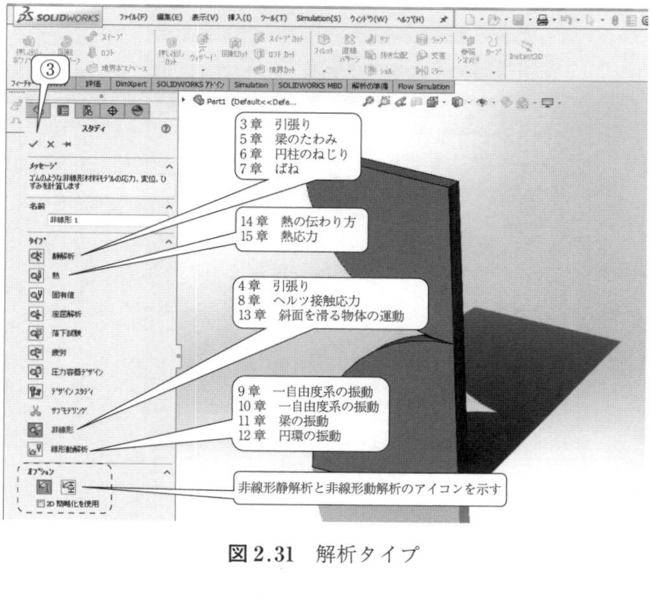

③
3 章　引張り
5 章　梁のたわみ
6 章　円柱のねじり
7 章　ばね
14 章　熱の伝わり方
15 章　熱応力
4 章　引張り
8 章　ヘルツ接触応力
13 章　斜面を滑る物体の運動
9 章　一自由度系の振動
10 章　一自由度系の振動
11 章　梁の振動
12 章　円環の振動
非線形静解析と非線形動解析のアイコンを示す

図 2.31　解析タイプ

は材料力学の公式を検証するときに用います．物体の運動に時間変化があるようなタイプの解析については，線形動解析もしくは非線形動解析のアイコンを選択します．本書では機械力学（振動工学）の公式を検証するときに用います．伝熱解析については，熱のアイコンを選択します．本書では伝熱工学の公式を検証するときに用います．

【2.10】材料設定（図 2.32～図 2.36）　解析をするためには，鉄，アルミ，銅などの材料を選択する必要があります．これらは材料の引張り，圧縮，熱の伝わり方などの特性が異なるため，解析結果も異なります．SOLIDWORKS では，広範囲な材料のデータベースから材料を選択できます．一例として鋼鉄の合金鋼を選択する方法を示します．

①部品名：「Part1」のアイコンに合わせ，右クリック

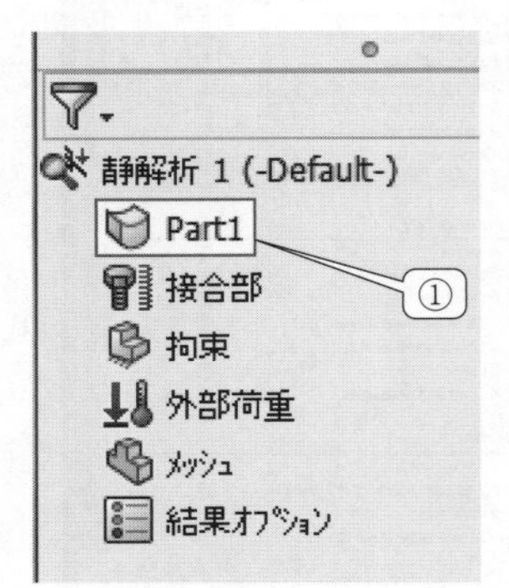

図 2.32　部 品 選 択

②「設定/編集 材料特性」をクリック

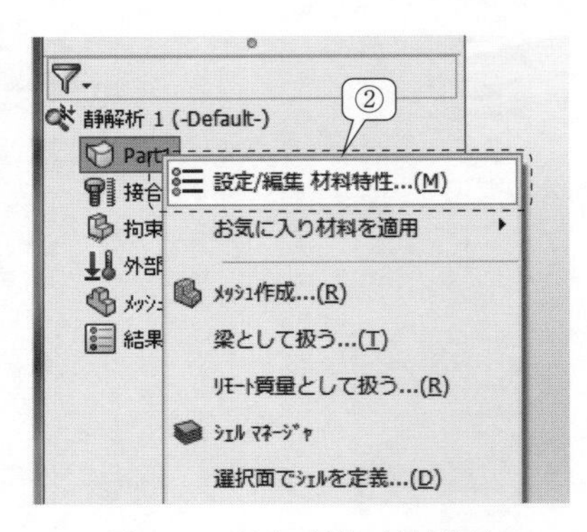

図 2.33　設定/編集 材料特性

③ solidworks materials の隣にある「▷」をクリックし，内容を展開します．

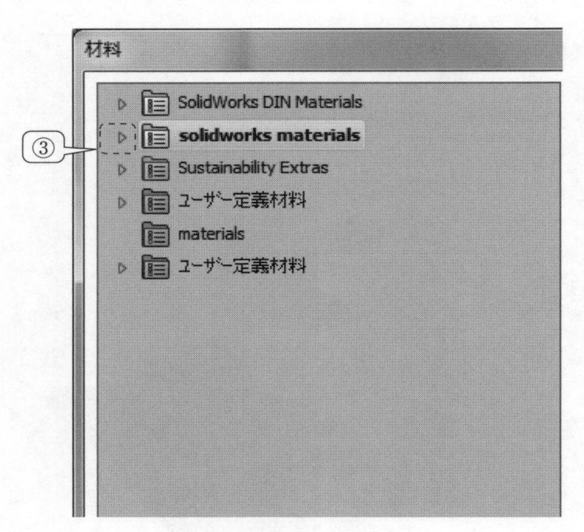

図 2.34　材料の選択

④鋼鉄の隣にある「▷」をクリックし，内容を展開します．

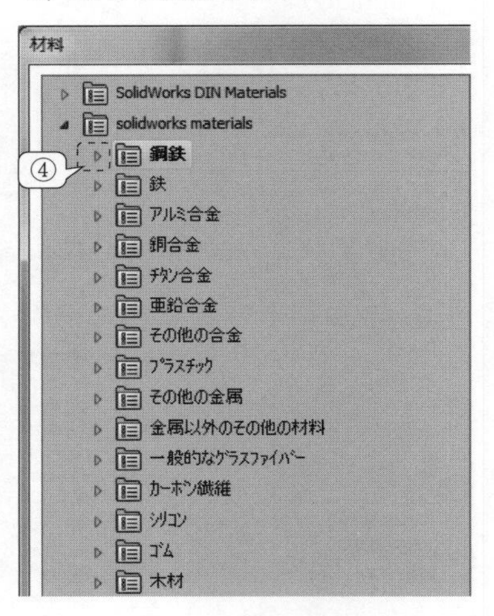

図 2.35　材料の選択

①「合金鋼」のアイコンにポインタを合わせ，クリックで選択→②「適用」をクリック→③「閉じる」をクリック

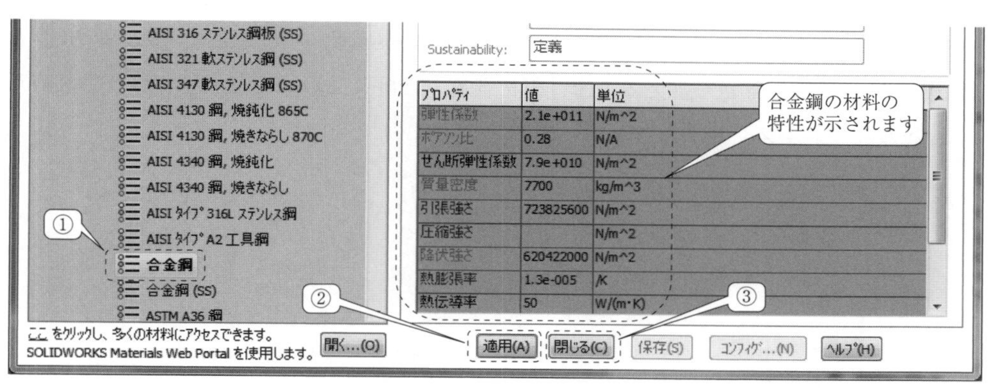

図 2.36　材料の選択

【2.11】拘束の設定（図 2.37〜図 2.38）　構造解析もしくは振動解析（固有値解析を除く）を行うためには，3 次元形状の一部の面の変位や回転もしくは点の変位を拘束する必要があります．拘束として「固定ジオメトリ」，「ローラ/スライダー」，「固定ヒンジ」があります．3 次元形状をメッシュ分割した後の節点には x，y および z からなる座標があります．「固定ジオメトリ」とは，その座標の変位を固定します．「ローラ/スライダー」とは，指定した平面上にある節点は，平面上を自由に並進移動しますが，その平面の垂直方向に対しては移動できません．「固定ヒンジ」とは円筒の中心軸に対して円筒面が回転できるような拘束となります．そのため「固定ヒンジ」の設定には円筒面とその円筒の中心軸の両方を指定する必要があります．平面には設定できません（中心軸を作図線などで事前に作成しておく必要があります）．

①「拘束」のアイコンにポインタを合わせ，マウスの右ボタンをクリック

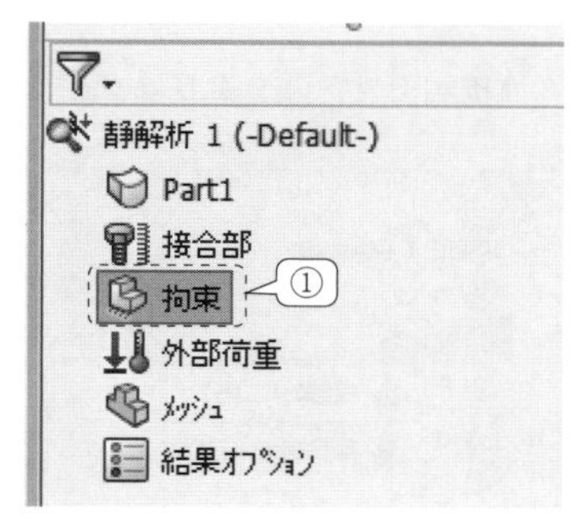

図 2.37　拘　　束

②「固定ジオメトリ」にポインタを合わせ，クリック．「ローラ/スライダー」，「固定ヒンジ」も同様．

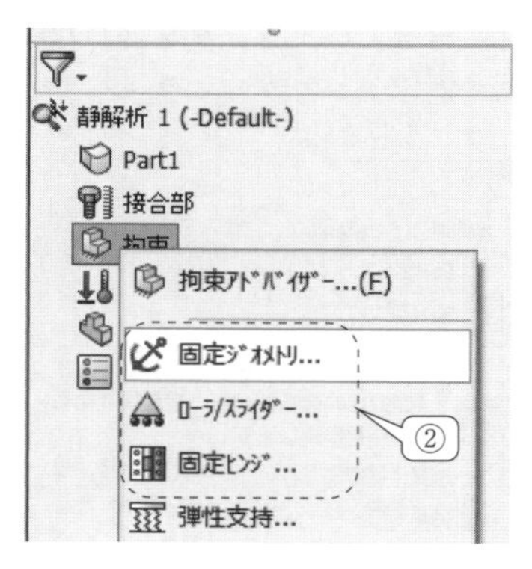

図 2.38　固定ジオメトリ

【2.12】外部荷重の設定（図 2.39〜図 2.40）　無重力空間中に，静止したボールのような物体があったとします．このようなボールには応力，ひずみ，振動などの物理現象は生じません．このような現象が生じるためには，必ず外部から力を加える必要があります．SOLIDWORKS では外部から加える力を「外部荷重」と呼んでいます．本書では「外部荷重」として，「力」，「トルク」，「重力」を用います．

①「外部荷重」のアイコンにポインタを合わせ，右クリック

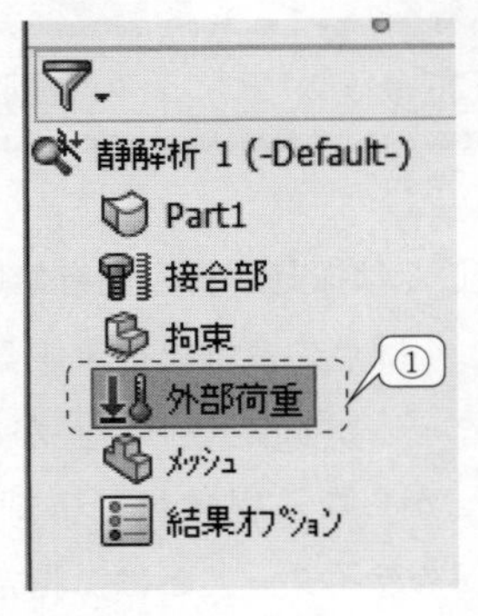

図 2.39　外 部 荷 重

②「力」にポインタを合わせ，クリック．「トルク」，「重力」も同様

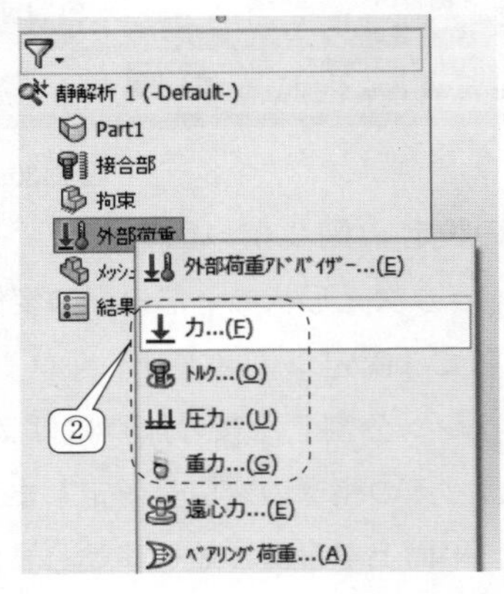

図 2.40　力

【2.13】接合部の設定（図 2.41〜図 2.43）　CAD で作成した形状は，パソコンで作成された情報です．情報には接触という概念はありません．そのため CAD（情報）による形状どうしがたがいに衝突しても，接触せずにすり抜けてしまいます．CAE ソフトウェアに接触を認識させるためには，形状のどの面とどの面がたがいに接触（もしくは衝突）するのか，人為的

①「接合部」にポインタを合わせ，マウスの右ボタンをクリック

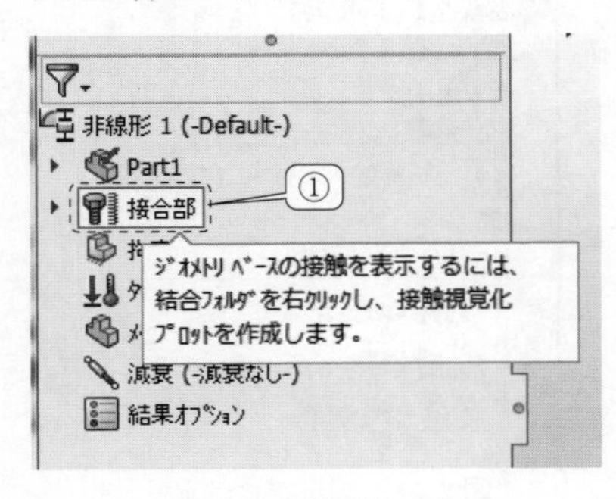

図 2.41　接　合　部

②「接触セット」をクリック

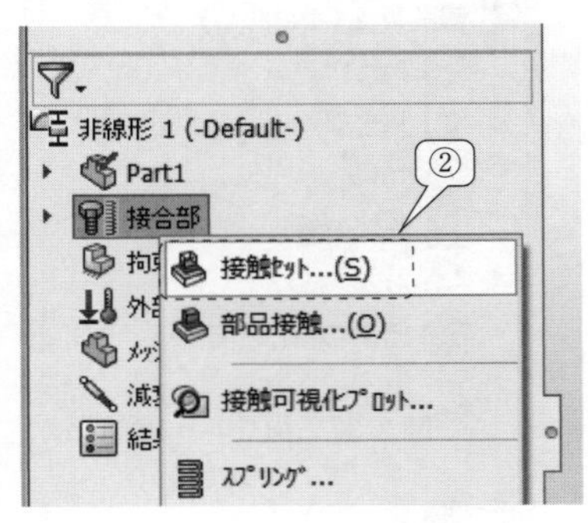

図 2.42　接触セット

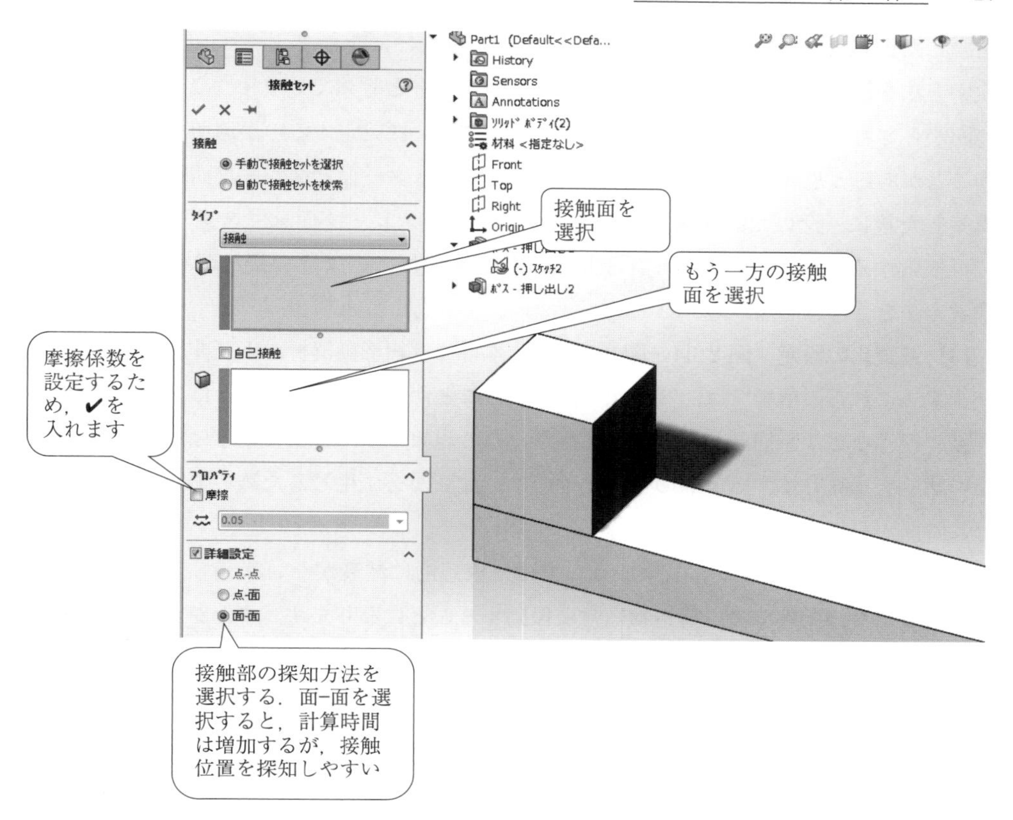

図 2.43　接触の設定

に指定しなければなりません．そのため部品間の接触を解析モデルに取り込むときに接触部の設定が必要になります．

ある接触面ともう一方の接触面を指定します．またその接触面に対して摩擦係数を入力することができます．画面左下に詳細設定があり，ここでは接触部を検知する方法を選択します．一般には，計算時間は増加しますが，「面−面」の接触探知アルゴリズムを選択します．

接触面は必ず2つあります．接触解析ではそれらの面をマスター面（もしくはターゲット面）およびスレーブ面（もしくはソース面）と呼びます．接触の条件は，数式では2物体間の距離がゼロになることを意味します．しかし，この条件のみでは力の釣合いや物体の変形が考慮できません．そのため，スレーブ面上のメッシュの節点を1つ取り出して，その節点に最も近接していると思われるマスター面上のメッシュの要素の面（SOLIDWORKSでは四面体要素の1つの面）を検索します．見つかったらスレーブ面上の節点とマスター面上の要素の面を結合し，接触部を構成します．

結合した節点と要素は同じ変形や応力を共有することになります．SOLIDWORKS ではこの検索方法を節点の“点”，要素の“面”から「点-面」と呼んでいます．ここで，2つの接触面の内からどちらをマスター面（もしくはスレーブ面）に設定するのが適切なのか？と疑問に思うことがあると思います．そのため，一般には，マスター面とスレーブ面を設定し，接触部を構築した後に，念のためマスター面をスレーブ面，スレーブ面をマスター面に設定し直して，再検索することが一般的です．SOLIDWORKS ではこのような接触部を二重チェックする検索方法を「面-面」と呼んでいます．

【2.14】減衰比の設定（図 2.44～図 2.47）　本書では線形動解析および非線形動解析を取り扱います．これらの解析では，減衰比を設定することができます．減衰とは，構造物などの自由振動の振幅などが時間とともに徐々に小さくなる現象です．自由振動とは外部から力が作用しない状態を意味します．実際の自由振動では，減衰が必ず生じるため，振動は小さくなり，十分に時間が経過すると，構造物は静止します．

CAE ソフトを用いたシミュレーションでは，仮想的に減衰がない状態も設定できてしまうため，減衰がない条件では，構造物は常に振動することになります．またシミュレーションでの減衰には，数値振動を抑える方法として用いる場合もあります．数値振動とは，実際の振動のことではありません．解析に必要なソルバ内で発生する数値的な不安定性を示します．運動物体を解析する際に，ソルバに関するエラーより，物体の加速度，速度，変位などがうまく得られないなどの問題があれば，減衰比の値を増加することも必要になります．

線形動解析では「モーダル減衰」および「Rayleigh 減衰」が使用できます．非線形動解析では「Rayleigh 減衰」のみとなります．「モーダル減衰」とは，それぞれの固有モードに対して，固有の減衰を定義します．一方で，「Rayleigh 減衰」は，周波数の範囲に対して，大まかに指定します．「Rayleigh 減衰」のパラメータには「α」と「β」があり，「α」は低周波側に減衰が働きます．一方で「β」は高周波側に減衰が働きます．

①「減衰」にポインタを合わせ，マウスの右ボタンをクリック

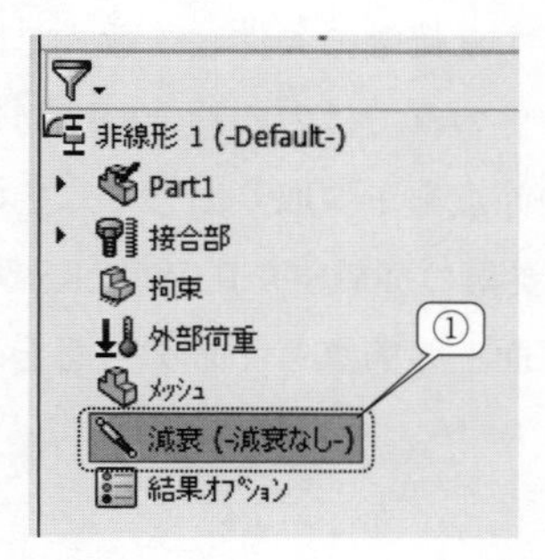

図 2.44　減衰のアイコン

②「設定/編集」をクリック

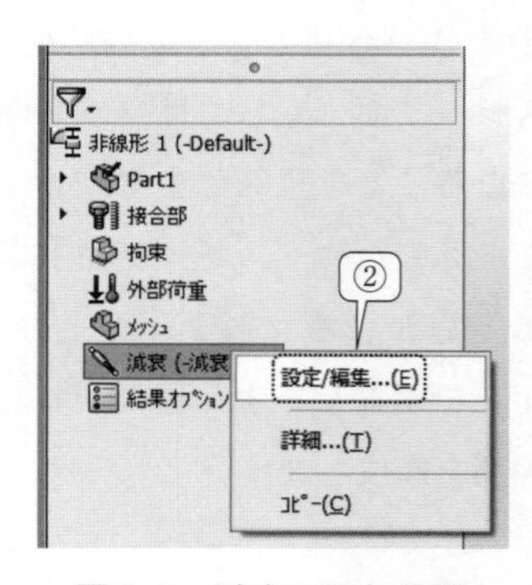

図 2.45　減衰の設定/編集

③「減衰比」の入力→④「✔」をクリック（→⑤「Rayleigh 減衰」へのラジオボタン変更については図2.47参照）

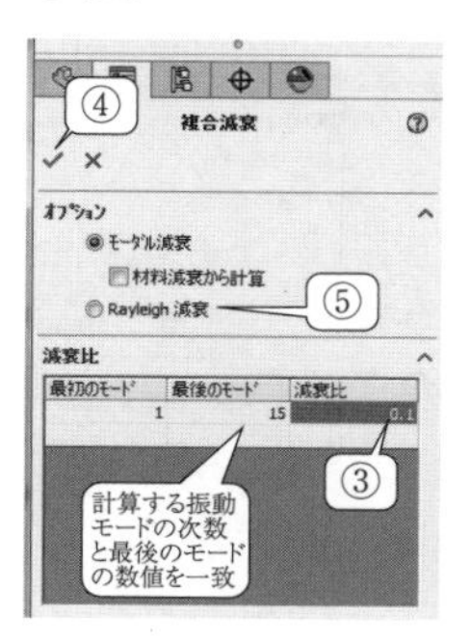

図 2.46 モーダル減衰の入力

⑥パラメータ「α」および「β」を入力→⑦「✔」をクリック

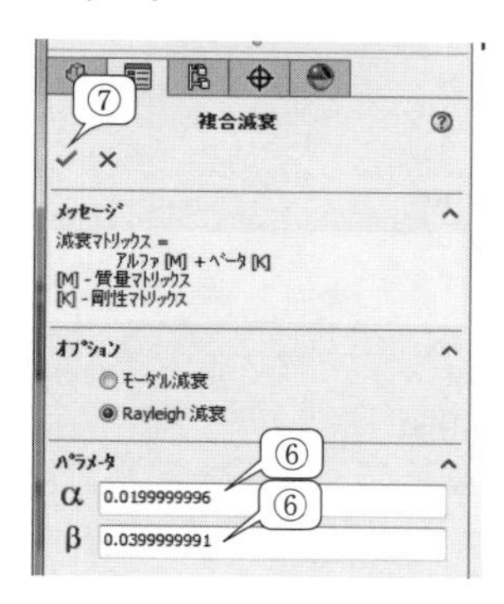

図 2.47 Rayleigh 減衰の入力

【2.15】メッシュ作成（図 2.48〜図 2.50） 解析を実施するためには，メッシュ分割と呼ばれる作業が必要になります．メッシュ分割とは複雑な形状全体を，四面体などを用い，小さな領域で細かく分割していく作業です．このときの小さな領域を要素と呼びます．この要素は生物の細胞のようなものに似ています．要素には節点があります．節点とは要素を構成する頂点のことになります．例えば四面体には4つの頂点があります．そのため四面体要素であれば，その頂点が節点となります．要素数もしくは節点数が増加すると，計算精度が上昇しますが計算時間も増大します．一方で要素数もしくは節点数が減少すると，計算精度が低下しますが計算時間も減少します．

①「メッシュ」にポインタを合わせ，マウスの右ボタンをクリック

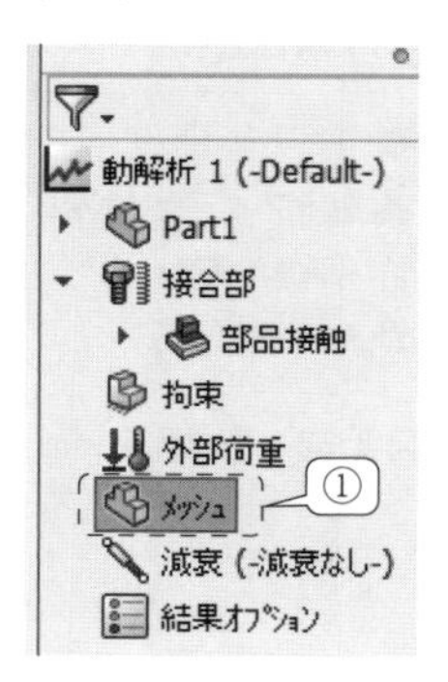

図 2.48 メッシュ

②「メッシュ作成」をクリック

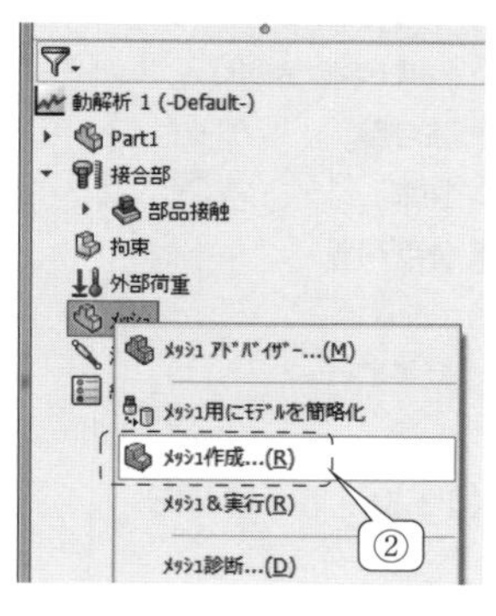

図 2.49 メッシュ作成

①メッシュパラメータの「∨」をクリックし，内容を展開→②メッシュ密度のスライダーバーのつまみを左右に移動→③「✔」をクリック

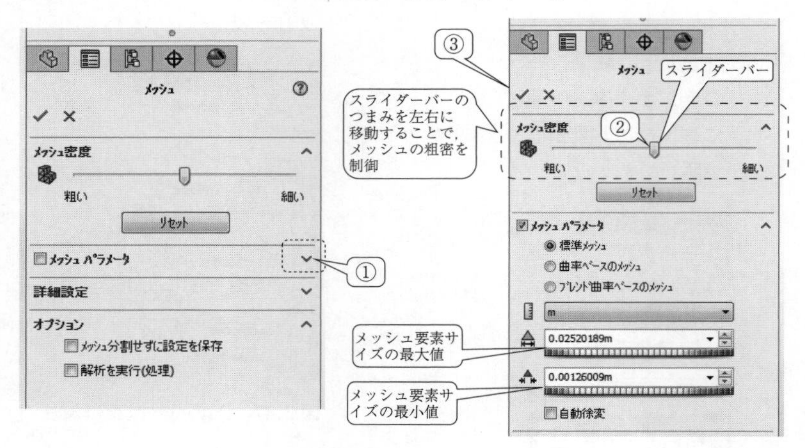

図2.50　メ ッ シ ュ

（注）本書では解析時間を短縮するため，「メッシュ密度」を「粗い」で解析する場合があります．

【2.16】解析実行（図2.51～図2.53）　外部荷重，拘束，材料物性，メッシュ作成もしくは必要に応じて接合部を設定した後に，解析を実行する必要があります．解析実行後に解析が始まりますが，メッシュの要素数や節点数に応じて解析時間が必要になりますので，解析結果が出力されるまでしばらくの間待ちます．

①「静解析 1」にポインタを合わせ，マウスの右ボタンをクリック（解析のタイプにより表示が異なるので注意してください）

②「解析実行」をクリック

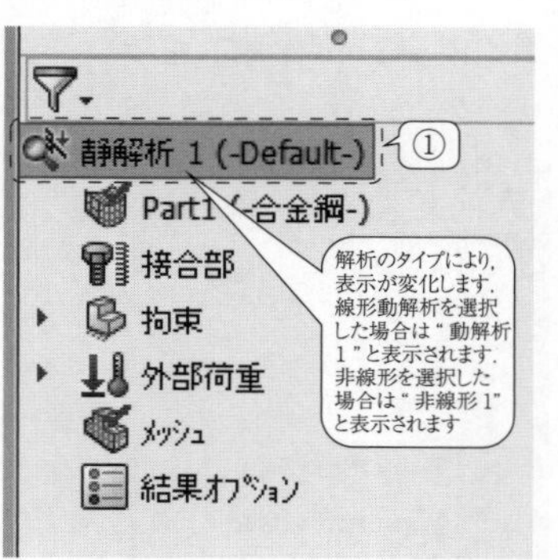

図2.51　静　解　析

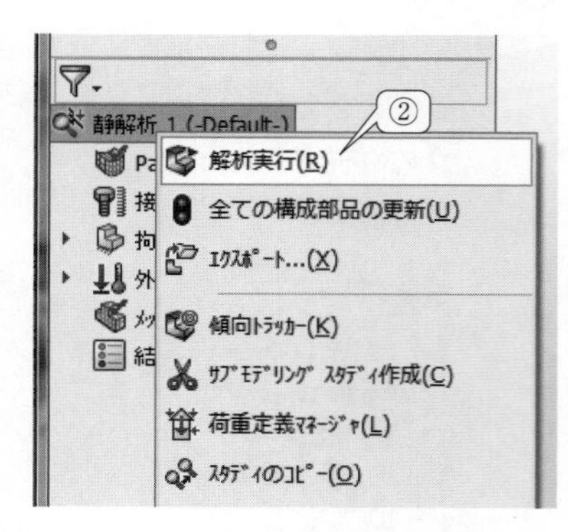

図2.52　解 析 実 行

③「解析実行」をクリック後に，「解析中」のウィンドウが自動的に開きます．詳細をクリックします．→④「収束プロット」をクリックすると現在の計算の様子がわかります（図内の残差について4.5節の説明を参照してください）．

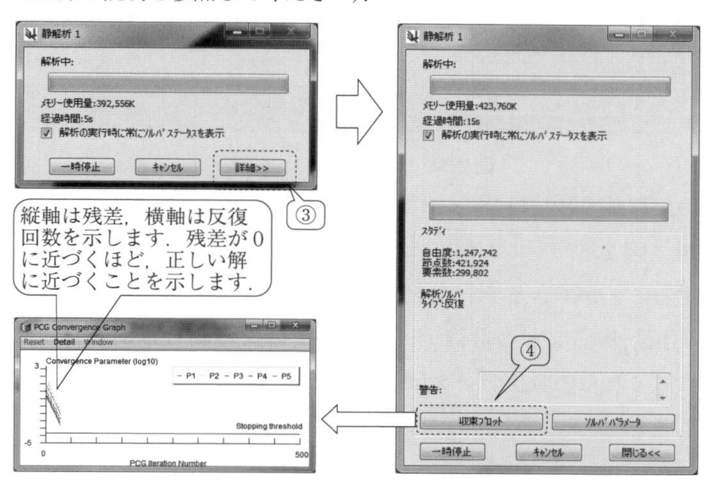

図 2.53　解　析　中

【2.17】ソルバのメッセージ（図 2.54～図 2.56）　各章の課題では，節点数，要素数，解析時間を書き留める表があります．これらのデータは，解析実行終了後に，結果が出力されます．

①「結果」にポインタを合わせ，マウスの右ボタンをクリック

②「ソルバのメッセージ」をクリック

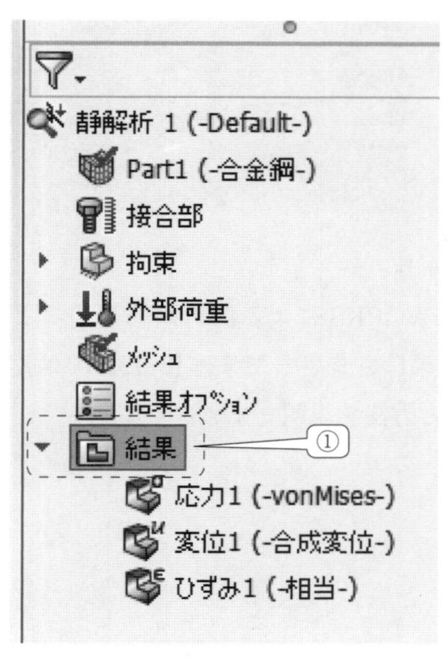

図 2.54　結　　　果

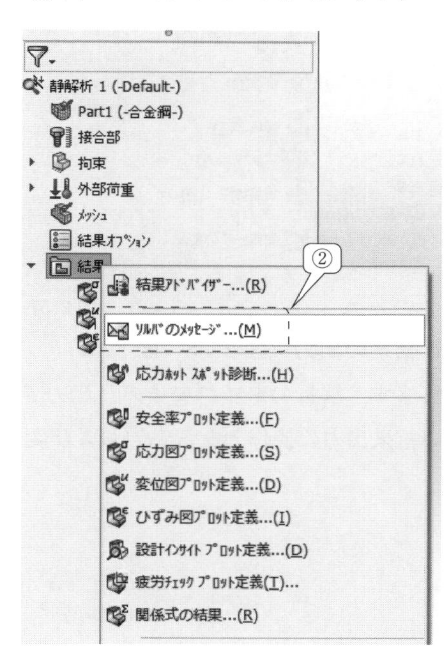

図 2.55　ソルバのメッセージ

○節点数，要素数および総解析時間が表示されます．

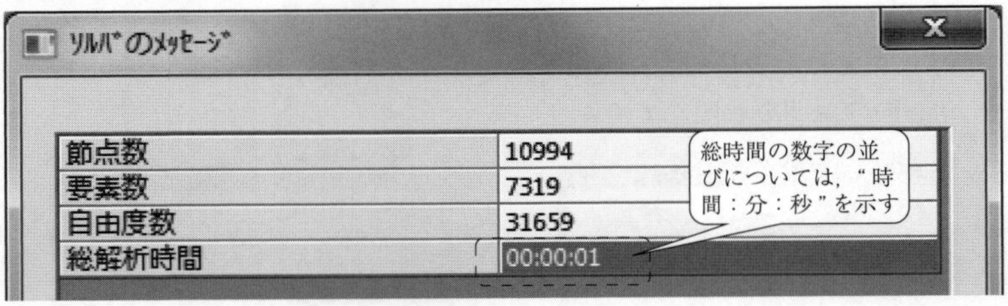

ｿﾙﾊﾞのﾒｯｾｰｼﾞ

節点数	10994
要素数	7319
自由度数	31659
総解析時間	00:00:01

総時間の数字の並びについては，“時間：分：秒”を示す

図 2.56　ソルバのメッセージ

（注）ファイルの保存後，【2.17】ソルバのメッセージを実施できない場合があります．

【2.18】質量特性（図 2.57）　本書では SOLIDWORKS 解析による解析値と力学に基づく理論値とを比較することができるテーマを取り上げています．理論値を得るためには，質量，体積，密度，表面積，重心などの数値データが必要になる場合があります．SOLIDWORKS では解析終了後に，これらの数値データは自動的に算出されます．

①解析タイプにポインタを合わせ，右クリック（図では解析タイプは非線形 1）→②「質量特性」をクリック→③ 2 つ以上の部品がある場合は，対象となる部品のみにチェック「☒」を入れます．→④質量などを確認します．

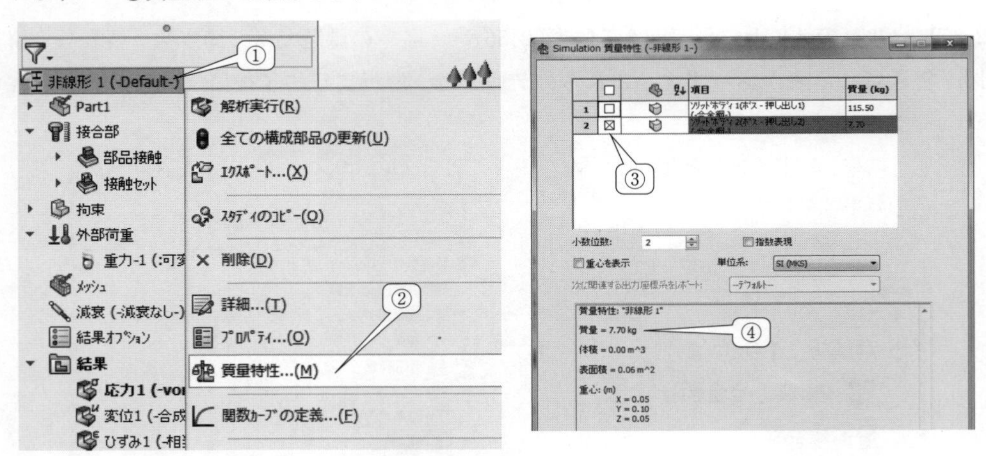

図 2.57　質 量 特 性

【2.19】結果の出力（図 2.58～図 2.61）　SOLIDWORKS による解析が終了すると結果が出力されます．解析のタイプにより，出力される結果はさまざまです．【2.19】では，使用頻度が高い結果出力の操作となる応力および変位の出力方法を説明します．

①結果の「▶」をクリックし，内容を展開します．

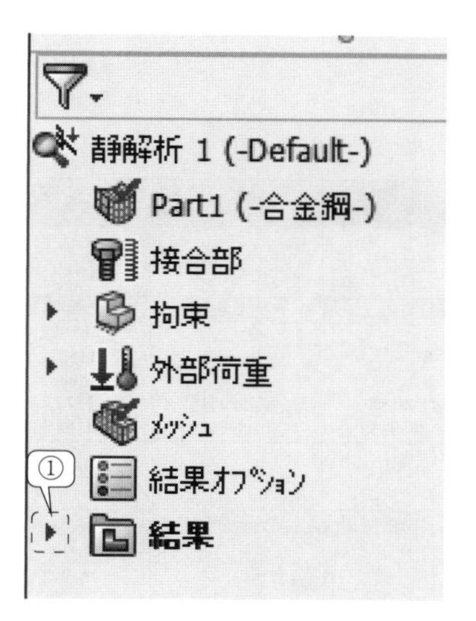

図 2.58　結　　果

○解析タイプが静解析であれば，結果の種類は応力，変位，ひずみとなります．

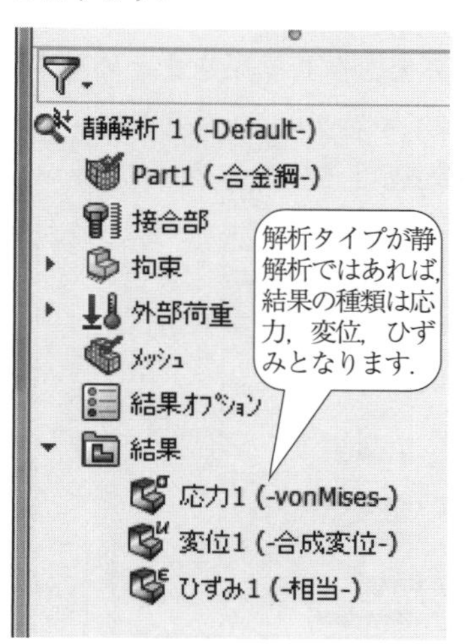

図 2.59　結果の種類

②「応力 1」にポインタを合わせ，マウスの右ボタンをクリック→③「表示」をクリック（③′「定義編集」をクリック）

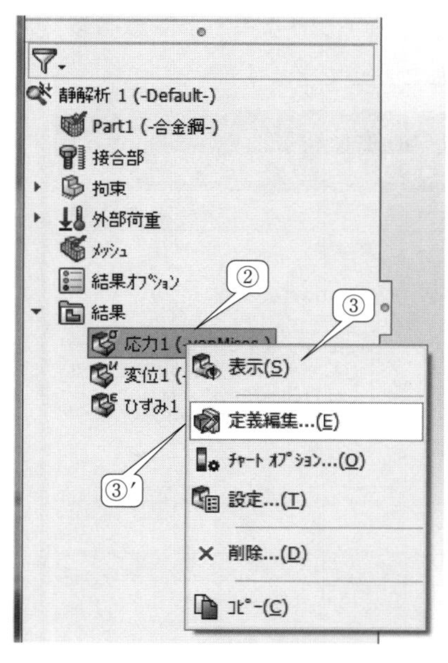

図 2.60　応力の表示

②「変位 1」にポインタを合わせ，マウスの右ボタンをクリック→③「表示」をクリック（③′定義編集をクリック）

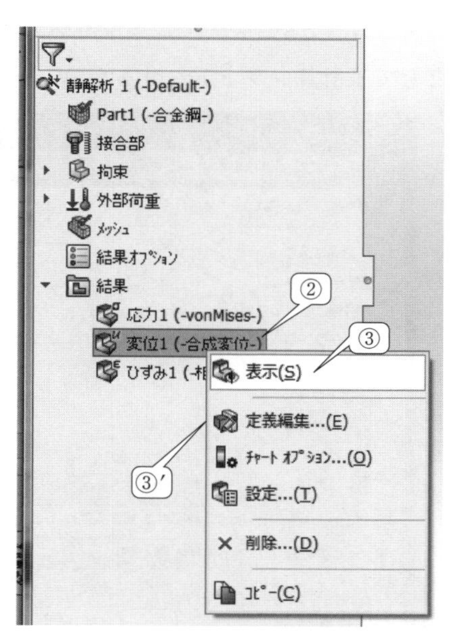

図 2.61　変位の表示

【2.20】固有振動数表示（**図 2.62～図 2.63**） 線形動解析による解析結果の1つとして，固有振動数が得られます．周波数範囲が広いと数多くの固有振動数が得られることになります．そのため理論より得られた固有振動数をもとに，あらかじめ対象となる固有振動数のモード次数を把握すると，解析結果をまとめやすいです．

①「結果」を右クリック→②「固有振動数表示」をクリック

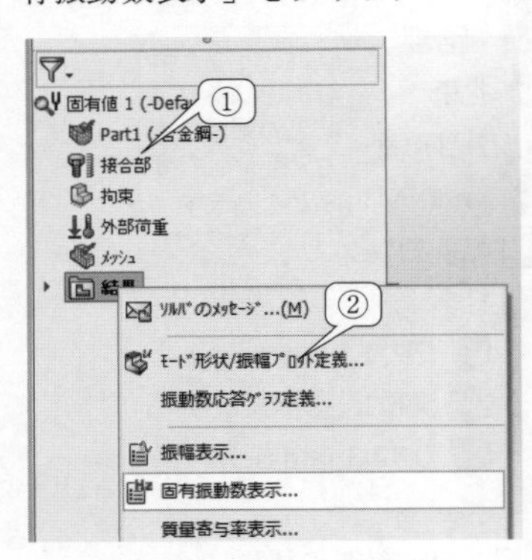

図 2.62 固有振動数表示

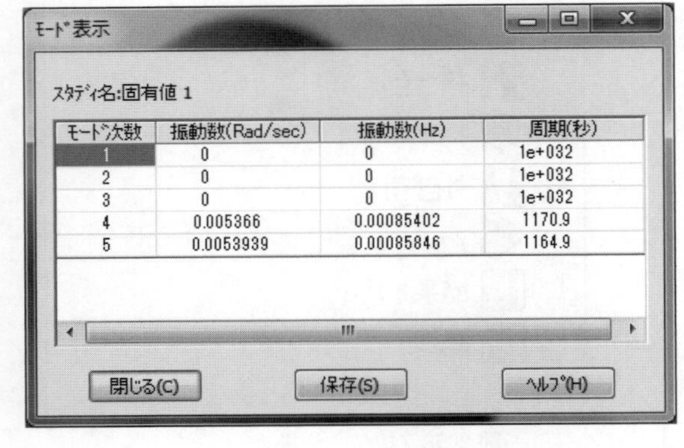

ﾓｰﾄﾞ次数	振動数(Rad/sec)	振動数(Hz)	周期(秒)
1	0	0	1e+032
2	0	0	1e+032
3	0	0	1e+032
4	0.005366	0.00085402	1170.9
5	0.0053939	0.00085846	1164.9

図 2.63 モード表示

【2.21】CSV ファイルの出力（**図 2.64**） 数値データを出力する場合には，CSV ファイルで出力します．CSV とはシーエスブイと読み，Comma Separated Values の略になります．CSV ファイルとは，値をカンマ（,）で区切り，文字列もしくは数値を並べたテキストファイルになります．CSV ファイルを取り込む機能を有するアプリケーションは数多くあり，その1つとして表計算ソフト Excel も CSV を読み込むことができます．

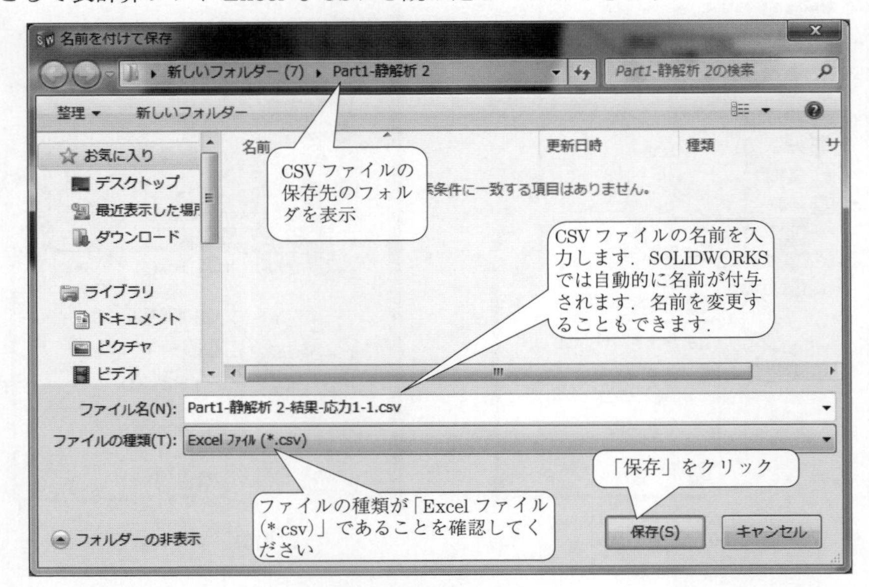

図 2.64 名前を付けて保存

【2.22】グラフ作成（図 2.65～図 2.73） 大量の数値データを出力しても，それらの数値データが何を意味するのか，理解することは難しいです．そのため，それらのデータにどのような意味があるのか，分析するためにも，グラフ化することは非常に重要です．Excel で作業する前にいくつかの名称を覚えておく必要があります．

○セルとはマス目のこと．1 つのセルに 1 つのデータを入力します．セルには文字，数値，計算式などのさまざまな内容が入力できます．

○データが入力されたセルを選択すると，そのセルの右下に四角「■」が表示されます．この「■」をフィルハンドルと呼びます．

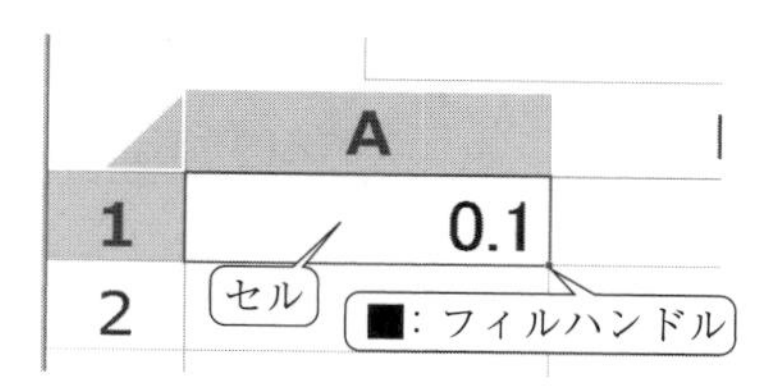

図 2.65 セルとフィルハンドル

①「挿入」タブをクリック→②グラフのアイコン「▼」をクリック→③「散布図（直線）」をクリック

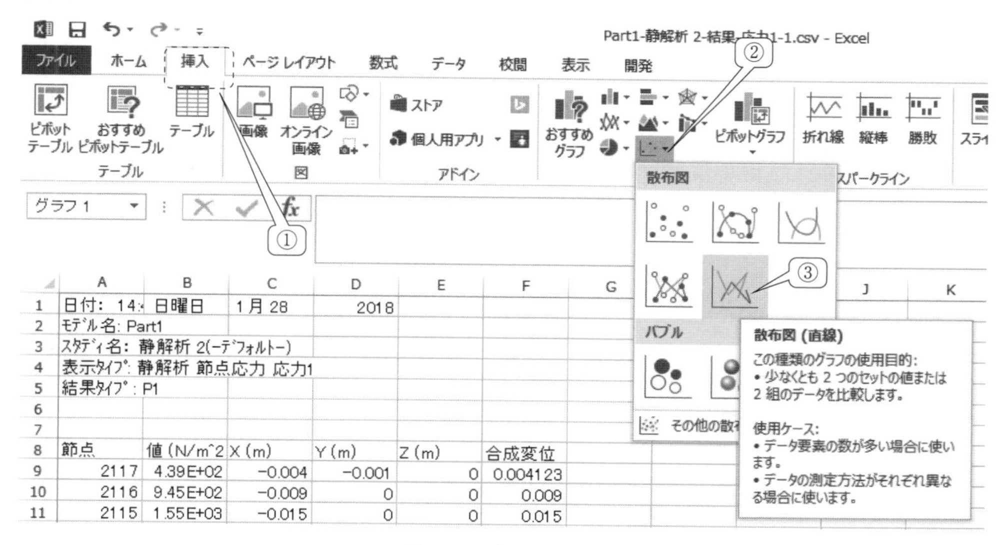

図 2.66 散 布 図

（注）Excel では数値の後に「E」が付き，その後に「＋」もしくは「－」が表示される場合があります．この表示は指数表示を示します．例えば 1000 ならば 1E＋03 となります．「E＋03」は 10 の 3 乗を示します．0.001 ならば，1E－03 となります．「E－03」は 1/10 の 3 乗を示します．

④白枠にポインタを合わせ，マウスの右ボタンをクリック→⑤「データの選択」をクリック

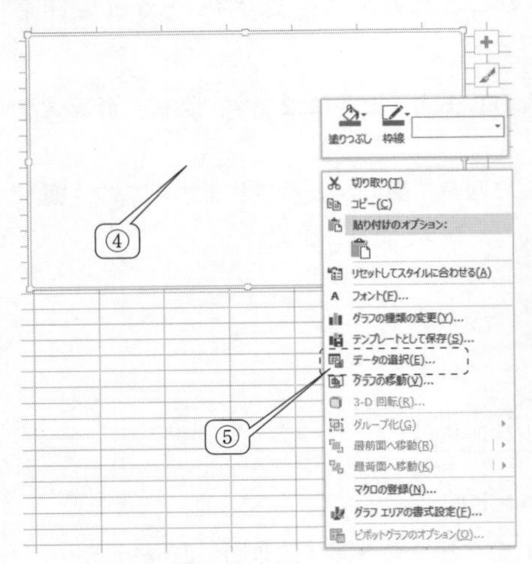

図 2.67　データの選択

⑥「追加」をクリック

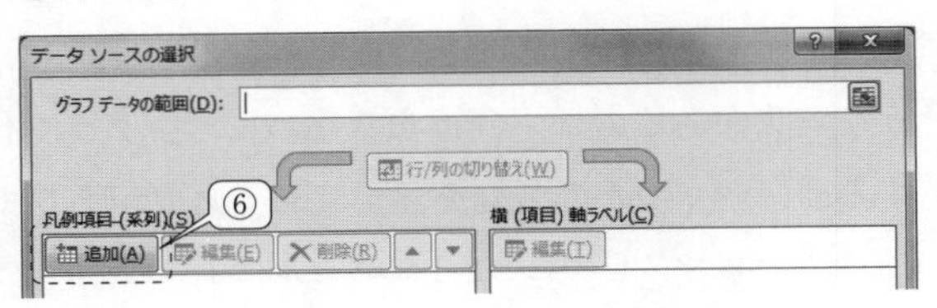

図 2.68　データソースの選択

⑦「系列 X の値」を指定．「▦」をクリック

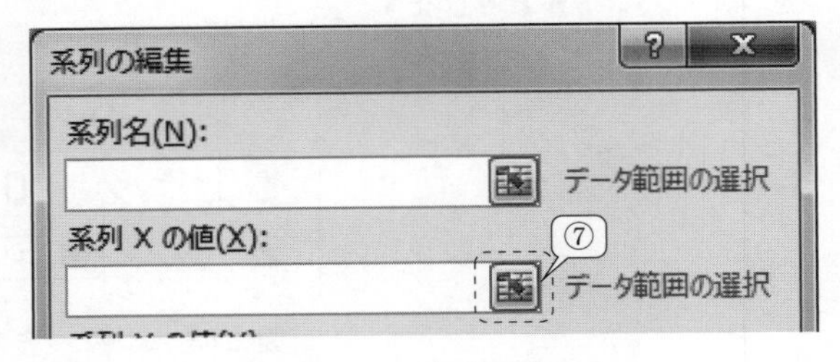

図 2.69　系列の編集

⑧グラフの X 軸のデータとなる合成変位の列を指定します．ここでは，F9 のセルにポインタを移動し，クリック．フィルハンドルをドラッグし，F 列を指定→⑨「系列の編集」のアイコンをクリック．

	A	B	C	D	E	F	G	H	I	J	K
1	日付: 14:	日曜日	1月 28	2018							
2	ﾓﾃﾞﾙ名: Part1										
3	ｽﾀﾃﾞｨ名: 静解析 2(-ﾃﾞﾌｫﾙﾄ-)										
4	表示ﾀｲﾌﾟ: 静解析 節点応力 応力1										
5	結果ﾀｲﾌﾟ: P1										
6											
7											
8	節点	値(N/m^2	X(m)	Y(m)	Z(m)	合成変位					
9	2117	4.39E+02	−0.004	−0.001	0	0.004123					
10	2116	9.45E+02	−0.009	0	0	0.009					
11	2115	1.55E+03	−0.015	0	0	0.015					
12	2114	2.15E+03	−0.021	0	0	0.021					
13	2113	2.74E+03	−0.027	0	0	0.027					
14	2112	3.34E+03	−0.033	0	0	0.033					
15	2111	3.93E+03	−0.039	0	0	0.039					
16	2110	4.50E+03	−0.044	0	0	0.044					
17	703	5.10E+03	−0.05	0	0	0.05					

系列の編集
='Part1-静解析 2-結果-応力1-1'!$F$9:$F$17
⑧
⑨

図 2.70　系列の編集

⑩「系列Ｙの値」を指定します．アイコン「▦」をクリック

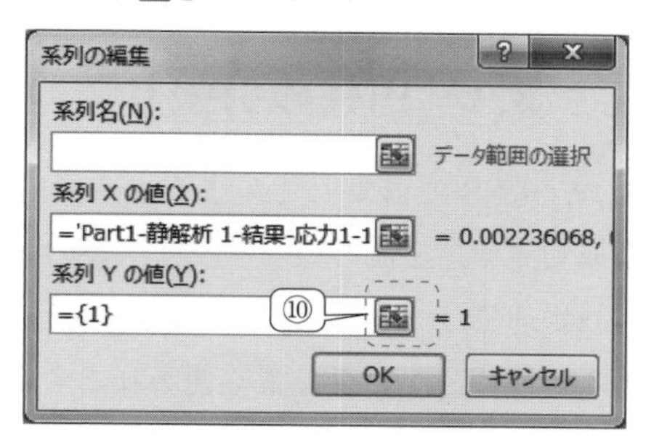

図 2.71　系列の編集

⑪グラフのＹ軸のデータとなる主応力の値の列を指定します．B9 のセルにポインタを移動し，クリック．その後，フィルハンドルをドラッグし，B 列を指定します．→ ⑫「系列の編集」のアイコンをクリック．

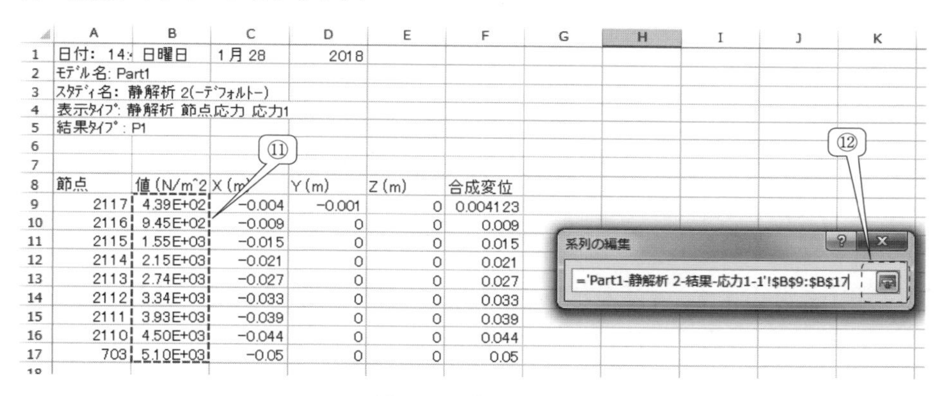

図 2.72　系列の編集

⑬「OK」をクリック→横軸が合成変位，縦軸が主応力のグラフが完成します．

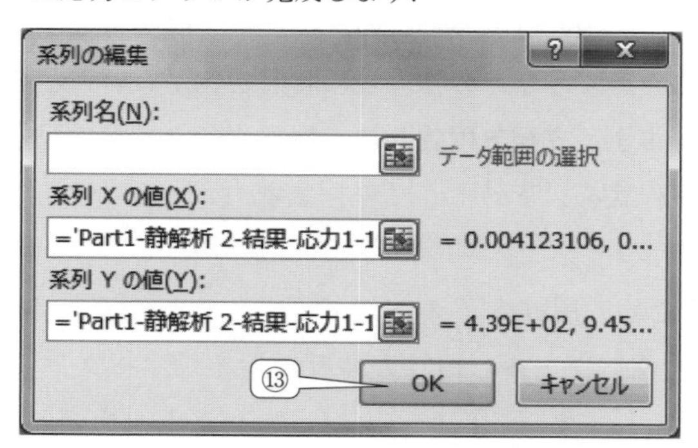

図 2.73　系列の編集

3章　引張り（線形静解析）

3.1　円柱の引張り

円柱の引張り試験をSOLIDWORKSで計算してみましょう．円柱の端部を固定し，端部に荷重を負荷すると，円柱は変形し，伸びることになります．このとき円柱の内部には，**応力**と**ひずみ**が発生します．これらの物理量は，物体の変形や破壊の指標となるため，工業製品などの“もの”の信頼性を評価するときに，たいへんよく使われます．

3.2　応力とひずみ

本章では垂直応力，垂直ひずみ，および**フックの法則**による応力とひずみの関係式を用い，円柱の引張りの計算結果の検証を行っていきます．これらの3つの関係は次式で表されます．

$$\sigma=\frac{f}{A} \tag{3.1}$$

$$\varepsilon=\frac{\sigma}{E} \tag{3.2}$$

$$\varepsilon=\frac{u}{l_0}=\frac{l-l_0}{l_0} \tag{3.3}$$

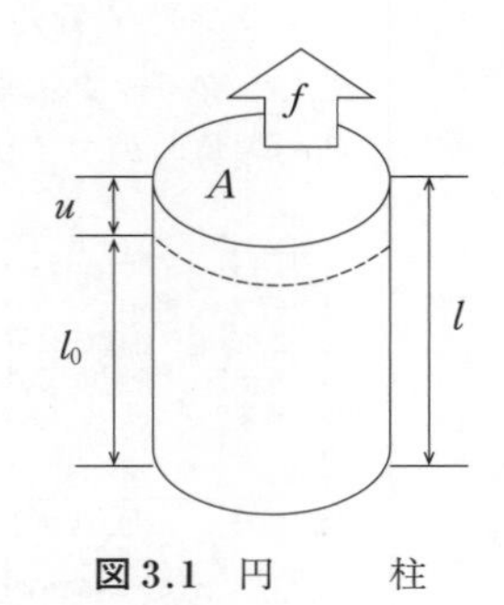

図3.1　円　　柱

図3.1に円柱を示します．σは応力，fは外力，Aは断面積，Eは弾性係数，εはひずみ，lは荷重を負荷した後の円柱の長さ，l_0は荷重を負荷する前の初期の円柱の長さ，uは変位を示します．

3.3　静解析（線形静解析）

本章が対象とする材料の引張り試験の解析のタイプは，**静解析**もしくは**線形静解析**です．静解析の“静”とは，応力やひずみなどの物理量に時間変化がないことを意味します．この静解析の支配方程式を説明します．**支配方程式**とは，物理法則を数学の記号で表現した方程式となります．静解析の支配方程式を以下のように表します．

$$[K]\{u\}=\{f\} \tag{3.4}$$

式（3.1）を説明するための円柱のイメージが図3.1です．$[K]$：剛性行列（円柱の硬さの量を示す行列），$\{u\}$：変位ベクトル（円柱の伸びた量を示すベクトル），$\{f\}$：荷重ベクトル（もしくは拘束条件）を表します．[ ]は行列，{ }はベクトルを表します．ここで式（3.4）を次式のように変形します．

$$\frac{l_0}{A}[K]\cdot\frac{1}{l_0}\{u\}=\frac{1}{A}\{f\}\ \ ([E]\{\varepsilon\}=\{\sigma\}) \tag{3.5}$$

l_0は円柱の初期の長さ，Aは断面積を示します．ここで応力ベクトルやひずみベクトルの要素に依存せず，断面積 A および長さ l_0 が常に一定であると仮定します．すると，応力ベクトル $\{\sigma\}$ とひずみベクトル $\{\varepsilon\}$ の関係式は，次式のようになります．

$$\{\sigma\}=\frac{1}{A}\{f\} \tag{3.6}$$

$$\{\varepsilon\}=\frac{1}{l_0}\{u\} \tag{3.7}$$

ここで，弾性係数行列 $[E]$ を次式のように考えてみます．

$$[E]=\frac{l_0}{A}[K] \tag{3.8}$$

これらの式より，次式が得られます．

$$\{\sigma\}=[E]\{\varepsilon\} \tag{3.9}$$

すなわち，フックの法則による応力-ひずみの関係です．剛性行列の逆行列を式（3.4）の左からかけることで変位ベクトル $\{u\}$ を求めることができます．

$$[K]^{-1}[K]\{u\}=[K]^{-1}\{f\} \tag{3.10}$$

$$\{u\}=[K]^{-1}\{f\} \tag{3.11}$$

括弧［ ］の右肩にある“−1”は逆行列を示します．式（3.11）の変位 $\{u\}$ を求めることで，円柱の応力（式（3.9）），およびひずみ（式（3.7））を求めることができるようになります．

3.4　線形静解析による円柱の引張りを解析してみましょう

（**課題 1**）円柱の SOLIDWORKS 解析モデル（**図 3.2**）を作成してみましょう．円柱の代表寸法について，円柱の直径を 0.1 m，長手方向の長さを 0.2 m とします．拘束条件として円柱端部の面の変位を固定します．また荷重条件として，もう一方の円柱端部の面に荷重を負荷しま

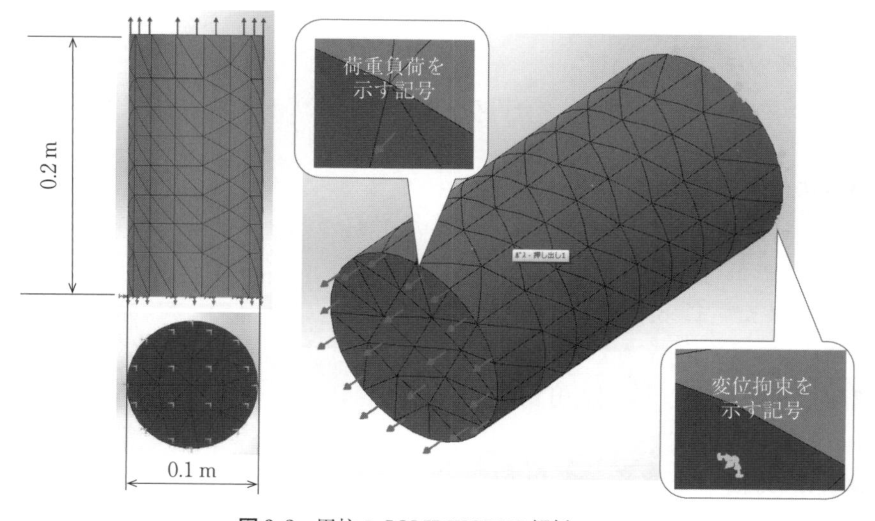

図 3.2　円柱の SOLIDWORKS 解析モデル

す．材料の物性値については，アルミ合金（5052-O）[†]を設定します．

（課題 2） 総解析時間，節点数，要素数のデータを表（表 3.1（3.6 節））にまとめましょう．

（課題 3） 材料の弾性係数，ポアソン比，密度および円柱の断面積のデータを表（表 3.2（3.6 節）にまとめましょう．円周率は 3.14 とします．単位も忘れずに表に記入しましょう．

（課題 4） 応力と変位のカラーバーとコンター図を図示（図 3.22，図 3.23（3.6 節））しましょう．PrintScreen（2.2 節）を用い，応力と変位のカラーバーとコンター図を Word ファイルに貼り付けましょう．

（課題 5） 応力とひずみについて，材料力学に基づく理論値と SOLIDWORKS による解析値，および誤差を表（表 3.3（3.6 節））にまとめましょう．荷重の大きさを，0.0 N，1.0×10^6 N，2.0×10^6 N，3.0×10^6 N の 4 ケースで設定します．理論値に対する SOLIDWORKS 解析値の誤差を次式より求めましょう．

$$(\text{誤差})=\left|\frac{(\text{理論値})-(\text{SOLIDWORKS 解析値})}{(\text{理論値})}\right|\times 100\ [\%] \tag{3.12}$$

（注）SOLIDWORKS を用い，応力のコンター図のカラーバーから解析値を読み取りましょう．ひずみの解析値については，変位のコンター図のカラーバーから変位量（もしくは変形量）を読み取り，式（3.3）を用いて計算しましょう．

（課題 6） 縦軸を応力，横軸をひずみとしたときのグラフ（応力-ひずみ線図）を描いてみましょう．作成したグラフが，フックの法則（式（3.2））とほぼ一致することを確かめてみましょう．

3.5 操作手順

【3.1】 SOLIDWORKS の起動と初期設定（▶【2.1】）

【3.2】 単位系の設定（その 1）（▶【2.2】）

【3.3】 円のスケッチ（▶【2.4】）

○原点をクリックし，マウスをドラッグ→円の半径として，0.05 を入力→作業終了後，左上の「✔」をクリック

【3.4】 円柱の作成（▶【2.5】）

○「フィーチャー」タブを選択→「押し出し／ベース」をクリック→円柱の高さとして，0.2 を入力→「✔」をクリック

【3.5】 アドイン（▶【2.8】）

○ SOLIDWORKS Simulation をアドイン

【3.6】 解析の種類を選択（▶【2.9】）

○「スタディ」→「静解析」→「✔」をクリック

【3.7】 単位系の設定（その 2）（▶【2.3】）

---

† 5052-O：4 桁の数字はアルミ合金の種類，数字の後に続くハイフン以降は加工硬化や熱処理などの調質の記号を示します．

○単位系「SI（MKS)」を選択

【3.8】材料設定（▶【2.10】)

○物性値として，「アルミ合金（5052-O)」を選択

【3.9】拘束の設定（▶【2.11】)（図 3.3)

①「固定ジオメトリ」のアイコンをクリック→②ボックスをクリック→③ポインタで円柱端部の面を選択→④「✔」をクリック

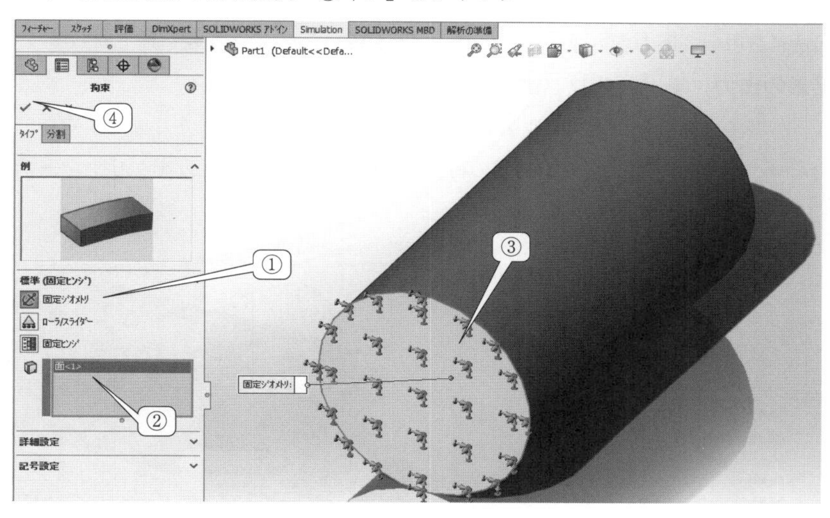

図 3.3 拘束の設定

【3.10】外部荷重の設定（▶【2.12】)（図 3.4)

○「外部荷重」のアイコンから「力」を選択→①ポインタで円柱端部の面を選択（固定した円柱端部の面とは反対の面）→②荷重 1.0e+6 を入力→③「方向を反転」にチェックを入れると，力の方向が変更されます→④「✔」をクリック

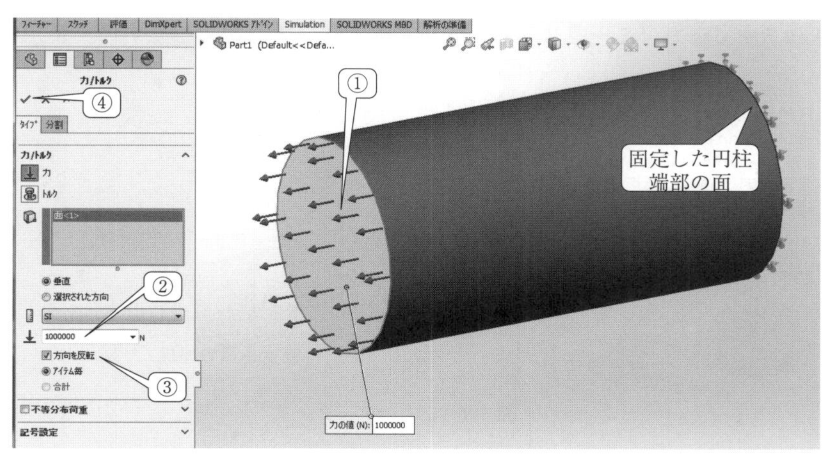

図 3.4 外部荷重の設定

【3.11】メッシュ作成（▶【2.15】）

○メッシュ密度を「細い」に設定し，「✔」をクリック

【3.12】解析実行（▶【2.16】）

【3.13】ソルバのメッセージ（▶【2.17】）

○総解析時間，節点数，および要素数を書き留めます（課題 2）

【3.14】PrintScreen（2.2 節）

○ PrintScreen を用い，応力のカラーバーとコンター図を Word ファイルに貼り付けます（課題 4）

【3.15】結果の出力（▶【2.19】）（**図 3.5～図 3.6**）

○「応力 1」にポインタを合わせ，マウスを右クリック

①「問い合わせ」をクリック→②円筒端部の荷重を負荷した面の中心付近をクリック→③保存のアイコン「💾」をクリック→④「✔」をクリック

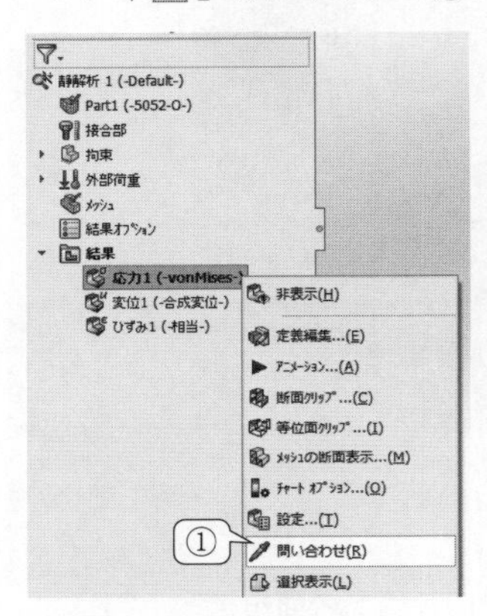

図 3.5　問い合わせ

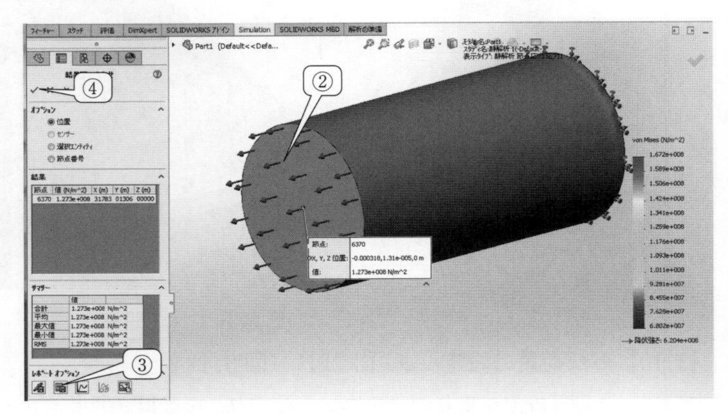

図 3.6　応力の出力

【3.16】CSV ファイルの出力（▶【2.21】）

【3.17】保存した CSV ファイルを開く（**図 3.7**）→ CSV ファイルを開くと，図のようなデータが表示されます．応力（ミーゼス応力）の値を確認し，表に記入します（表 3.3）．

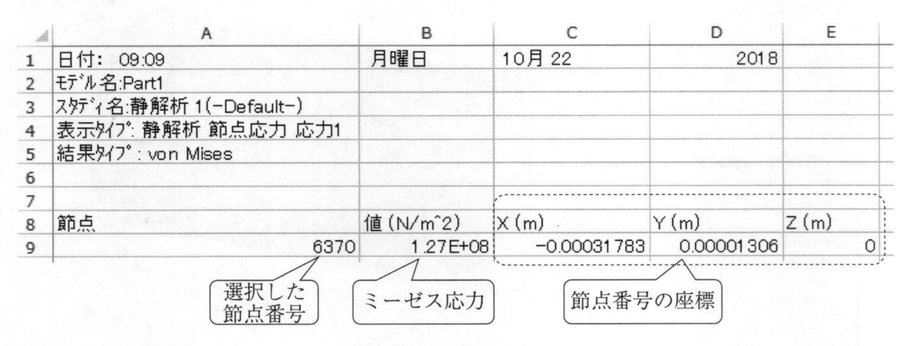

	A	B	C	D	E
1	日付: 09:09	月曜日	10月 22	2018	
2	ﾓﾃﾞﾙ名:Part1				
3	ｽﾀﾃﾞｨ名:静解析 1(-Default-)				
4	表示ﾀｲﾌﾟ: 静解析 節点応力 応力1				
5	結果ﾀｲﾌﾟ: von Mises				
6					
7					
8	節点	値 (N/m^2)	X (m)	Y (m)	Z (m)
9	6370	1.27E+08	-0.00031783	0.00001306	0

図 3.7　応力のデータ

【3.18】結果の出力（▶【2.19】）（図 3.8～図 3.10）

○変位のデータを出力

①「変位 1」を右クリック→②「表示」をクリック

③「変位 1」を右クリック→④「問い合わせ」をクリック

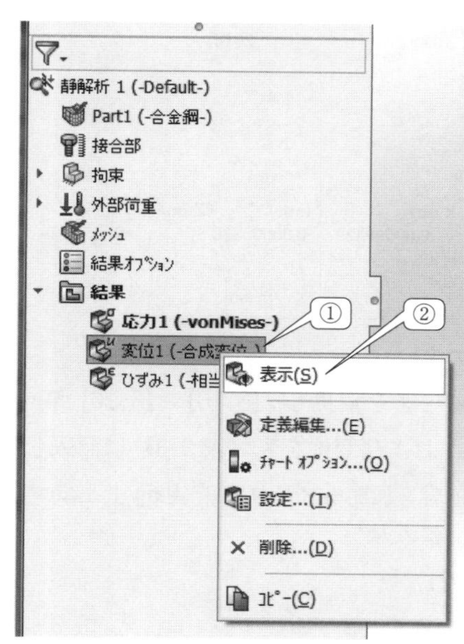

図 3.8　変位の表示

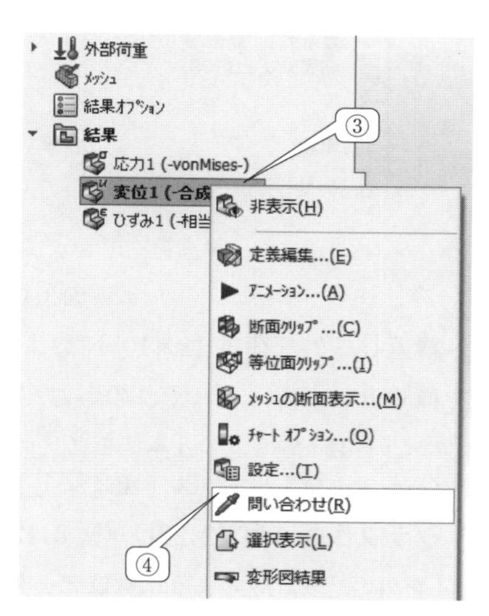

図 3.9　問い合わせ

⑤円柱端部の荷重を負荷した面の中心付近をクリック→⑥保存のアイコン「▣」をクリック→⑦「✔」をクリック

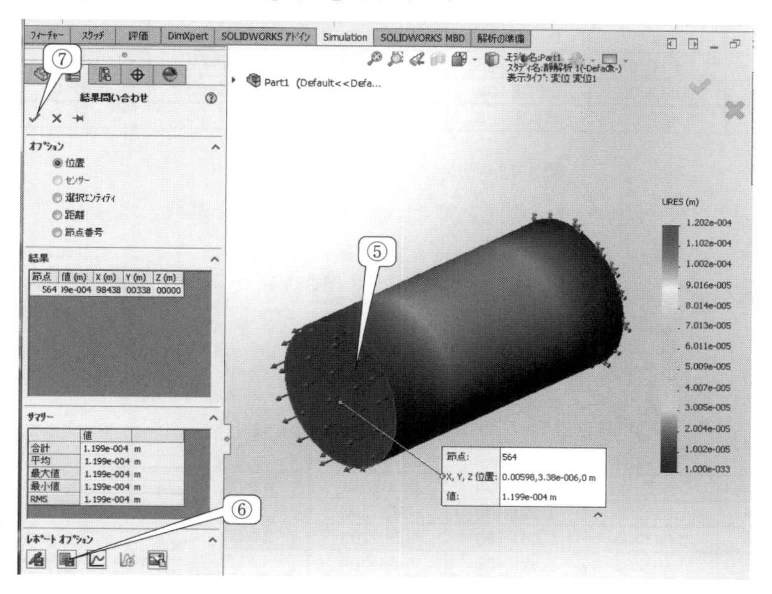

図 3.10　変位のコンター図

【3.19】 CSV ファイルの出力（▶【2.21】）

【3.20】 保存した CSV ファイルを開く（**図 3.11**）→ CSV ファイルから変位を読み取り，式 (3.3) よりひずみを計算します．（注）変位は式 (3.3) の変数 u を示します．

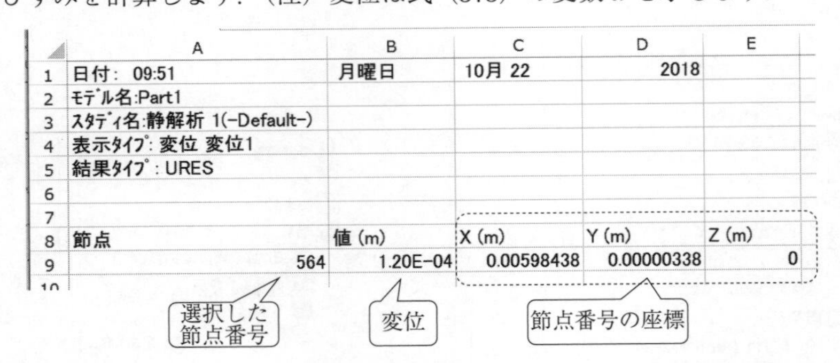

	A	B	C	D	E
1	日付: 09:51	月曜日	10月 22	2018	
2	ﾓﾃﾞﾙ名:Part1				
3	ｽﾀﾃﾞｨ名:静解析 1(-Default-)				
4	表示ﾀｲﾌﾟ: 変位 変位1				
5	結果ﾀｲﾌﾟ: URES				
6					
7					
8	節点	値 (m)	X (m)	Y (m)	Z (m)
9	564	1.20E-04	0.00598438	0.00000338	0

図 3.11　変位のデータ

【3.21】 繰返し　外部荷重 (2×10^6 N および 3×10^6 N) を変更し，【3.10】～【3.20】の同じ手順で作業を繰り返します．それぞれの応力，ひずみ，および変位を表（表 3.3）に記入します．

○アイコン「外部荷重」の「▲」をクリックし，内容を展開→アイコン「力-1」上でマウス右クリック→荷重の値をボックス「 N」に入力

【3.22】 グラフ作成（▶【2.22】）（**図 3.12～図 3.21**）

○ Excel を用い，表 3.3 のように数値データをまとめます．ひずみについては，式 (3.3) より得ることができます．図中の [-] は無次元を示します．

	A	B	C	D	E	F	G
1	入力値	理論値		SOLIDWORKS解析値		誤差 [%]	
2	力[N]	ひずみ[-]	応力[Pa]	ひずみ[-]	応力[Pa]	ひずみ	応力
3	0.00E+00	0.00E+00	0.00E+00	0.00E+00	0.00E+00	0.00E+00	0.00E+00
4	1.00E+06	1.81E-03	1.27E+08	1.79E-03	1.27E+08	1.10E+00	0.00E+00
5	2.00E+06	3.64E-03	2.55E+08	3.58E-03	2.54E+08	1.65E+00	3.92E-01
6	3.00E+06	5.46E-03	3.82E+08	5.35E-03	3.81E+08	2.01E+00	2.62E-01

図 3.12　応力，ひずみ，誤差のデータ

①理論値の応力とひずみのデータをポインタで反転 → ②散布図を選択

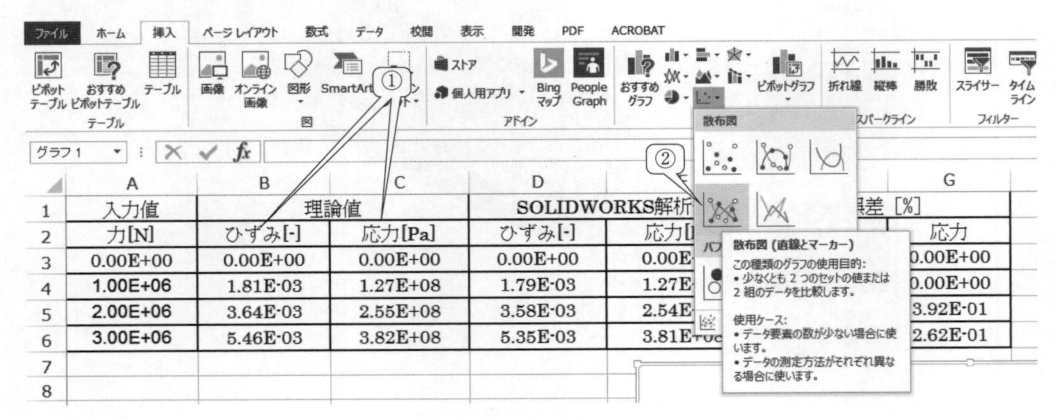

	A	B	C	D	E	F	G
1	入力値	理論値		SOLIDWORKS解析		誤差 [%]	
2	力[N]	ひずみ[-]	応力[Pa]	ひずみ[-]	応力[		応力
3	0.00E+00	0.00E+00	0.00E+00	0.00E+00	0.00E		0.00E+00
4	1.00E+06	1.81E-03	1.27E+08	1.79E-03	1.27E		0.00E+00
5	2.00E+06	3.64E-03	2.55E+08	3.58E-03	2.54E		3.92E-01
6	3.00E+06	5.46E-03	3.82E+08	5.35E-03	3.81E+08		2.62E-01
7							
8							

図 3.13　B 列および C 列を選択

③グラフの領域にポインタを移動し，右クリック→④「データの選択」をクリック

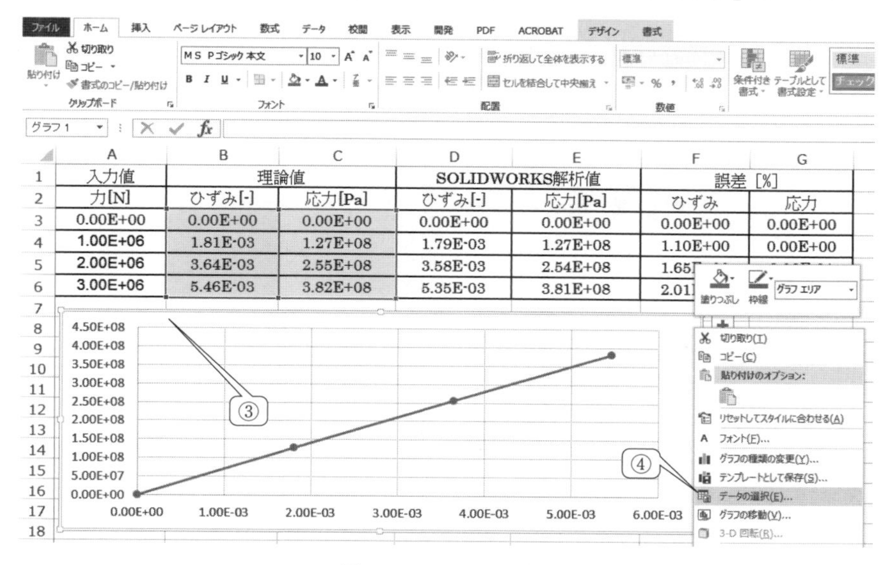

図 3.14　データの選択

⑤「編集」をクリック

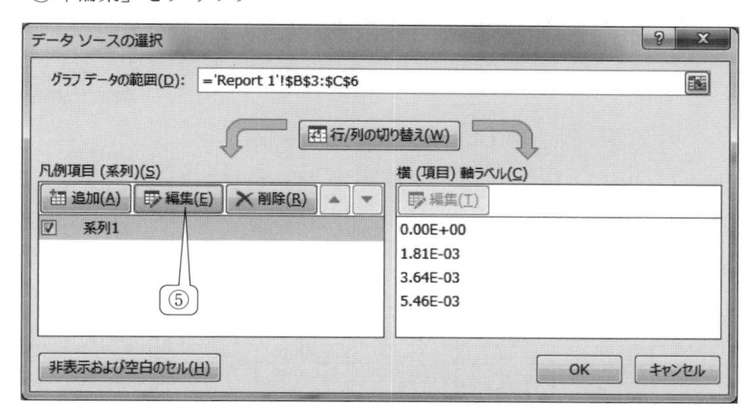

図 3.15　データソースの選択

⑥系列名のボックスのアイコン「▦」をクリック→⑦「理論値」のセル（B 列 1 行）をクリック→⑧選択作業を終えたら「OK」をクリック

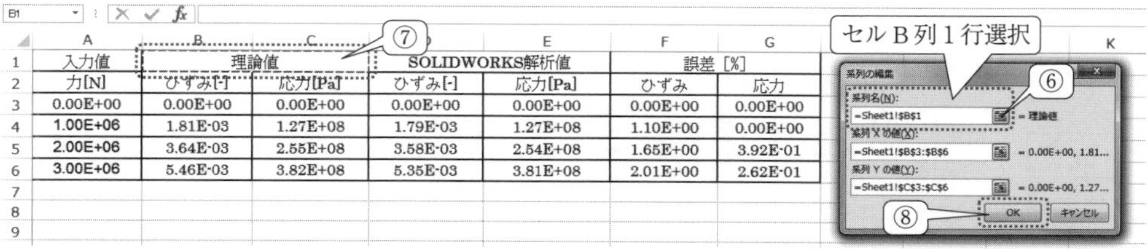

	A	B	C	D	E	F	G
1	入力値	理論値		SOLIDWORKS解析値		誤差［%］	
2	力[N]	ひずみ[-]	応力[Pa]	ひずみ[-]	応力[Pa]	ひずみ	応力
3	0.00E+00	0.00E+00	0.00E+00	0.00E+00	0.00E+00	0.00E+00	0.00E+00
4	1.00E+06	1.81E-03	1.27E+08	1.79E-03	1.27E+08	1.10E+00	0.00E+00
5	2.00E+06	3.64E-03	2.55E+08	3.58E-03	2.54E+08	1.65E+00	3.92E-01
6	3.00E+06	5.46E-03	3.82E+08	5.35E-03	3.81E+08	2.01E+00	2.62E-01

図 3.16　系列の編集（系列名）

⑨「追加」をクリック

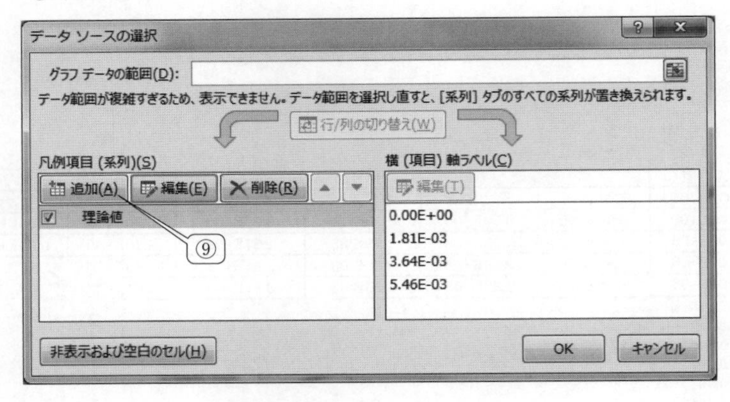

図 3.17　データソースの選択

⑩同様に図に示す系列名のボックスについて「SOLIDWORKS 解析値」のセル（D 列 1 行）をクリック→⑪「OK」をクリック

	A	B	C	D	E	F	G
1	入力値	理論値		SOLIDWORKS解析値		誤差 [%]	
2	力[N]	ひずみ[-]	応力[Pa]	ひずみ[-]	応力[Pa]	ひずみ	応力
3	0.00E+00	0.00E+00	0.00E+00	0.00E+00	0.00E+00	0.00E+00	0.00E+00
4	1.00E+06	1.81E-03	1.27E+08	1.79E-03	1.27E+08	1.10E+00	0.00E+00
5	2.00E+06	3.64E-03	2.55E+08	3.58E-03	2.54E+08	1.65E+00	3.92E-01
6	3.00E+06	5.46E-03	3.82E+08	5.35E-03	3.81E+08	2.01E+00	2.62E-01

系列の編集
系列名(N): =Sheet1!$D$1 = SOLIDWORKS
系列 X の値(X): データ範囲の選択
系列 Y の値(Y): ={1} = 1
⑩ ⑪ OK キャンセル

図 3.18　系列の編集（系列名）

⑫「系列 X の値」について，ひずみのデータを選択．図に示すように D 列 3 行から D 列 6 行目までを選択．→⑬「OK」をクリック

	A	B	C	D	E	F	G
1	入力値	理論値		SOLIDWORKS解析値		誤差 [%]	
2	力[N]	ひずみ[-]	応力[Pa]	ひずみ[-]	応力[Pa]	ひずみ	応力
3	0.00E+00	0.00E+00	0.00E+00	0.00E+00	0.00E+00	0.00E+00	0.00E+00
4	1.00E+06	1.81E-03	1.27E+08	1.79E-03	1.27E+08	1.10E+00	0.00E+00
5	2.00E+06	3.64E-03	2.55E+08	3.58E-03	2.54E+08	1.65E+00	3.92E-01
6	3.00E+06	5.46E-03	3.82E+08	5.35E-03	3.81E+08	2.01E+00	2.62E-01

系列の編集
系列名(N): =Sheet1!$D$1 = SOLIDWORKS解析値
系列 X の値(X): =Sheet1!$D$3:$D$6 = 0.00E+00, 1.79...
系列 Y の値(Y): ={1} = 1
⑫ ⑬ OK キャンセル

図 3.19　系列の編集（系列 X の編集）

⑭「系列 Y の値」について，応力のデータを選択．図に示すように E 列 3 行から E 列 6 行目までを選択．→⑮「OK」をクリック

	A	B	C	D	E	F	G
1	入力値	理論値		SOLIDWORKS解析値		誤差 [%]	
2	力[N]	ひずみ[-]	応力[Pa]	ひずみ[-]	応力[Pa]	ひずみ	応力
3	0.00E+00	0.00E+00	0.00E+00	0.00E+00	0.00E+00	0.00E+00	0.00E+00
4	1.00E+06	1.81E-03	1.27E+08	1.79E-03	1.27E+08	1.10E+00	0.00E+00
5	2.00E+06	3.64E-03	2.55E+08	3.58E-03	2.54E+08	[illegible]E+00	3.92E-01
6	3.00E+06	5.46E-03	3.82E+08	5.35E-03	3.81E+08	2.01E+00	2.62E-01

系列の編集
系列名(N): =Sheet1!$D$1
系列 X の値(X): =Sheet1!$D$3:$D$6
系列 Y の値(Y): =Sheet1!$E$3:$E$6
⑭ ⑮ OK キャンセル

図 3.20　系列の編集（系列 Y の編集）

⑯「OK」をクリック　→　グラフ作成完了（図 3.24 参照）

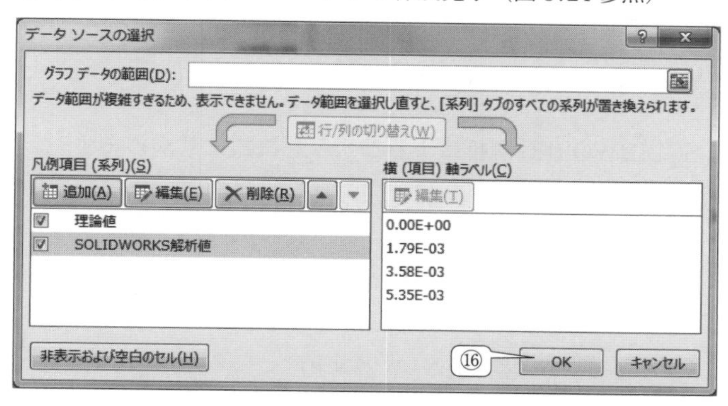

図 3.21　データソースの選択

3.6　課題解答例

（**課題 1**）3.5 節参照のこと

（**課題 2**）解析情報を**表 3.1** にまとめます.

表 3.1　解 析 情 報

総解析時間 [s]	節点数	要素数
4	61280	42476

（**課題 3**）物性値および形状データを**表 3.2** に示します.

表 3.2　物性値および形状データ

材料	弾性係数 [Pa]	ポアソン比 [無次元]	密度 [kg/m^3]	円柱の断面積 [m^2]
アルミ合金 (5052-O)	7×10^{10}	0.33	2680	0.00785

（**課題 4**）応力と変位のカラーバーとコンター図を**図 3.22**，および**図 3.23** に図示します.

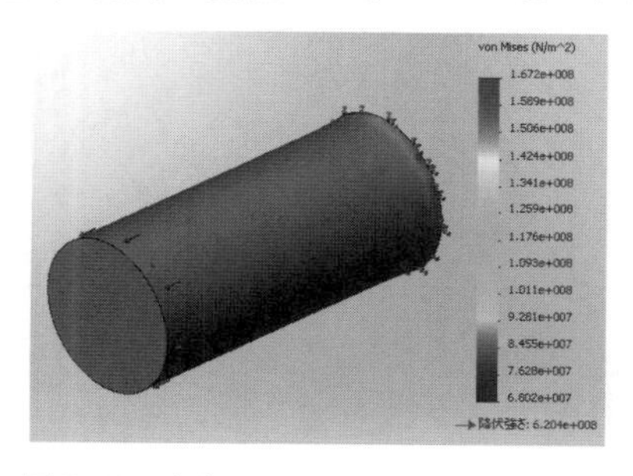

図 3.22　応力のカラーバーとコンター図

図 3.23　変位のカラーバーとコンター図

（**課題 5**）応力，およびひずみの理論値の計算について考えます．荷重条件 1.0×10^6 N，円柱の断面積は 0.00785 m^2，縦弾性係数は 7×10^{10} Pa ですので，式（3.1），（3.2）にそれぞれ代入し

$$\sigma=\frac{1.0\times10^6}{0.00785}=1.27\times10^8\,\mathrm{Pa} \tag{3.13}$$

$$\varepsilon=\frac{1.27\times10^8}{7\times10^{10}}=1.81\times10^{-3}\,[\text{無次元}] \tag{3.14}$$

となります．次にSOLIDWORKS解析によるひずみを次式より求めます．

$$\varepsilon=\frac{u}{l_0}=\frac{3.58\times10^{-4}}{0.2}=1.79\times10^{-3} \tag{3.15}$$

次に，SOLIDWORKSによる解析値と材料力学による理論値の誤差（式（3.12））を計算します．応力およびひずみの誤差は次式のように得られます．

$$(\text{応力についての誤差})=\frac{1.27\times10^8-1.27\times10^8}{1.27\times10^8}\times100=0.0\ \% \tag{3.16}$$

$$(\text{ひずみについての誤差})=\frac{1.81\times10^{-3}-1.79\times10^{-3}}{1.81\times10^{-3}}\times100=1.1\ \% \tag{3.17}$$

他の外部荷重についても同じように求め，**表3.3**のような表にまとめます．

表3.3　材料力学に基づく理論値とSOLIDWORKS解析値の誤差

入力値	材料力学に基づく理論値		SOLIDWORKS解析値		誤差	
力［N］	ひずみ	応力［Pa］	ひずみ	応力［Pa］	誤差［%］（ひずみ）	誤差［%］（応力）
0	0	0	0	0	0	0
1.0×10^6	0.00181	1.27×10^8	0.00179	1.27×10^8	1.10	0
2.0×10^6	0.00364	2.55×10^8	0.00358	2.54×10^8	1.64	0.392
3.0×10^6	0.00546	3.82×10^8	0.00535	3.81×10^8	2.01	0.262

（**課題6**）応力-ひずみ線図は**図3.24**のようになります．

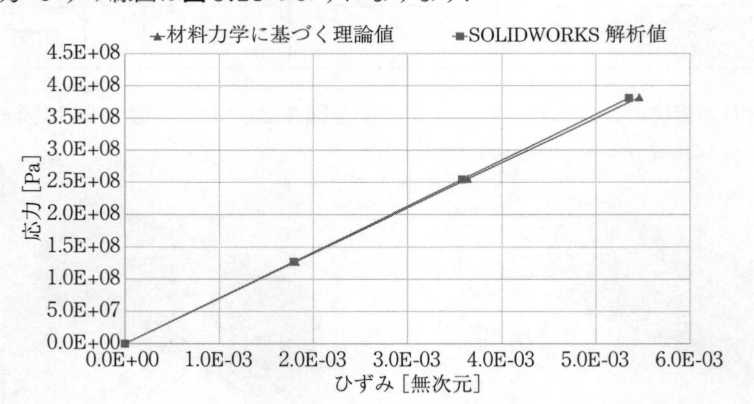

図3.24　応力-ひずみ線図

4章　引張り（非線形静解析）

4.1　材料非線形解析による円柱の引張り

3章において，アルミ合金で作成した円柱の引張り試験をSOLIDWORKSで計算しました．実際の材料の引張り試験と比較して，何かおかしい？ということに気づいてもらえたでしょうか．3章では，応力とひずみは常に比例関係（フックの法則）が成り立つことが前提です．材料力学で述べられている理論のほとんどは，材料の変形はきわめて微小である（フックの法則が成り立つ）ことを前提に構築されています．そのため変形（すなわち，ひずみ）が大きい場合は，線形静解析とは異なる処理を必要とします．本章では，3章と同じ円柱を取り上げ，応力-ひずみ線図を考慮した適切な処理について，考えてみましょう．

4.2　非線形解析

非線形静解析における支配方程式を次式のように表します．

$$[K(u)]\{u\}=\{f\} \tag{4.1}$$

式（3.4）と比較すると，$[K]$が$[K(u)]$となっています．式（3.4）の剛性行列$[K]$は定数を示しています．どのような変数にも依存しません．一方で，剛性行列$[K(u)]$は，変位uに依存することを示しています．変位uを用いて剛性行列$[K(u)]$を陽的に表現することができないため，式（4.1）のような形で表現します（陽関数と陰関数の違いについて，後ほど述べます）．剛性行列$[K(u)]$の逆行列を式（4.1）に掛けただけでは，変位uを得ることができません．式（4.1）を満たす変位uを得るためには，反復計算を必要とします．

$$\{u\}=[K(u)]^{-1}\{f\} \tag{4.2}$$

4.3　線形と非線形

線形とは重ね合わせが成立することで，非線形とは重ね合わせが成立しないことを意味します．これだけでは，何のことかわからないので，具体例で説明したいと思います．アルミ合金で製作した円柱を例に考えてみましょう．**図4.1**に示すように円柱の端部を固定し，もう一方の端部に荷重$f_1=2.1\times10^7$ Nを負荷してみます．この状態を状態1とします．変数の下添え字の番号の1は状態1に属する変数を示します．アルミ合金の縦弾性係数（もしくはヤング率）は$E=7.0\times10^{10}$ Paです．簡単のため，円柱の断面積を$A=1.0\,\mathrm{m}^2$とします．式（3.1）および式（3.2）より，応力とひずみを次式のように求めることができます．

$$\sigma_1=\frac{f_1}{A}=\frac{2.1\times10^7}{1}=2.1\times10^7\ \mathrm{Pa} \tag{4.3}$$

$$\varepsilon_1=\frac{\sigma_1}{E}=\frac{2.1\times10^7}{7.0\times10^{10}}=0.3\times10^{-3} \tag{4.4}$$

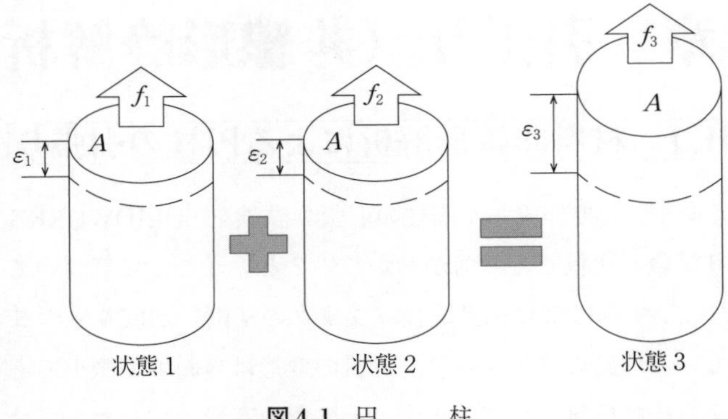

図 4.1　円　　柱

次に荷重 $f_2=4.9\times10^7$ N を負荷してみましょう．式（3.1），および式（3.2）より，応力とひずみを次のように求めることができます．

$$\sigma_2=\frac{f_2}{A}=\frac{4.9\times10^7}{1}=4.9\times10^7\ \text{Pa} \tag{4.5}$$

$$\varepsilon_2=\frac{\sigma_2}{E}=\frac{4.9\times10^7}{7.0\times10^{10}}=0.7\times10^{-3} \tag{4.6}$$

それでは，荷重 $f_3=f_1+f_2=2.1\times10^7+4.9\times10^7=7.0\times10^7$ N を負荷してみましょう．同様に，応力とひずみを次式のように求めることができます．

$$\sigma_3=\frac{f_3}{A}=\frac{f_1+f_2}{A}=\frac{f_1}{A}+\frac{f_2}{A}=\sigma_1+\sigma_2=2.1\times10^7+4.9\times10^7=7.0\times10^7\ \text{Pa} \tag{4.7}$$

$$\varepsilon_3=\frac{\sigma_3}{E}=\frac{\sigma_1+\sigma_2}{A}=\frac{\sigma_1}{A}+\frac{\sigma_2}{A}=\varepsilon_1+\varepsilon_2=0.3\times10^{-3}+0.7\times10^{-3}=1.0\times10^{-3} \tag{4.8}$$

図 4.2 に，アルミ合金の応力-ひずみ線図を示します．これらの式から算出された応力とひずみは，この図のグラフの曲線上の値であることを確認してください．式（4.7）に示すように，荷重 f_3 を負荷した円柱の応力は，荷重 f_1 を負荷した応力 σ_1 と，荷重 f_2 を負荷した応力 σ_2 の足し合わせ（もしくは重ね合わせ）の関係になっていることがわかります．式（4.8）より，ひずみも足し合わせの関係にあることがわかります．このような関係を**線形**と呼びます．

次に，4.9×10^7 N を円柱に負荷した状態を状態 2 とし，同様に，7.0×10^7 N を負荷した状態を状態 3 とします．また状態 2 と状態 3 を足し合わせた状態を状態 4 とします．状態 4 の外部荷重 $f_4=f_2+f_3=4.0\times10^7+7.9\times10^7=11.9\times10^7$ N を負荷してみましょう．線形の場合と同じように計算してみましょう．

$$\begin{aligned}\sigma_4&=\frac{f_4}{A}=\frac{f_2+f_3}{A}=\frac{f_2}{A}+\frac{f_3}{A}=\sigma_2+\sigma_3\\&=4.9\times10^7+7.0\times10^7=11.9\times10^7\ \text{Pa}\end{aligned} \tag{4.9}$$

$$\begin{aligned}\varepsilon_4&=\frac{\sigma_4}{E}=\frac{\sigma_2+\sigma_3}{A}=\frac{\sigma_2}{A}+\frac{\sigma_3}{A}=\varepsilon_2+\varepsilon_3\\&=0.7\times10^{-3}+1.0\times10^{-3}=1.7\times10^{-3}\end{aligned} \tag{4.10}$$

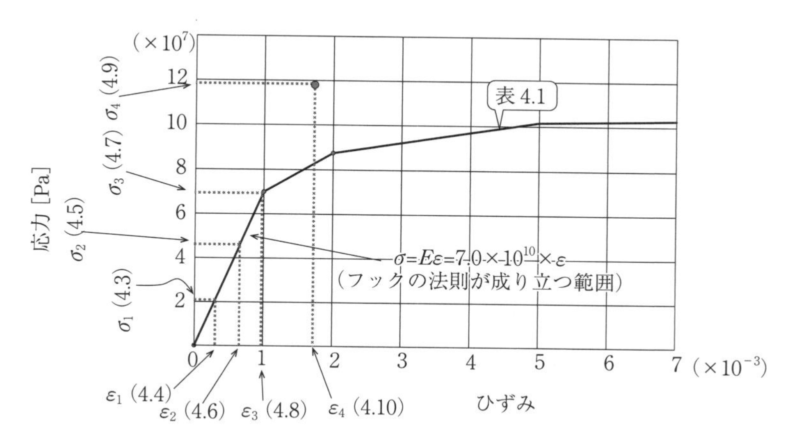

図 4.2　アルミ合金の応力-ひずみ線図

これらの値は，図 4.2 の曲線上の値になっていません．状態 2 と状態 3 を足し合わせても，状態 4 の計算結果が算出されていません．すなわち重ね合わせが成り立ちません．f_4 の荷重を負荷する範囲は，フックの法則に基づく $\sigma=E\varepsilon$ が成り立つ範囲ではありません．このような重ね合わせが成り立たない関係を**非線形**と呼びます．特に本章の非線形の例は，材料についての議論であるため，この関係を**材料非線形**と呼びます．

4.4　陽関数と陰関数

2 つの変数 x,y の関係を

$$y=f(x) \tag{4.11}$$

の方程式で表される関数を陽関数と呼びます．2 つの変数 x,y の関係を

$$f(x,y)=0 \tag{4.12}$$

の方程式で表す関数を陰関数と呼びます．具体例で説明しましょう．方程式 $x=y^2$ の例で考えてみましょう．これを y について解きましょうといったら，すぐに次式のような関係を導くことができます．

$$y=\pm\sqrt{x}\quad(=f(x)) \tag{4.13}$$

式 (4.13) のように，陽関数の形で記述することができます．それでは，方程式 $x=y\log(y)$ であればどうでしょう．$y=$?の形に直せるでしょうか？できませんよね．できませんので，式 (4.12) に従って記述すると，関数 $f(x,y)$ は次式のようになります．

$$f(x,y)=x-y\cdot\log(y)=0 \tag{4.14}$$

すなわち，陰関数という形で関数 $f(x,y)$ を記述したことになります．

4.5 材料非線形の計算

2つの壁に挟まれた円柱の例を挙げ，式（4.1）の簡単な剛性行列を解くことを考えてみましょう．**図4.3**のような2つの壁面に挟まれた円柱があったとします．アルミ合金1，アルミ合金2および壁面は接合されています．円柱の断面積Aを一定とします．円柱の端部を固定し，一方の端部を移動します．

図4.4にアルミ合金1およびアルミ合金2の応力-ひずみ線図を示しました．

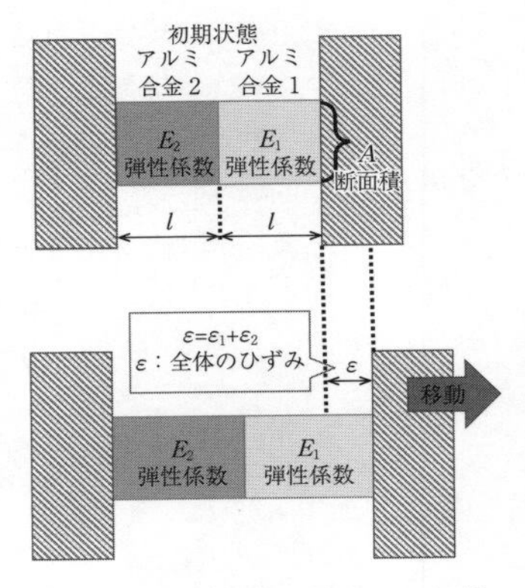

図4.3　2つの壁に挟まれた円柱

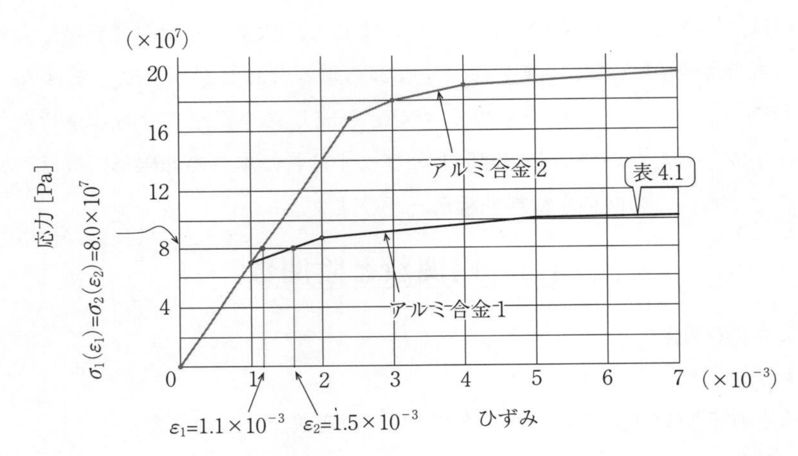

図4.4　応力-ひずみ線図

ひずみが微小な場合について考えてみましょう．すなわち材料についてフックの法則が成り立つと仮定します．アルミ合金1および2の全体のひずみを

$$\varepsilon=\varepsilon_1+\varepsilon_2=1\times10^{-3} \tag{4.15}$$

とします．図4.3に示すように円柱の中心を仮想的に切断してみましょう．そのときの状況を**図4.5**に示します．N，RおよびEは軸力，反力および弾性係数です．図4.5の左半分の部材の力の釣合いと，右半分の力の釣合いから，それぞれ次式が得られます．

$$N-R_1=0 \tag{4.16}$$

$$N-R_2=0 \tag{4.17}$$

よって，反力R_1およびR_2は次式のような関係が得られます．

$$N=R_1=R_2 \tag{4.18}$$

軸力と応力の関係は次式のように得られます．

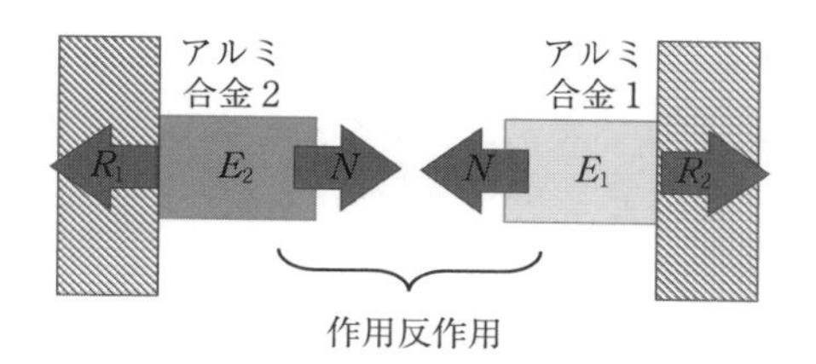

図 4.5 仮想的に円柱切断

$$N=\sigma_1 A \tag{4.19}$$

$$N=\sigma_2 A \tag{4.20}$$

式 (4.19), (4.20) から次式が得られます.

$$\sigma_1 A-\sigma_2 A=0 \tag{4.21}$$

式 (4.21) に応力とひずみの関係式 (式 (3.2)) を用いると, 次式が得られます.

$$E_1\varepsilon_1 A-E_2\varepsilon_2 A=0 \tag{4.22}$$

式 (4.15) と式 (4.22) を行列で表すと次式のようになります.

$$\begin{bmatrix} E_1 & -E_2 \\ 1 & 1 \end{bmatrix}\begin{bmatrix} \varepsilon_1 \\ \varepsilon_2 \end{bmatrix}=\begin{bmatrix} 0 \\ 1\times10^{-3} \end{bmatrix} \quad (\text{ただし}E_1=7\times10^{10}\,\text{Pa}\quad E_2=7\times10^{10}\,\text{Pa}) \tag{4.23}$$

両辺に逆行列を掛けることで, ひずみ ε_1 と ε_2 を求めることができます.

$$\begin{bmatrix} \varepsilon_1 \\ \varepsilon_2 \end{bmatrix}=\frac{1}{E_1+E_2}\begin{bmatrix} 1 & E_2 \\ -1 & E_1 \end{bmatrix}\begin{bmatrix} 0 \\ 1\times10^{-3} \end{bmatrix}=\begin{bmatrix} 0.5\times10^{-3} \\ 0.5\times10^{-3} \end{bmatrix} \tag{4.24}$$

すなわち, 線形の範囲 (フックの法則が成り立つ範囲) においては, ひずみ ε を陽的に表すことができます.

次にフックの法則が成立しない範囲で考えてみましょう. 前回と同様に片方の壁を固定し, 片方の壁を移動します (図 4.3). アルミ合金 1 およびアルミ合金 2 のひずみ (ε_1 および ε_2) の足し合わせが 3×10^{-3} であったとします. このときのアルミ合金 1 および 2 の応力 (σ_1 および σ_2) を求めることを考えてみましょう.

$$\varepsilon_1+\varepsilon_2=3\times10^{-3} \tag{4.25}$$

同じように力の釣合い (式 (4.18)) を考えると, 式 (3.1) ($N=\sigma A$) より, 次式にたどりつきます.

$$\sigma_1-\sigma_2=0 \tag{4.26}$$

断面積 A は一定であるため, 消去しています. ひずみの範囲は図 4.4 の曲線部分 (塑性領域) に対応するため, 今回はフックの法則が成り立ちません. そこで σ をひずみ ε の関数と考えてみましょう.

$$\sigma_1(\varepsilon_1)-\sigma_2(\varepsilon_2)=0 \tag{4.27}$$

この式を満たす応力とひずみの値を得たいのですが，式（4.25）と式（4.27）の方程式のみでは，ひずみ ε_1 および ε_2 を陽関数で表すことができません．式（4.27）に示すように陰関数の形で示すしかありません．このような式（4.27）を満たすひずみ ε をどうやって探すのでしょうか？さっぱりわからないかもしれません．

このような場合は，場当り的に，探してみましょう．例えば，$\sigma_1(\varepsilon_1)=\sigma_2(\varepsilon_2)=8\times10^7$ Pa のとき，図 4.4 のグラフからひずみを読み取ってみましょう．おおよそ $\varepsilon_1=1.1\times10^{-3}$，$\varepsilon_2=1.5\times10^{-3}$ とそれぞれ得られます．円柱全体のひずみは $\varepsilon=\varepsilon_1+\varepsilon_2=2.6\times10^{-3}$ となります．これでは式（4.25）を満たしていません．$3.0\times10^{-3}-2.6\times10^{-3}=0.4\times10^{-3}$ の差分があることがわかります．どうやったら，0.4×10^{-3} が 0 に近づくか考えてみます．おそらく応力がちょっぴり大きくなるとうまくいきそうですね．例えば，式（4.27）を満たすように，$\sigma_1(\varepsilon_1)=\sigma_2(\varepsilon_2)=8.1\times10^7$ Pa にしてはどうでしょうか？このときのひずみを図 4.4 のグラフから読み取ると，おおよそ，$\varepsilon_1=1.16\times10^{-3}$，$\varepsilon_2=1.7\times10^{-3}$ となります．円柱全体のひずみは，$\varepsilon=\varepsilon_1+\varepsilon_2=2.86\times10^{-3}$ となります．やはり式（4.25）を満たしていません．差分は $3.0\times10^{-3}-2.86\times10^{-3}=0.14\times10^{-3}$ となります．最初に場当り的に設定した応力 $\sigma=8.0\times10^7$ Pa と比較すると，差分が小さいので $\sigma=8.1\times10^7$ Pa に設定した応力の値は，より適切な値であることがわかります．この 0.4×10^{-3} や 0.14×10^{-3} などの数値と 3.0×10^{-3} の数値（式（4.25））との差分を**残差**と呼びます（図 2.53 内のグラフについて，横軸は反復回数，縦軸は残差を示します．詳しくはニュートンラプソン法を参照してください）．

FEM 解析では，この残差が限りなく 0 に近づいたとき，正しいひずみの解が得られたと考えます．正解にたどり着くまでに何度も同じ計算手順を繰り返すような方法を**反復法**と呼びます．非線形では，陰関数の形で表された方程式を満たす解を見つけ出すため，反復法を用います．そのため，計算負荷が増大します．

4.6　非線形静解析による円柱の引張りを解析してみましょう

（課題 1）　円柱の解析モデルを作成してみましょう．図 3.2 と同様の円柱の解析モデルを作成します．円柱の代表寸法および計算条件（拘束条件，荷重条件，材料物性値）を以下に示します．

円柱の代表寸法：円柱の直径 0.1 m，長手方向の長さ 0.2 m

拘束条件：円柱端部の面の変位を固定します．

荷重条件：もう一方の円柱端部の面に荷重を負荷します．荷重の大きさを 0.0 N，1.0×10^5 N，5.5×10^5 N，6.87×10^5 N，9.03×10^5 N，1.0×10^6 N，2.0×10^6 N の 7 ケースで設定します．

材料物性値：ユーザー定義材料を用い，材料の物性値を設定します．図 4.4 のグラフから曲線の値を読み取り，応力とひずみの曲線を設定してください．

（課題 2） 総解析時間，節点数，要素数のデータを表（表 4.2（4.8 節））にまとめましょう．

（**課題3**）上記で述べた7ケースの荷重条件のもとで，応力，ひずみ，および変位の解析結果をそれぞれ求め，表（表4.3（4.8節））にまとめましょう（応力と変位はSOLIDWORKS解析のコンター図からデータを抽出し，ひずみについては，式（3.3）より求めます）.

（**課題4**）表4.3をもとに，縦軸を応力，横軸をひずみとしたときのグラフ（応力-ひずみ線図，図4.16）を作成してみましょう．また3章の線形静解析で行った応力-ひずみのグラフを同じグラフに追記してみましょう．非線形静解析と線形静解析で行った応力-ひずみ曲線に，どのような違いがあるか考察してみましょう.

4.7 操 作 手 順

【4.1】3章と同様に円柱の解析モデルを作成

○【3.1】～【3.7】まで行います.

【4.2】解析の種類を選択（▶【2.9】）

○「Simulation」をクリック→「スタディ」をクリック→非線形のアイコンをクリックすると，静解析と動解析のアイコンが表示されます．静解析のアイコンをクリック→「✔」をクリック

【4.3】材料設定（▶【2.10】）（**図4.6～図4.15**）

①「ユーザー定義材料」にポインタを合わせ，マウスの右ボタンをクリック

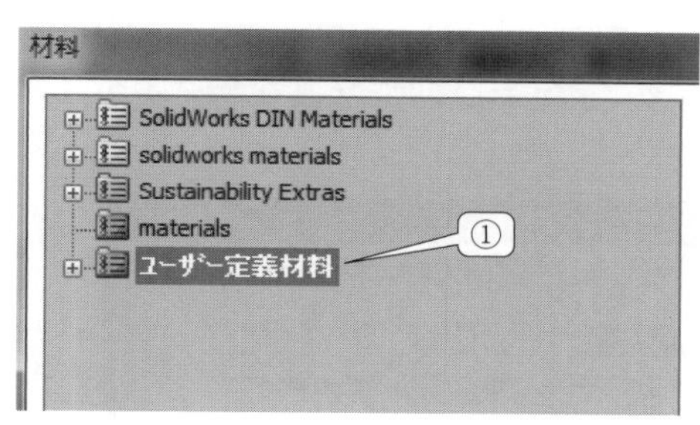

図4.6 ユーザー定義材料

②「新規カテゴリ」をクリック

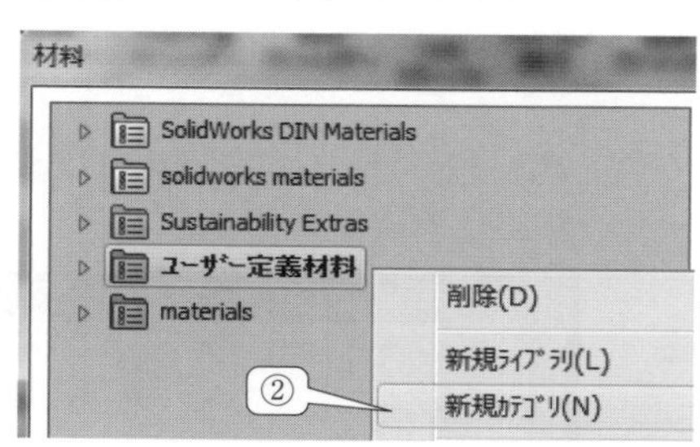

図4.7 新規カテゴリ

③カテゴリの名前をアルミ合金と入力

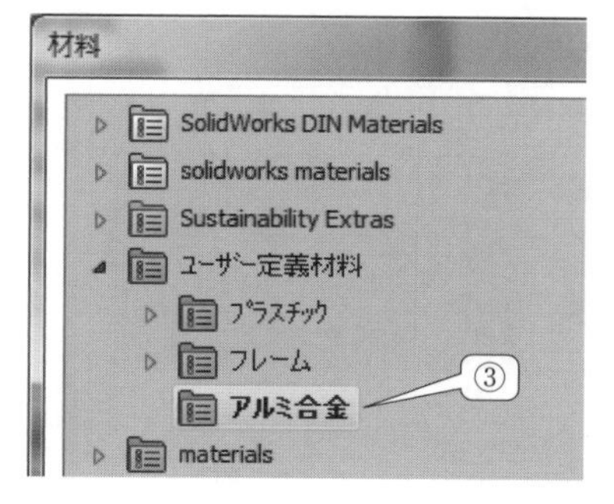

図4.8 アルミ合金と入力

④「solidworks materials」の「◢」をクリックし内容を展開→⑤アルミ合金の「◢」をクリックし内容を展開

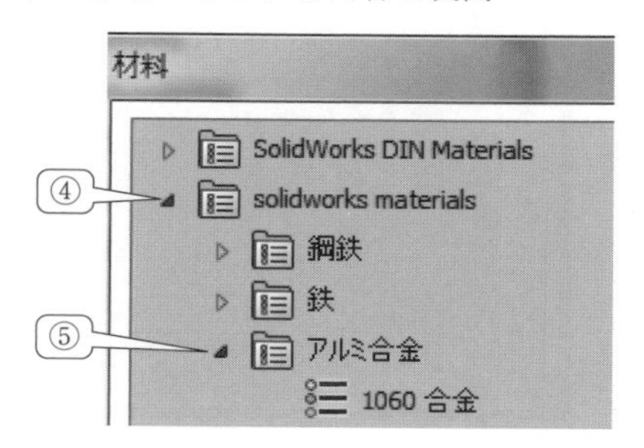

図4.9 アルミ合金のツリー展開

⑥アルミ合金「5052-O」を右クリック → ⑦「コピー」をクリック

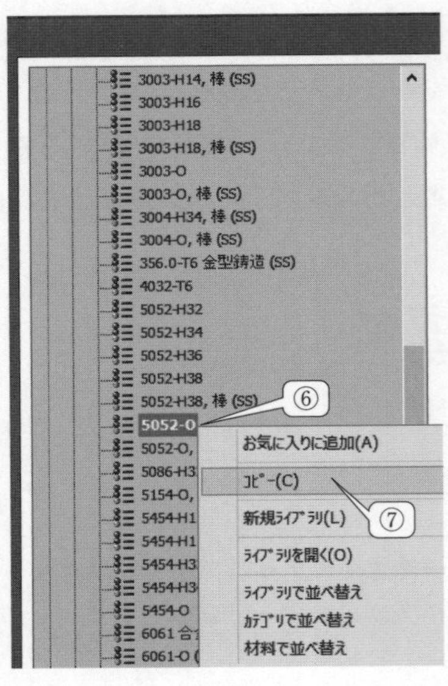

図 4.10　アルミ合金 5052-O のコピー

⑧作成したカテゴリ（アルミ合金）を右クリック→⑨「ペースト」をクリック

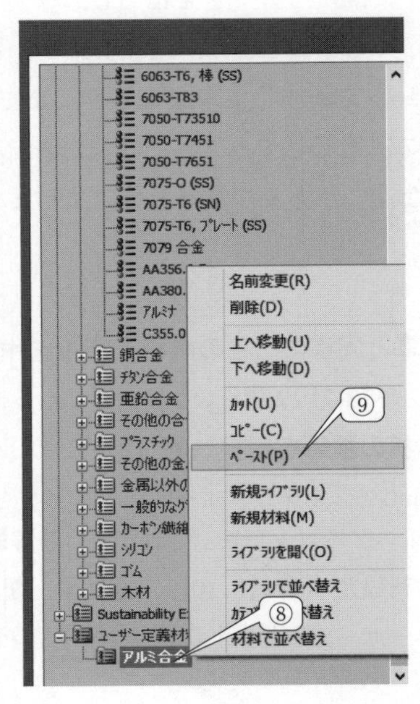

図 4.11　アルミ合金 5052-O のペースト

⑩先ほどコピーした「5052-O」をクリック→⑪モデルタイプを「弾塑性-von Mises」に変更

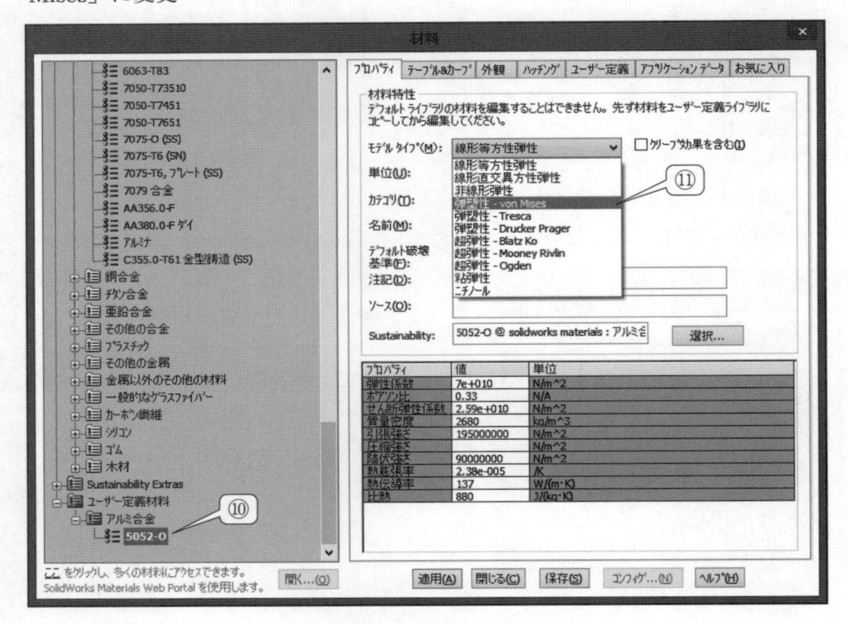

ﾌﾟﾛﾊﾟﾃｨ	値	単位
弾性係数	7e+010	N/m^2
ポアソン比	0.33	N/A
せん断弾性係数	2.59e+010	N/m^2
質量密度	2680	kg/m^3
引張強さ	195000000	N/m^2
圧縮強さ		N/m^2
降伏強さ	90000000	N/m^2
熱膨張率	2.38e-005	/K
熱伝導率	137	W/(m·K)
比熱	880	J/(kg·K)

図 4.12　モデルタイプの変更

⑫「応力-ひずみ曲線作成」をクリック

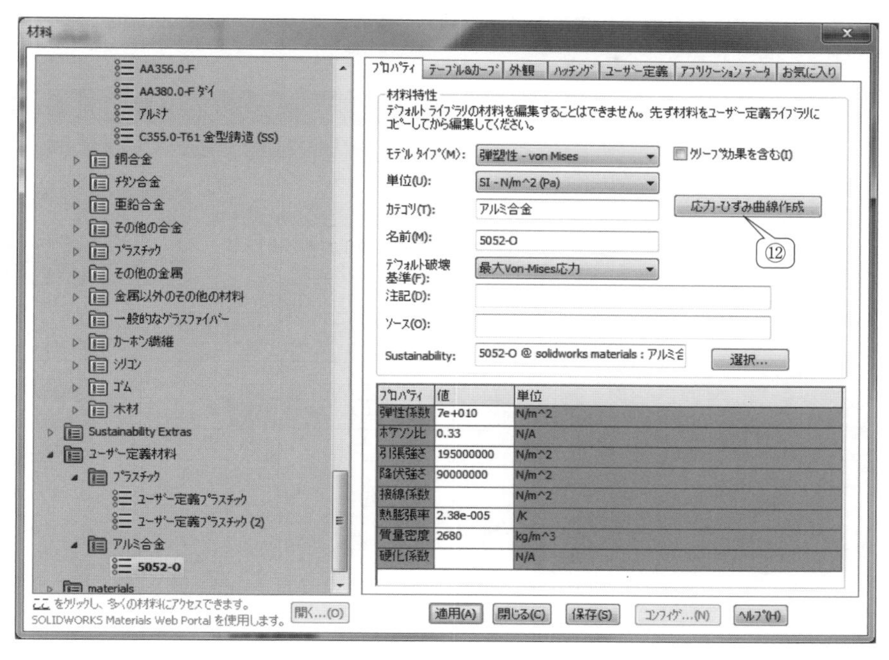

図 4.13　応力-ひずみ曲線作成

⑬「1」をダブルクリックし，入力欄を増やします．

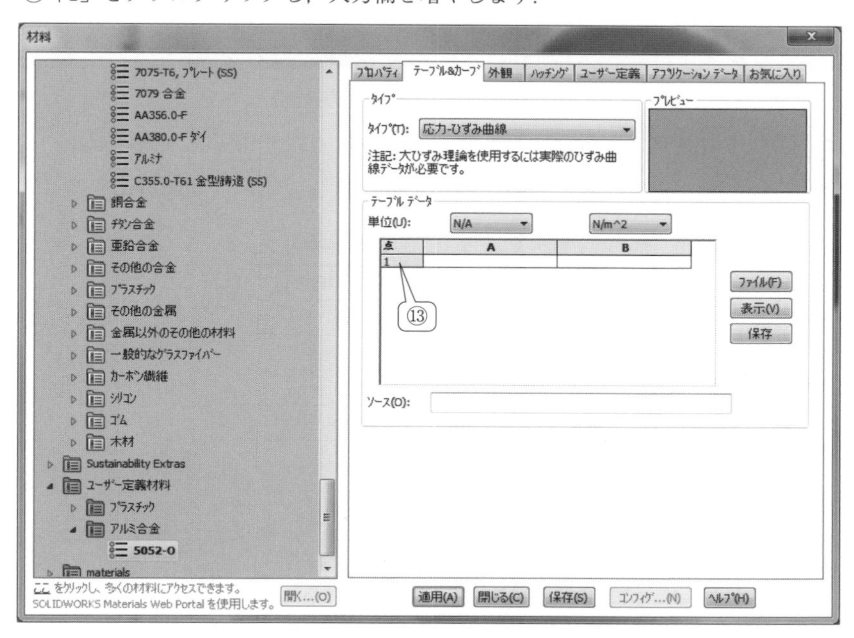

図 4.14　テーブルデータの数値入力欄

⑭4行分の入力欄を作成します→⑮応力とひずみの値をグラフ（図4.4）から読み取り，Aの欄にひずみを，Bの欄に応力をそれぞれ入力する→⑯「保存」をクリック→⑰「適用」をクリック→⑱「閉じる」をクリック

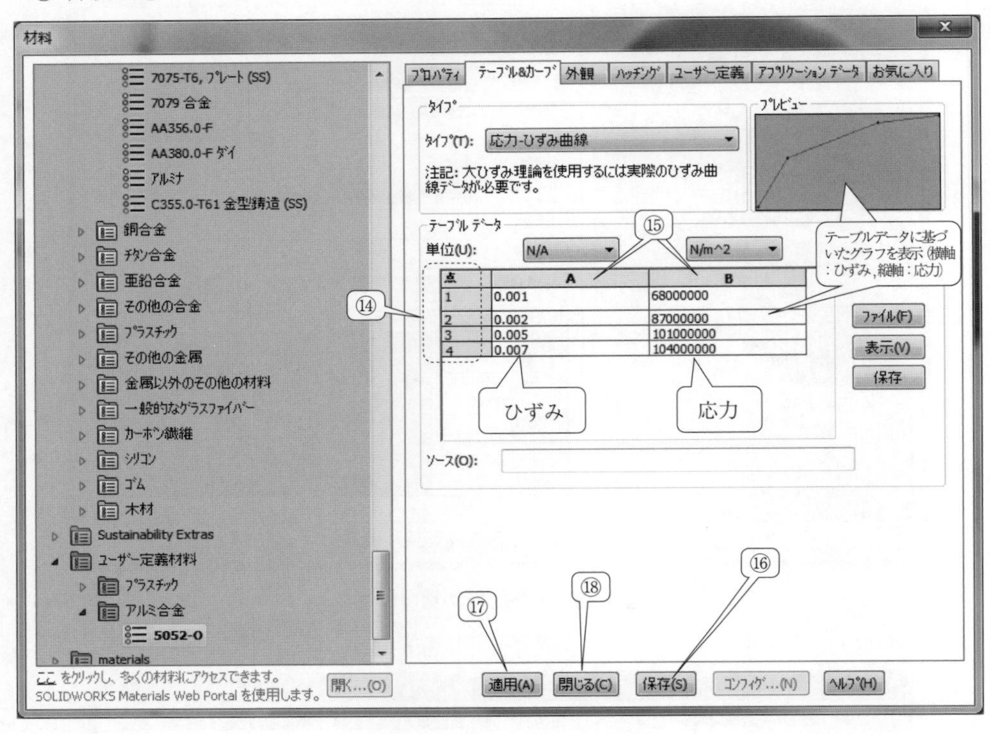

図4.15　テーブルデータの操作

○**表4.1**は，図4.4のグラフからひずみと応力を読み取った一例です．読み取った点数や数値が多少異なっても，図4.4の曲線と数値がおおよそ一致していれば問題はありません．

表4.1　ひずみと応力の読取り

点	A（ひずみ）	B（応力）
1	0.001	6.8e+7
2	0.002	8.7e+7
3	0.005	10.1e+7
4	0.007	10.4e+7

【4.4】拘束の設定（▶【3.9】もしくは▶【2.11】）

【4.5】外部荷重の設定（▶【3.10】もしくは▶【2.12】）

○荷重の大きさを1.0e+5（課題3参照）に設定します．

【4.6】メッシュを作成する（▶【2.15】）

○メッシュ密度を「細い」に設定し，「✔」をクリック

【4.7】解析実行（▶【2.16】）

【4.8】ソルバのメッセージ（▶【2.17】）

○節点数，要素数および総解析時間を書き留める（課題 2）

【4.9】結果の出力（▶【3.15】もしくは▶【2.19】）

【4.10】CSV ファイルの出力（▶【2.21】）

【4.11】繰り返し（▶【3.21】）　外部荷重（5.5×10^5 N，6.87×10^5N，9.03×10^5 N，1.0×10^6 N，2.0×10^6 N（課題 3））を変更し，【4.7】～【4.10】の操作を繰り返します．

【4.12】表およびグラフの作成（▶【2.21】および▶【2.22】）

○表 4.3 を作成し，その表をもとに横軸をひずみ，縦軸を応力とするグラフを作成します．

4.8 課題解答例

（課題 1） 4.7 節を参照のこと

（課題 2） 解析情報を**表 4.2** に示します．

表 4.2 解析情報

総解析時間 [s]	節点数	要素数
2	1657	990

（課題 3） 応力，ひずみ，および変位の解析結果を**表 4.3** に示します．

表 4.3 応力，ひずみ，および変位の解析結果

力 [N]	応力 [Pa]	ひずみ [無次元]	変位 [m]
0.00	0.0	0.0	0.0
1.00×10^5	1.27×10^7	1.82×10^{-4}	3.64×10^{-5}
5.50×10^5	6.98×10^7	1.07×10^{-3}	2.13×10^{-4}
6.87×10^5	8.40×10^7	1.76×10^{-3}	3.52×10^{-4}
9.03×10^5	1.16×10^8	8.45×10^{-3}	1.69×10^{-3}
1.00×10^6	1.29×10^8	1.20×10^{-2}	2.40×10^{-3}
2.00×10^6	2.59×10^8	5.10×10^{-2}	1.02×10^{-2}

（課題 4） 線形静解析によるグラフのデータについては，表 3.3 を用います．非線形静解析によるグラフのデータについては，表 4.3 を用います．**図 4.16** に応力-ひずみ線図を示します．

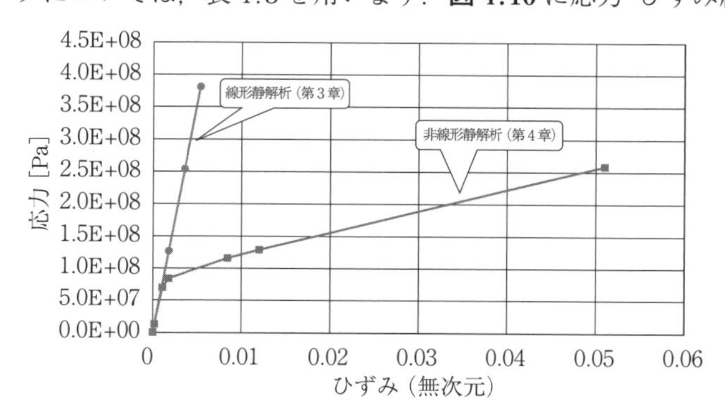

図 4.16 応力-ひずみ線図（線形および非線形）

5章　梁のたわみ（線形静解析）

5.1　梁のたわみ

板状のものを両端で支えるような構造物を考えると，身近なものでは，机，本棚などが考えられます．机の上に，積みあがった書類や書籍を置くと机の板が書類の重量を支えることになります．書類や書籍の総重量が増加すると机の板がたわみ始めます．これらの構造物の信頼性を評価するためには，**梁の曲げ**の理論を正しく理解することが重要になります．

本章では，梁のたわみ解析を通し，梁の曲げの理解を促進することを目的とします．本章では微小変形を対象とするため，線形静解析を用い，梁の曲げの解析を行います（梁の大変形を解析する場合は，非線形静解析を選択してください）．

5.2　梁のたわみの理論

図 5.1 に示す両端で支える**梁**を考えます．両端は回転支点と移動支点（もしくは可動支点）です．梁の断面は，幅 b，高さ h の長方形とします．荷重 P を梁の中心位置に負荷します．梁の**せん断力図**（SFD：shearing force diagram）と**曲げモーメント図**（BMD：bending moment diagram）は図 5.1 のようになります．

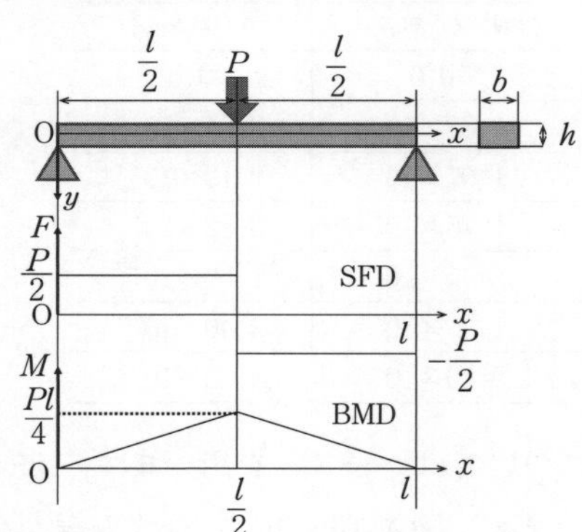

図 5.1　両端支持梁のせん断力図と曲げモーメント図

せん断応力と**曲げモーメント**は次式のようになります．

$$0\leq x\leq\frac{l}{2}\quad F=\frac{P}{2}\quad M=\frac{P}{2}x \tag{5.1}$$

$$\frac{l}{2}\leq x\leq l\quad F=-\frac{P}{2}\quad M=\frac{P}{2}(l-x) \tag{5.2}$$

たわみ曲線の微分方程式は次式となります．

$$\frac{d^2y}{dx^2}=-\frac{M}{EI} \tag{5.3}$$

変数 y はたわみによる変位を示します．E は弾性係数です．I は断面二次モーメントを示し，次式で表されます．

$$I=\frac{bh^3}{12} \tag{5.4}$$

式（5.3）に式（5.1）と式（5.2）のモーメント M，および式（5.4）の断面二次モーメント I を代入し，積分すると次式の関係が得られます．

$$0\leq x\leq\frac{l}{2}\quad y=\frac{P}{12EI}\left(-x^3+\frac{3}{4}l^2x\right) \tag{5.5}$$

$$\frac{l}{2}\leq x\leq l\quad y=\frac{P}{12EI}\left\{-x^3+\frac{3}{4}l^2x+2\left(x-\frac{l}{2}\right)^3\right\} \tag{5.6}$$

式（5.5），（5.6）がたわみ曲線を示します．たわみは，梁の中心位置 $x=l/2$ で最大となります．

$$y=-\frac{P}{12EI}\left\{-\left(\frac{l}{2}\right)^3+\frac{3}{4}l^2\left(\frac{l}{2}\right)\right\}=\frac{Pl^3}{48EI} \tag{5.7}$$

式（5.7）に断面二次モーメント 式（5.4）を代入すると次式が得られます．

$$y=\frac{Pl^3}{4Ebh^3} \tag{5.8}$$

梁の中心位置 $x=l/2$ での曲げ応力の分布は次式で表されます．

$$\sigma=\frac{M}{I}y=\frac{\frac{Pl}{4}}{\frac{bh^3}{12}}y=\frac{3Pl}{bh^3}y \tag{5.9}$$

5.3　梁のたわみや曲げ応力を求めてみましょう

（**課題 1**）梁の解析モデルを作成してみましょう．

図 5.2 に示すように梁の長さを $l=0.6$ m，幅を $b=0.01$ m および高さを $h=0.1$ m とします．梁の両側に $r=0.05$ m の半円を設けます．SOLIDWORKS の拘束条件の 1 つに固定ヒンジがあります．この拘束条件は円筒面に対してのみ有効となるため，半円を設けました．固定ヒンジの拘束条件について，変位を拘束しますが，回転方向に対しては拘束しません．梁の中央の上面と下面の両側に，荷重 0.5 N を負荷します．そのため梁中央部の全荷重は 1.0 N となります．梁の材料を合金鋼，梁の端部を原点とします．左から右の方向を x 軸の正方向，上から下の方向を y 軸の正方向とします．

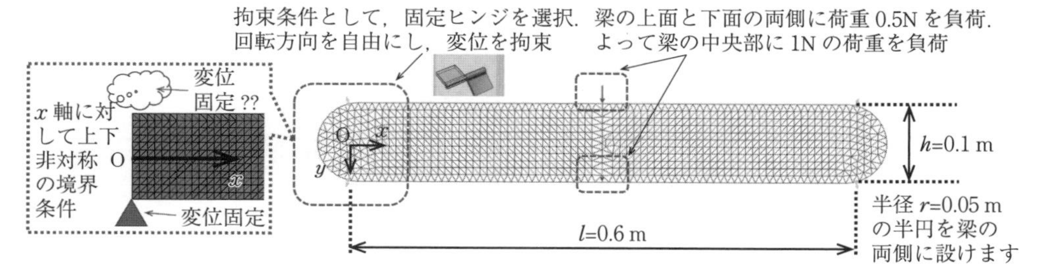

図 5.2　梁の SOLIDWORKS 解析モデル

（注）（課題4）で梁断面の曲げ応力の分布を確認します．梁中央に荷重を負荷すると，曲げモーメントが働き，梁は下に凸に曲がります．このとき，梁の上部の部材は縮み，梁の下部の部材は伸びます．縮んだ領域と伸びた領域との境界に伸縮のない面，もしくは応力がゼロになる面が存在します．この面のことを中立面と呼び，その中立面は$y=h/2$の位置にあります．CAE解析では，図に示すように長方形の下端を変位拘束するだけでは，$y=h/2$の位置に中立面は得られません．その理由はx軸に対して上下非対称の境界条件を設定することになるからです．本書ではそれを解消するため，両端を円形にし，境界条件として固定ヒンジを用いることにしました．

（課題2） 総解析時間，節点数，要素数のデータを表（表5.1（5.5節））にまとめましょう．

（課題3） さまざまな座標xにおけるSOLIDWORKS解析値および理論値（式（5.5）および式（5.6））のたわみ量（変位量）yを表（表5.2（5.8節））にまとめ，同じグラフにプロットしてみましょう（図5.35）．横軸を座標x，縦軸をたわみ量yとします．また，SOLIDWORKS解析値と理論値との誤差を計算してみましょう．

（課題4） 梁の中心位置での曲げ応力の分布を調べてみましょう．SOLIDWORKSの断面クリップを用い，$x=0.3$ mの位置で切断します．その切断面での$y=-0.05$ mから$y=0.05$ mまでの曲げ応力分布を表（表5.3（5.8節））にまとめ，グラフ化してみましょう（図5.36）．横軸をy [m]とし，縦軸を曲げ応力σ [Pa]とします．グラフに理論（式（5.9））による直線を追記してみましょう．また各座標点における曲げ応力について，SOLIDWORKS解析値と理論値との誤差（式（3.12））を計算してみましょう．

5.4 操作手順

【5.1】SOLIDWORKSの起動と初期設定（▶【2.1】）

【5.2】単位系の設定（その1）（▶【2.2】）

【5.3】矩形のスケッチ（▶【2.6】）（図5.3）

○「矩形コーナー」を選択→①左端が原点になるように，長方形をスケッチ．x軸方向の長さを0.6 m，y軸方向の長さを0.05 mとします．→②同様に，左端が原点になるように，もう一度，長方形をスケッチ．x軸方向の長さを0.6 m，y軸方向の長さを0.05 mとします．

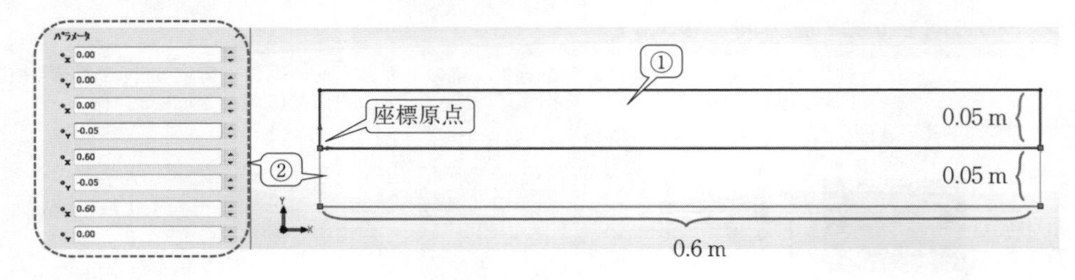

図5.3　矩形の作成

【5.4】長方形の端部に半径 0.05 m をスケッチ（▶【2.4】）（図 5.4〜図 5.5）

○アイコン「円(R)」をクリック→①中心にポインタを合わせ，クリック→②マウスを移動（ドラッグ）→③ポインタを長方形の頂点まで移動し，正接の記号「」が画面上に表示されたら，クリック→④半径が 0.05 であることを確認

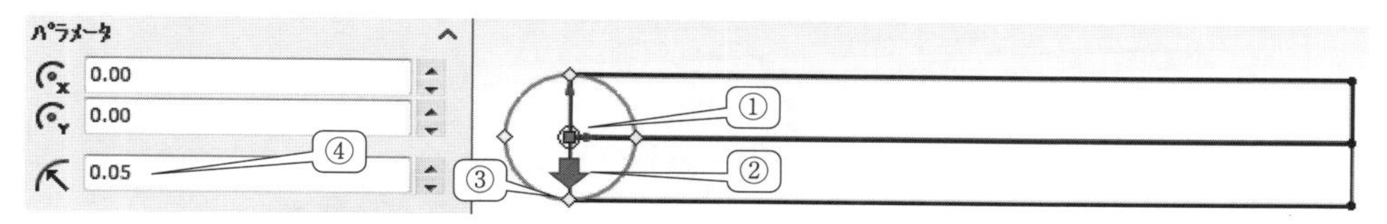

図 5.4　長方形端部に円をスケッチ

○長方形のもう一方の端部に半径 0.05 m の円を作成→⑤中心にポインタを合わせ，クリック→⑥マウスをドラッグ→⑦ポインタを長方形の頂点まで移動し，正接の記号「」が画面上に表示されたら，クリック→⑧半径が 0.05 であることを確認

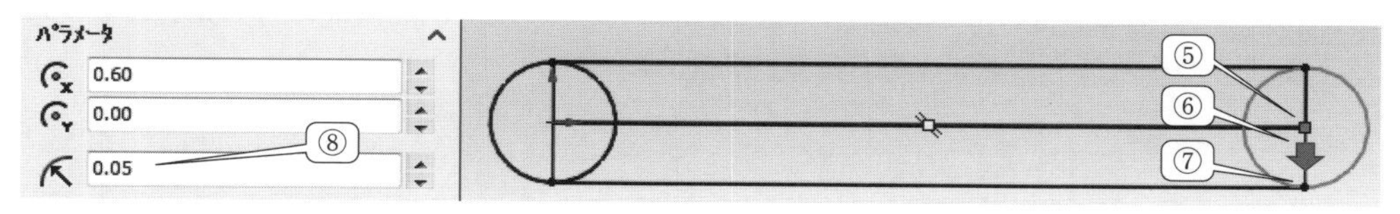

図 5.5　もう一方の長方形端部に円をスケッチ

【5.5】スケッチの押し出し（▶【2.7】）（図 5.6）

①形状の側面（側面 1 から側面 8 の 8 箇所）を順番にクリックし，選択→②押出量 0.01 を入力→③すべて選択し終わったら「✔」をクリック

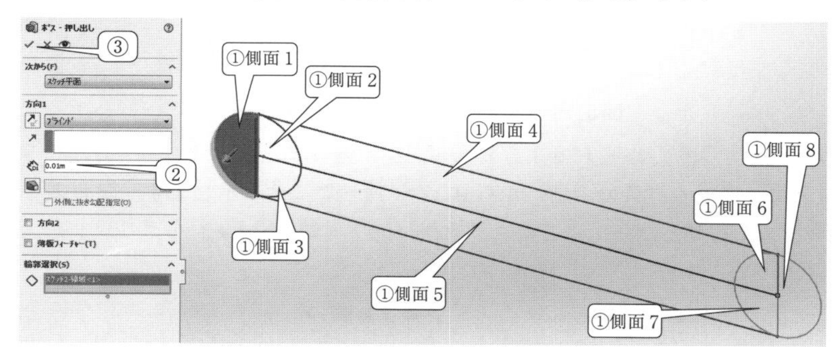

図 5.6　スケッチの押出し

【5.6】梁の中心に荷重を設定するため，分割ラインを作成（図 5.7〜図 5.13）　分割ラインを作成するために必要な梁の中心の線を作成します．

①「スケッチ」のタブを選択→②「▼」をクリック

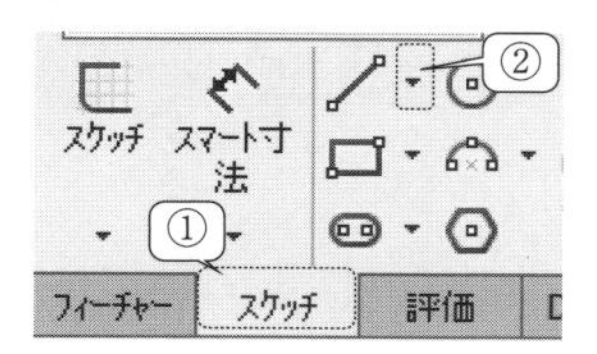

図 5.7　線

③「直線」をクリック

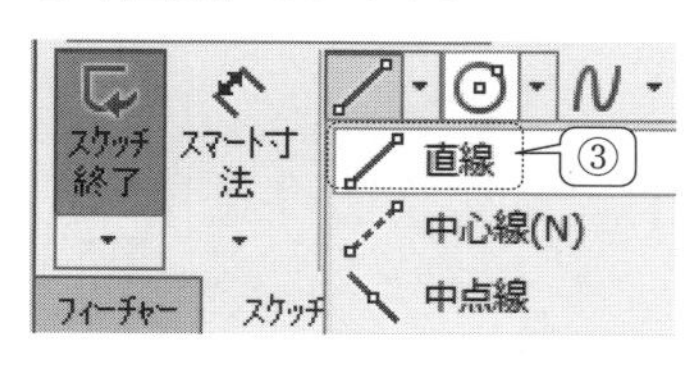

図 5.8　直　　線

④「Part1」の左隣にある「▼」をクリックし，内容を展開→⑤「Front」の面をクリック．梁の側面が「Front」の面と平行であるかを確認

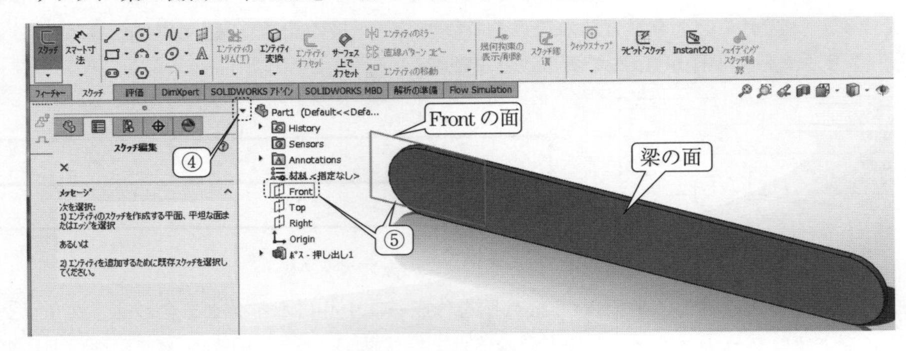

図 5.9　梁と Front の面

⑥「スケッチと同じ」にチェック→⑦ポインタを梁の中央付近に移動すると「Front」面上に記号「」もしくは記号「」が表れたら，クリック

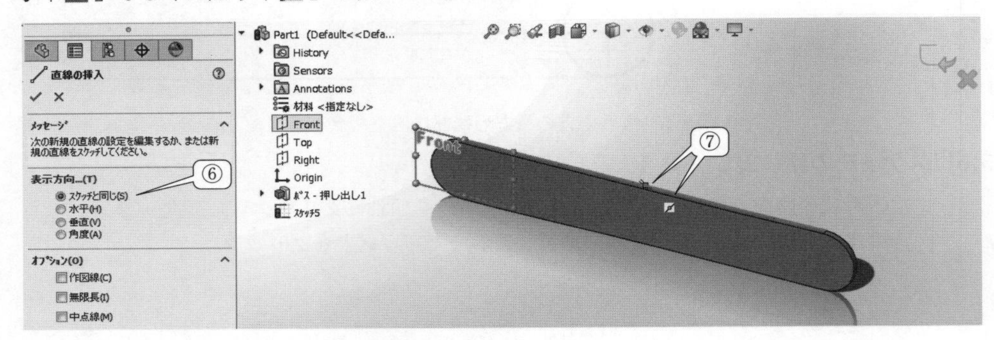

図 5.10　面上の記号もしくは記号

⑧垂直を示す記号「」が表れるように，ポインタを下方へ移動します．0.17，90° の数値は，90° 直角に，開始点（梁の上面）から 0.17 移動したことを示します．おおよそ梁の上面から梁の底面まで移動したら，ここでクリック→⑨アイコン「」をクリックし，スケッチを終了

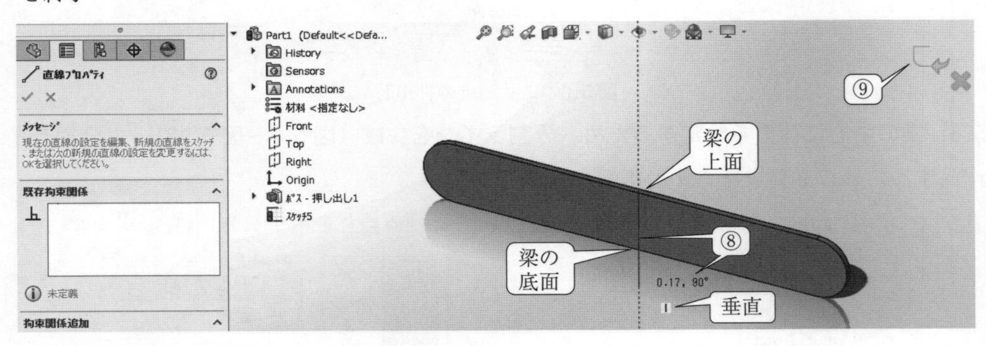

図 5.11　直線スケッチ

⑩「フィーチャー」タブ選択→⑪「カーブ」のアイコン下の「▼」をクリック→⑫「分割ライン」をクリック

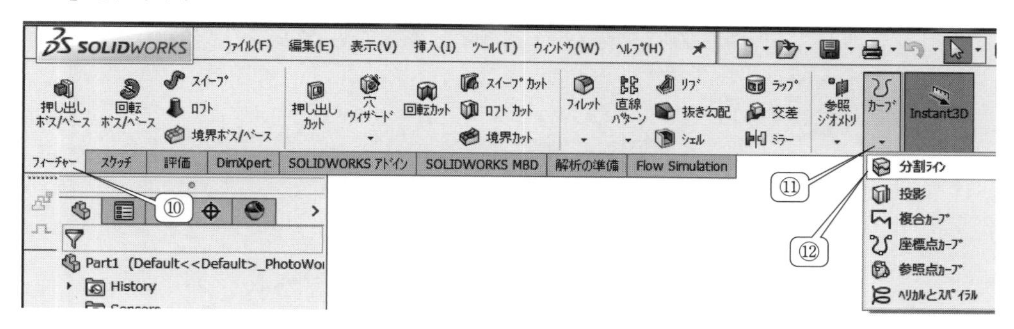

図 5.12 分割ライン

⑬「投影」を選択→⑭先ほどスケッチした直線をポインタで選択→⑮梁の 4 つの面（上面，下面，側面，裏側面）をポインタで指定→⑯「✔」をクリック

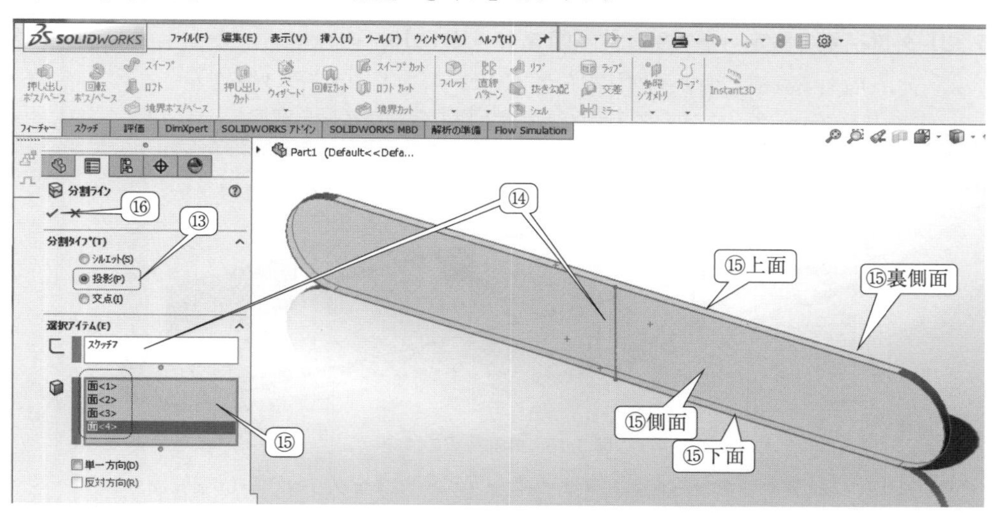

図 5.13 分 割

【5.7】アドイン（▶【2.8】）

【5.8】単位系の設定（その 2）（▶【2.3】）

【5.9】解析の種類を選択（▶【2.9】）

○「静解析」のアイコンをクリック→「✔」をクリック

【5.10】材料設定（▶【2.10】）

○「Part1」にポインタを合わせ，マウスの右ボタンをクリックし，材料を「合金鋼」に設定します．

【5.11】拘束の設定（▶【2.11】）（図5.14）

○「固定ヒンジ」を選択→①円弧の面の部分をクリック→②同様に，もう一方の円弧の面の部分についてもクリック→③「✔」をクリック

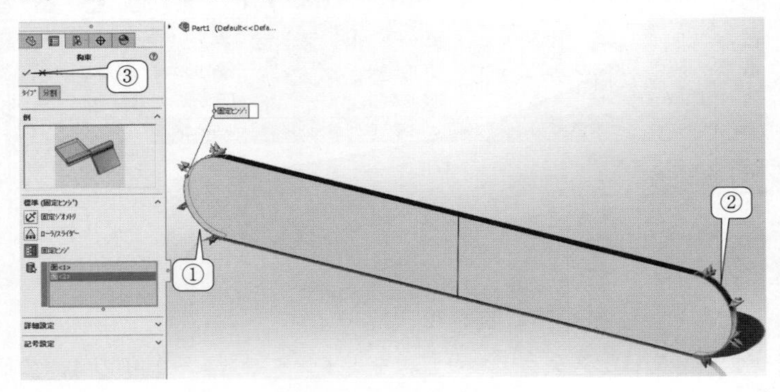

図5.14　拘束の設定

【5.12】外部荷重の設定（▶【2.12】）（図5.15〜図5.16）

○「外部荷重」のアイコンを右クリック→「力」にポインタを合わせてクリック→①ボックスをクリック→②梁上面の分割ラインを選択

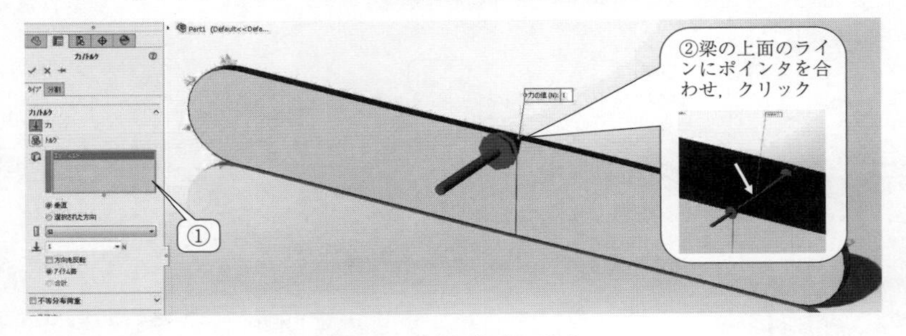

図5.15　外部荷重の設定

③「選択された方向」にチェック→④ボックスをクリック→⑤梁側面の分割ラインをクリック（荷重方向と y 軸の正方向が一致していない場合は，「方向を反転」にチェックを入れます）→⑥力の大きさ1.0Nを入力→⑦「✔」をクリック

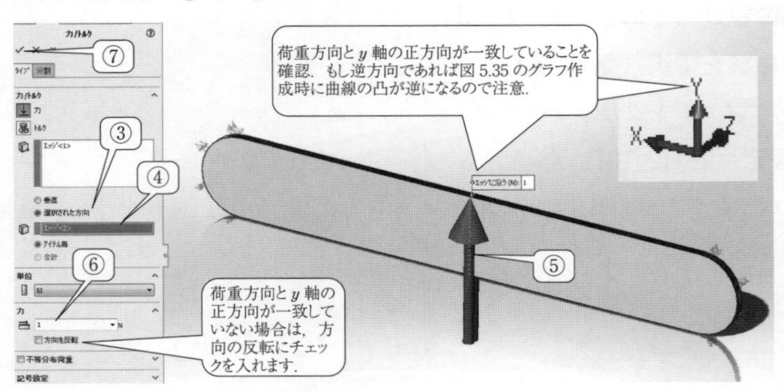

図5.16　外部荷重の設定

【5.13】 メッシュ作成（▶【2.15】）

○スライダーバーのつまみを「細い」へ移動 → 「✔」をクリック

【5.14】 解析実行（▶【2.16】）

【5.15】 ソルバのメッセージ（▶【2.17】）

○総時間数，節点数，要素数を調べ，表5.1を作成します．

【5.16】 梁のたわみ量の出力（▶【2.19】）（**図5.17〜図5.21**）

①「変位1」にポインタを合わせ，マウスの右ボタンをクリック→②「定義編集」をクリック

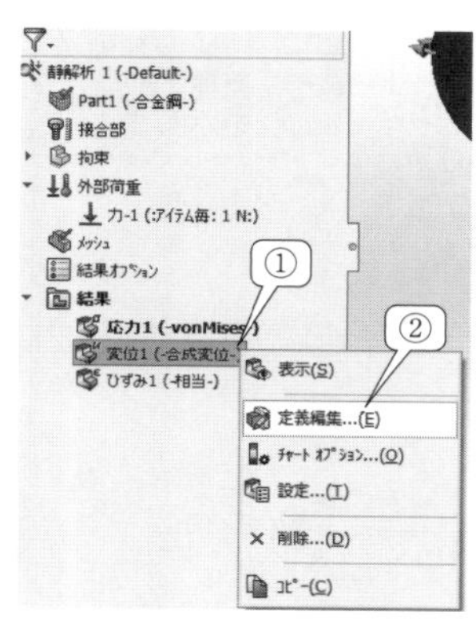

図5.17 定義編集

③「UY：Y方向変位」を選択→④単位について「m」を選択→⑤「✔」をクリック

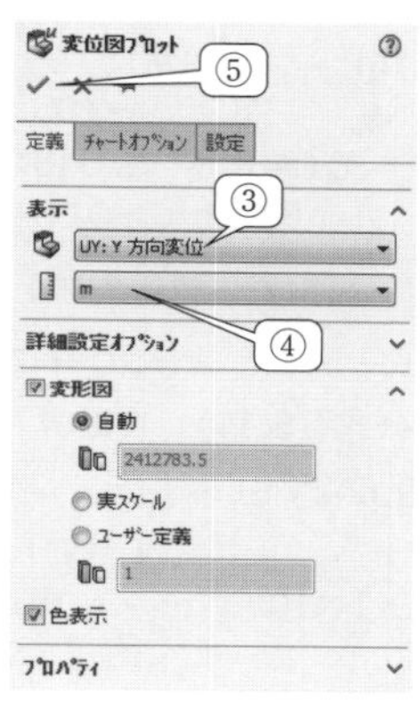

図5.18 単位

⑥「変位1」にポインタを合わせ，マウスの右ボタンをクリック→⑦「表示」をクリック

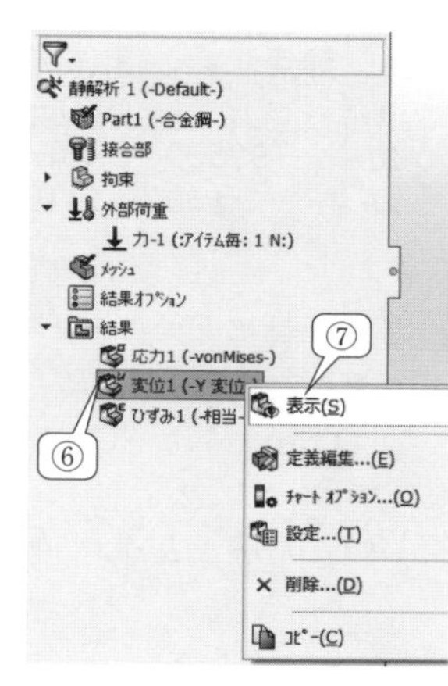

図5.19 表示

⑧「変位1」を右クリック→⑨「問い合わせ」をクリック

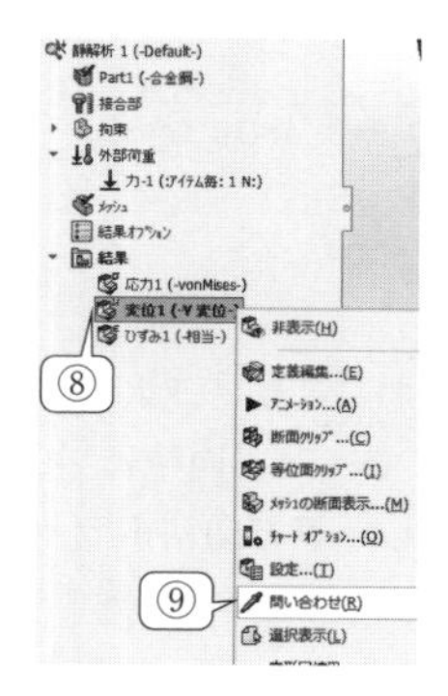

図5.20 問い合わせ

⑩おおよそ，梁の長手方向に沿って，ポインタで等間隔に y 方向の変位の出力場所を指定します．図内の小さな白丸が出力位置を示します→⑪保存のアイコン「▣」をクリック

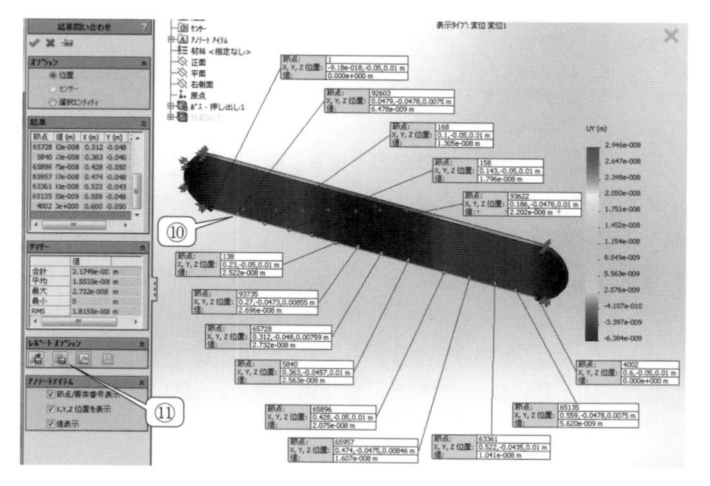

図5.21 データの出力位置

【5.17】CSV ファイルの出力（▶【2.21】）

【5.18】たわみ量（変位量）のグラフ作成（課題 3）（▶【2.22】）（**図 5.22～図 5.25**）

○作成した CSV ファイルを開きます．先ほど選択した節点番号と，その番号に対するたわみ量（y 方向の梁の変位）および座標（x,y,z）が出力されます．

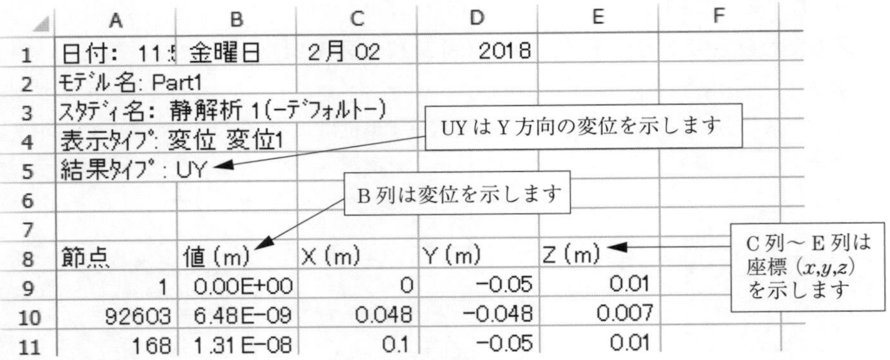

	A	B	C	D	E	F
1	日付： 11:5	金曜日	2月 02	2018		
2	ﾓﾃﾞﾙ名: Part1					
3	ｽﾀﾃﾞｨ名： 静解析 1(-ﾃﾞﾌｫﾙﾄ-)					
4	表示ﾀｲﾌﾟ: 変位 変位1					
5	結果ﾀｲﾌﾟ : UY					
6						
7						
8	節点	値 (m)	X (m)	Y (m)	Z (m)	
9	1	0.00E+00	0	−0.05	0.01	
10	92603	6.48E−09	0.048	−0.048	0.007	
11	168	1.31 E−08	0.1	−0.05	0.01	

UY は Y 方向の変位を示します

B 列は変位を示します

C 列～ E 列は座標（x,y,z）を示します

図 5.22　データ内容

① F 列 8 行目に「梁のたわみ量 式（5.5)」と入力→② F 列 9 行目に式（5.5）を入力（式（5.10）を入力するため，$P/(12EI)$（式（5.11））を計算）

$$“=(4.76E-7)*(-C9\text{^}3+3/4*0.6\text{^}2*C9)” \tag{5.10}$$

$$\frac{P}{12EI}=\frac{P}{12E\times\frac{1}{12}bh^3}=\frac{P}{Ebh^3}=\frac{1.0\mathrm{N}}{2.1\times10^{11}\mathrm{N/m^2}\times0.01\mathrm{m}\times(0.1\mathrm{m})^3}=4.76\times10^{-7} \tag{5.11}$$

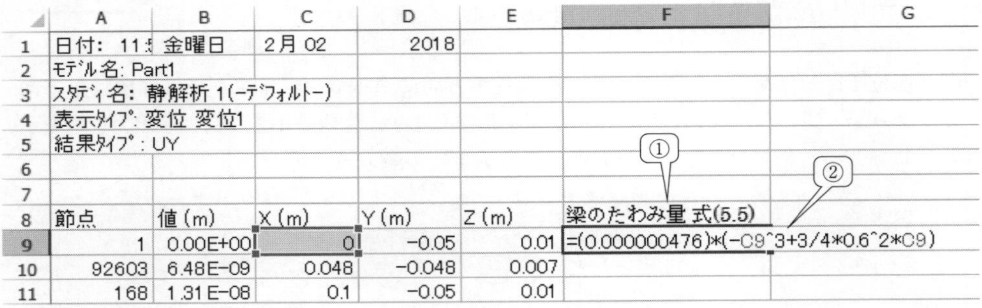

	A	B	C	D	E	F	G
1	日付： 11:5	金曜日	2月 02	2018			
2	ﾓﾃﾞﾙ名: Part1						
3	ｽﾀﾃﾞｨ名： 静解析 1(-ﾃﾞﾌｫﾙﾄ-)						
4	表示ﾀｲﾌﾟ: 変位 変位1						
5	結果ﾀｲﾌﾟ : UY						
6							
7							
8	節点	値 (m)	X (m)	Y (m)	Z (m)	梁のたわみ量 式(5.5)	
9	1	0.00E+00	0	−0.05	0.01	=(0.000000476)*(-C9^3+3/4*0.6^2*C9)	
10	92603	6.48E−09	0.048	−0.048	0.007		
11	168	1.31 E−08	0.1	−0.05	0.01		

①　②

図 5.23　理論に基づくたわみの計算式を入力

③フィルハンドル「■」にポインタを合わせると，ポインタの形が十字に変わります．フィルハンドル「■」にポインタを合わせ，マウス左を押し続け，下方向にドラッグします．→④同様に G 列 8 行目に「梁のたわみ量 式（5.6）」と入力します．次式を G 列 9 行に入力し，下方向にドラッグします．

$$=(4.76E-7)*(-C9\text{^}3+3/4*0.6\text{^}2*C9+2*(C9-0.6/2)\text{^}3) \tag{5.12}$$

	A	B	C	D	E	F
1	日付: 11	金曜日	2月 02	2018		
2	ﾓﾃﾞﾙ名: Part1					
3	ｽﾀﾃﾞｨ名: 静解析 1(-ﾃﾞﾌｫﾙﾄ-)					
4	表示ﾀｲﾌﾟ: 変位 変位1					
5	結果ﾀｲﾌﾟ: UY					
6						
7						
8	節点	値(m)	X(m)	Y(m)	Z(m)	梁のたわみ量 式(5.5)
9	1	0.00E+00	0	−0.05	0.01	0
10	92603	6.48E−09	0.048	−0.048	0.007	
11	168	1.31E−08	0.1	−0.05	0.01	
12	158	1.80E−08	0.143	−0.05	0.01	

図 5.24　数式のコピー

	A	B	C	D	E	F	G
1	日付: 11	金曜日	2月 02	2018			
2	ﾓﾃﾞﾙ名: Part1						
3	ｽﾀﾃﾞｨ名: 静解析 1(-ﾃﾞﾌｫﾙﾄ-)						
4	表示ﾀｲﾌﾟ: 変位 変位1						
5	結果ﾀｲﾌﾟ: UY						
6							
7							
8	節点	値(m)	X(m)	Y(m)	Z(m)	梁のたわみ量 式(5.5)	梁のたわみ量 式(5.6)
9	1	0.00E+00	0	−0.05	0.01	0	−2.5704E−08
10	92603	6.48E−09	0.048	−0.048	0.007	6.11632E−09	−9.11855E−09
11	168	1.31E−08	0.1	−0.05	0.01	1.2376E−08	4.76E−09
12	158	1.80E−08	0.143	−0.05	0.01	1.69864E−08	1.33023E−08

図 5.25　理論に基づくたわみの計算式の入力および数式のコピー

⑤3つの曲線のグラフを作成します（課題3）．1つ目は，SOLIDWORKS解析による梁のたわみ量（y 軸方向の変位量）となります．横軸に x 軸方向の変位を示すC列を指定します．縦軸にたわみ量を示すB列を指定します．2つ目については，式（5.5）から得られた理論によるたわみ量（y 軸方向の変位量）になります．横軸にC列を指定し，縦軸にF列を指定します．3つ目については，式（5.6）から得られた理論によるたわみ量になります．横軸にC列を指定し，縦軸にG列を指定します．

【5.19】 梁中心断面での応力分布のグラフ化（図 5.26〜図 5.32）

①「応力 1」を選択→②表示」

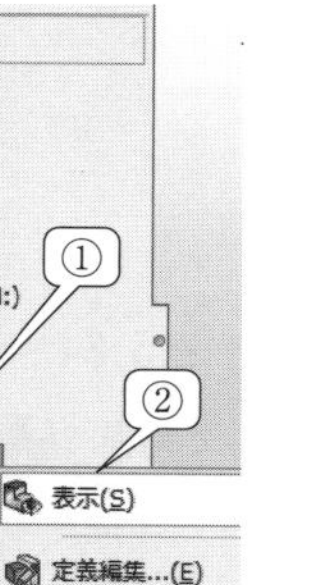

図 5.26　表　　示

③「応力 1」→④「定義編集」

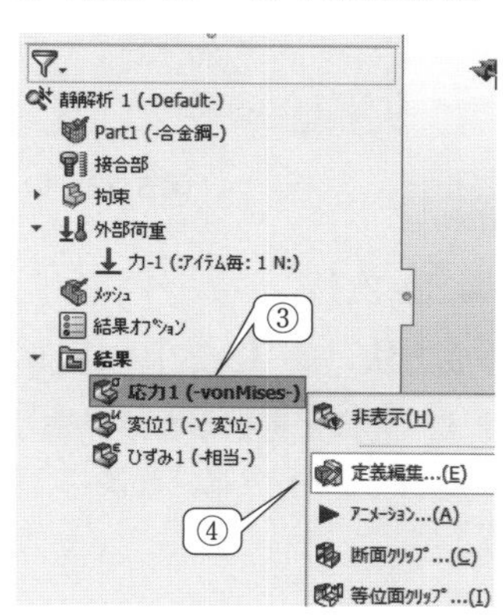

図 5.27　定　義　編　集

⑤「SX：X 方向の応力」を選択→⑥「✔」をクリック

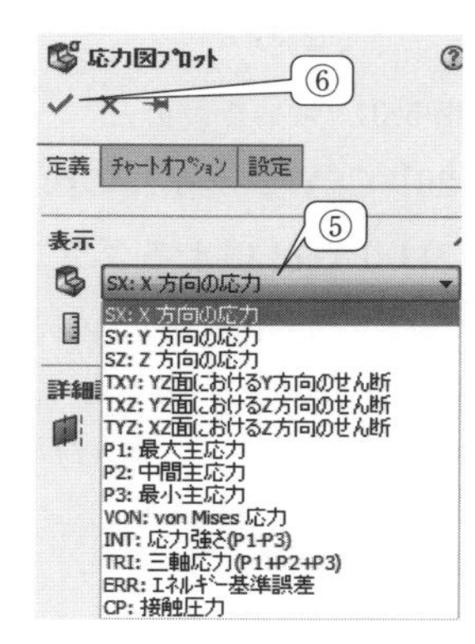

図 5.28　応 力 定 義

⑦「応力 1」を右クリック→⑧「断面クリップ」をクリック

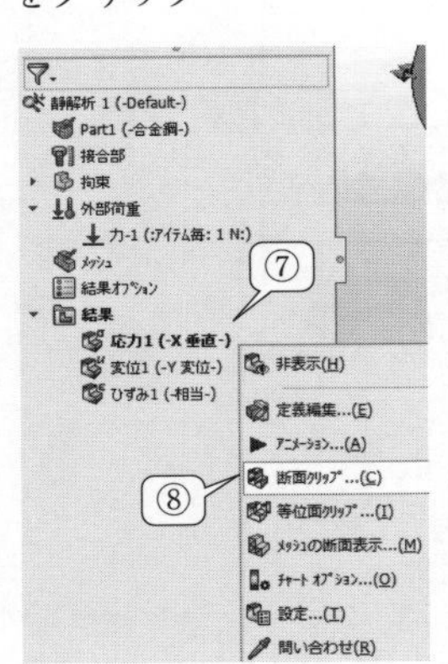

図 5.29　断面クリップ

⑨「Part1」の左隣の「▶」をクリック→⑩ボックスをクリック→⑪梁の断面を確認できるように面を選択（この図では「Right」の面を選択）．→⑫ 0.3 と入力→⑬「✔」をクリック→⑭ビューツールバーより，梁の断面を表示

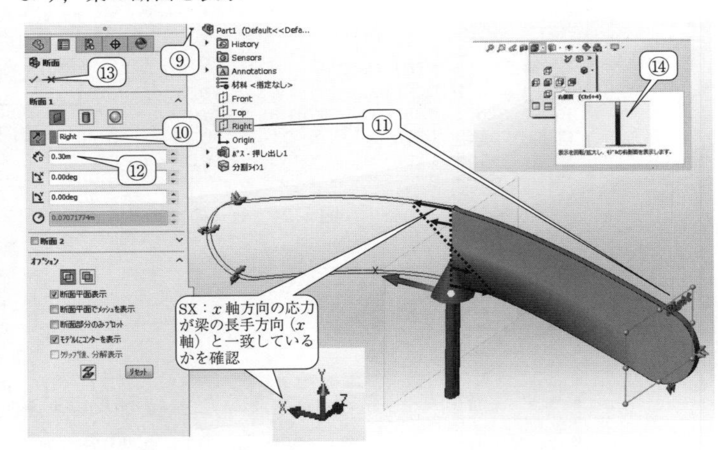

図 5.30　梁中央断面表示

⑮「応力 1」をクリック→⑯「問合せ」をクリック

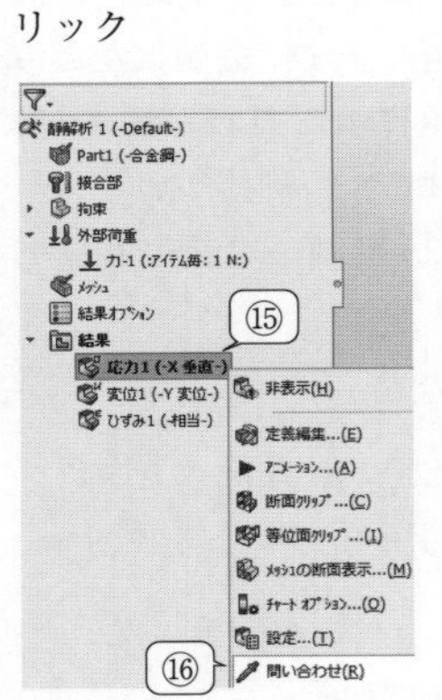

図 5.31　問い合わせ

⑰梁断面において，おおよそ等間隔にデータの出力場所をポインタでクリックしていきます→⑱保存のアイコン「」をクリック

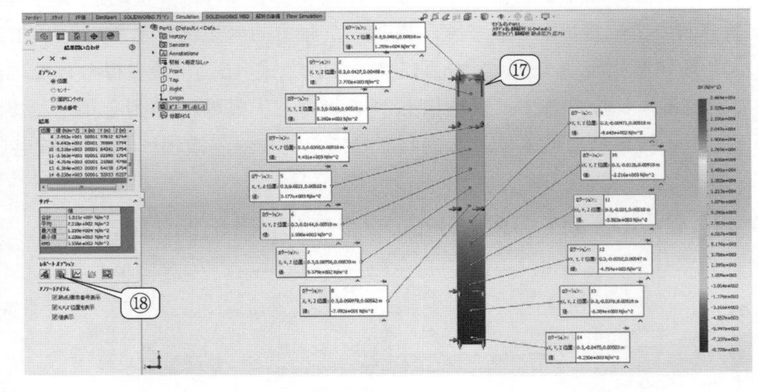

図 5.32　梁　断　面

【5.20】CSV ファイルの出力（▶【2.21】）

【5.21】Excel によるグラフの作成方法（▶【2.22】）（図 5.33～図 5.34）

○作成した CSV ファイルを開きます．先ほど選択した節点番号と，その節点番号に対する曲げ応力および座標 (x,y,z) を表示します．① F 列 8 行目に「理論による曲げ応力」と入力→②式（5.9）を F 列 9 行に入力（式（5.17）参照）

=(1.8E+5)*D9　(5.13)

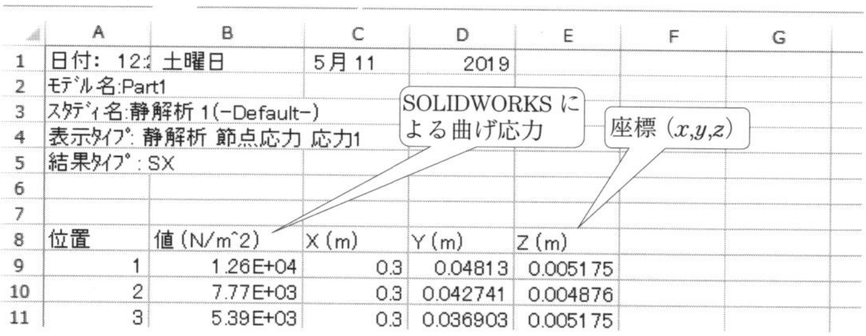

	A	B	C	D	E	F	G
1	日付： 12:	土曜日	5月 11	2019			
2	ﾓﾃﾞﾙ名:Part1						
3	ｽﾀﾃﾞｨ名:静解析 1(-Default-)						
4	表示ﾀｲﾌﾟ: 静解析 節点応力 応力1						
5	結果ﾀｲﾌﾟ : SX						
6							
7							
8	位置	値 (N/m^2)	X (m)	Y (m)	Z (m)		
9	1	1.26E+04	0.3	0.04813	0.005175		
10	2	7.77E+03	0.3	0.042741	0.004876		
11	3	5.39E+03	0.3	0.036903	0.005175		

図 5.33　データ内容

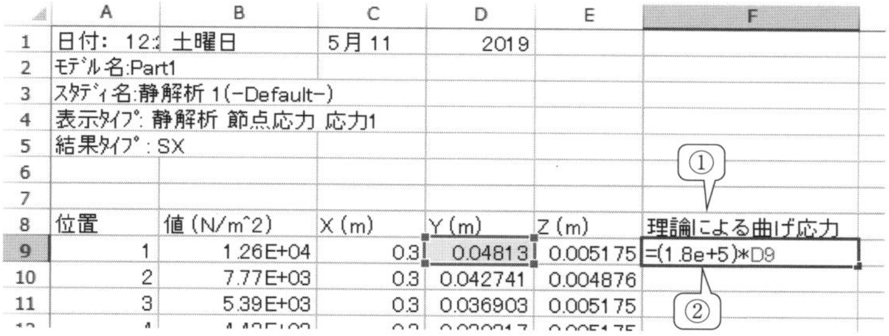

	A	B	C	D	E	F
1	日付： 12:	土曜日	5月 11	2019		
2	ﾓﾃﾞﾙ名:Part1					
3	ｽﾀﾃﾞｨ名:静解析 1(-Default-)					
4	表示ﾀｲﾌﾟ: 静解析 節点応力 応力1					
5	結果ﾀｲﾌﾟ : SX					
6						
7						
8	位置	値 (N/m^2)	X (m)	Y (m)	Z (m)	理論による曲げ応力
9	1	1.26E+04	0.3	0.04813	0.005175	=(1.8e+5)*D9
10	2	7.77E+03	0.3	0.042741	0.004876	
11	3	5.39E+03	0.3	0.036903	0.005175	

図 5.34　理論に基づくたわみの計算式を入力

○フィルハンドル「■」にポインタを合わせ，ポインタの形が十字に変わったら，マウスの左ボタンを押し続け，下方向にドラッグします（図 5.24 参照）.

○２つの曲線のグラフを作成します．１つ目については，SOLIDWORKS による曲げ応力の分布になります．横軸に D 列を指定し，縦軸に B 列を指定します．２つ目については，式（5.9）から得られる理論による曲げ応力の分布になります．横軸に D 列を指定し，縦軸に F 列を指定します.

5.5　課題解答例

（**課題 1**）5.4 節を参照のこと

（**課題 2**）解析情報を**表 5.1** に示します.

表 5.1　解 析 情 報

総解析時間 [s]	節点数	要素数
6	94541	59022

（**課題 3**）両端の円弧の部分を無視すると，梁の全体の長さは 0.6 m です．梁の断面は，幅 $b=0.01$ m，高さ $h=0.1$ m の長方形ですので，断面二次モーメントは次式となります.

$$I=\frac{bh^3}{12}=\frac{0.01\cdot(0.1)^3}{12}=8.33\times10^{-7}\mathrm{m}^4 \tag{5.14}$$

長さ $l=0.6$ m（両端の円弧部は不要），荷重は $P=1.0$ N，縦弾性係数は $E=2.1\times10^{11}$ Pa であるため，式（5.5），および式（5.6）に代入することで次式が得られます.

$$0\leq x\leq 0.3\quad y=\frac{1}{12\times2.1\times10^{11}\times8.33\times10^{-7}}\left\{-x^3+\frac{3}{4}(0.6)^2x\right\}$$

$$=4.76\times10^{-7}\cdot(-x^3+0.27\cdot x) \tag{5.15}$$

$$0.3 \leq x \leq 0.6 \quad y = 4.76 \times 10^{-7} \cdot \{-x^3 + 0.27x + 2(x-0.3)^3\} \tag{5.16}$$

表 5.2 にたわみ量の比較を，**図 5.35** にグラフを示します．

表 5.2　たわみ量の比較

x [m]	SOLIDWORKS 解析値 [m]	理論値 [m]	誤差 [%]
0.000	0.00	0.00	－
0.048	6.48×10^{-9}	6.11×10^{-9}	5.91
0.100	1.31×10^{-8}	1.23×10^{-8}	5.44
0.143	1.80×10^{-8}	1.69×10^{-8}	5.73
0.186	2.20×10^{-8}	2.08×10^{-8}	5.65
0.230	2.52×10^{-8}	2.37×10^{-8}	6.10
0.270	2.70×10^{-8}	2.53×10^{-8}	6.42
0.312	2.73×10^{-8}	2.56×10^{-8}	6.53
0.363	2.56×10^{-8}	2.41×10^{-8}	6.24
0.428	2.08×10^{-8}	1.96×10^{-8}	5.41
0.474	1.61×10^{-8}	1.52×10^{-8}	5.43
0.522	1.04×10^{-8}	9.79×10^{-9}	6.23
0.559	5.62×10^{-9}	5.23×10^{-9}	7.32
0.600	0.0	3.30×10^{-24}	－

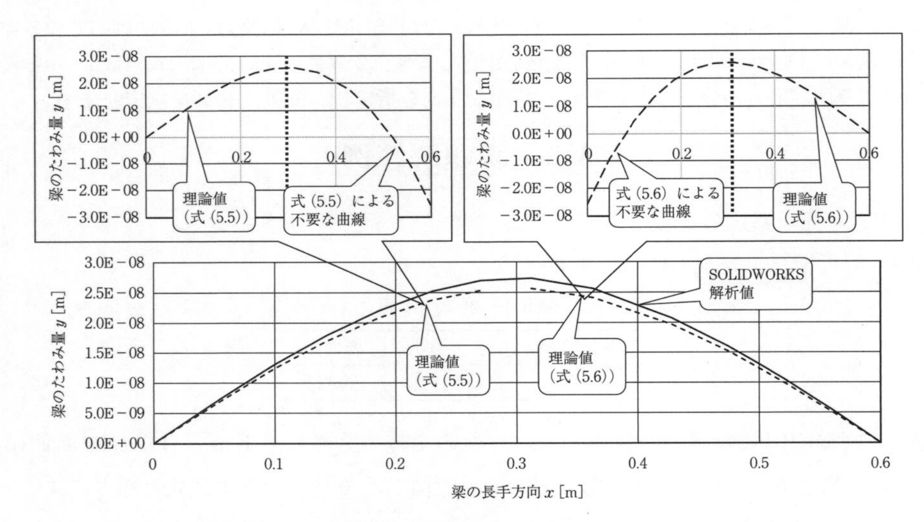

図 5.35　SOLIDWORKS 解析および理論による梁のたわみ

（注 1）理論値について，$0<x<0.3$ の範囲では式（5.5）を算出し，$0.3<x<0.6$ の範囲では式（5.6）で算出．

（注 2）メッシュの作成方法は作業者に依存します．そのため【5.18】で選択した節点は，メッシュが異なるため，表 5.2 の値も異なります．しかし，図 5.35 のグラフの曲線はおおよそ一致します．

（**課題4**）**表5.3**に曲げ応力の比較を，**図5.36**にグラフを示します．

$$\sigma=\frac{M}{I}y=\frac{3Pl}{bh^3}y=\frac{3\cdot1\cdot0.6}{0.01\cdot(0.1)^3}y=1.8\times10^5\cdot y \tag{5.17}$$

表5.3 曲げ応力の比較

y [m]	SOLIDWORKS 解析値 [N/m²]	理論値 [N/m²]	誤差 [%]
0.045	7.71×10^3	8.1×10^3	5.03
0.036	5.51×10^3	6.5×10^3	17.6
0.026	3.83×10^3	4.7×10^3	22.1
0.017	2.42×10^3	3.1×10^3	26.7
0.008	1.08×10^3	1.4×10^3	33.5
−0.001	-4.17×10^2	-1.8×10^2	56.9
−0.010	-1.86×10^3	-1.8×10^3	3.12
−0.020	-3.35×10^3	-3.6×10^3	7.37
−0.028	-4.75×10^3	-5.0×10^3	6.02
−0.038	-6.40×10^3	-6.8×10^3	6.82
−0.044	-7.50×10^3	-7.9×10^3	5.56

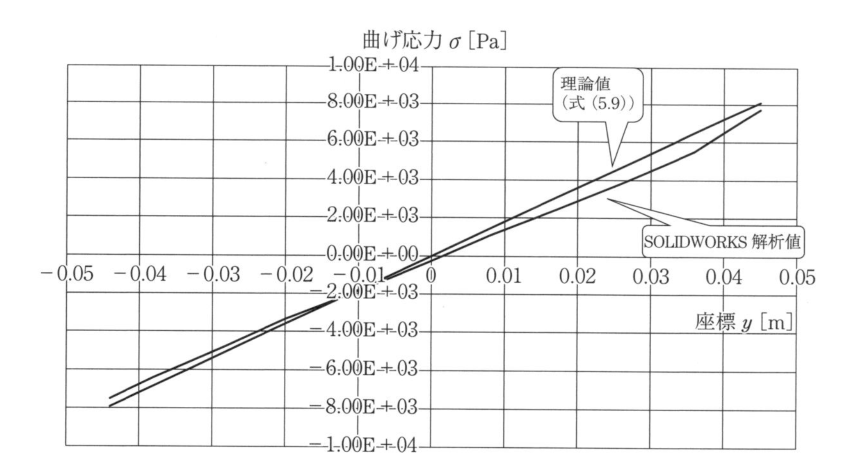

図5.36 SOLIDWORKS解析および理論による曲げ応力（梁の中心）

6章　円柱のねじり（線形静解析）

6.1　円柱のねじり

機械構造物には，自動車，飛行機，電車，船などの交通機械，加工機，切削機などの精密機械などがあります．それらの構造物が運動するためには，動力を必要とします．動力を他の機械要素に伝達するため，回転軸を用います．回転軸にはトルクが生じるため，強度設計上，問題ないような軸の径を決める必要があります．本章では，円柱の解析モデルを用います．円柱の端部にトルクをかけると，どのような応力が生じるか，SOLIDWORKS による解析を通して，円柱の応力の状態を可視化してみましょう．

6.2　ねじり応力の理論

円柱の**ねじり**は，Charles-Augustin de Coulomb により，研究が開始されました．電荷の単位“クーロン”でなじみがあると思います．クーロンは次のような仮定の下で解析を行いました．

・円柱端部の断面はねじれ変形後も平面を保持

・円柱の単位長さ当りの**ねじれ角**（比ねじれ角）は円柱の長手方向に対して常に一定

その後，サン・ブナン（Saint-Venant），プラントル（Prandtl）によりクーロンの理論が拡張されました．本章ではクーロンの仮定に基づいて**ねじり応力**を議論します．

図6.1 に円柱を示します．円柱の端部の変位を固定し，もう一方の端部にトルク T を負荷

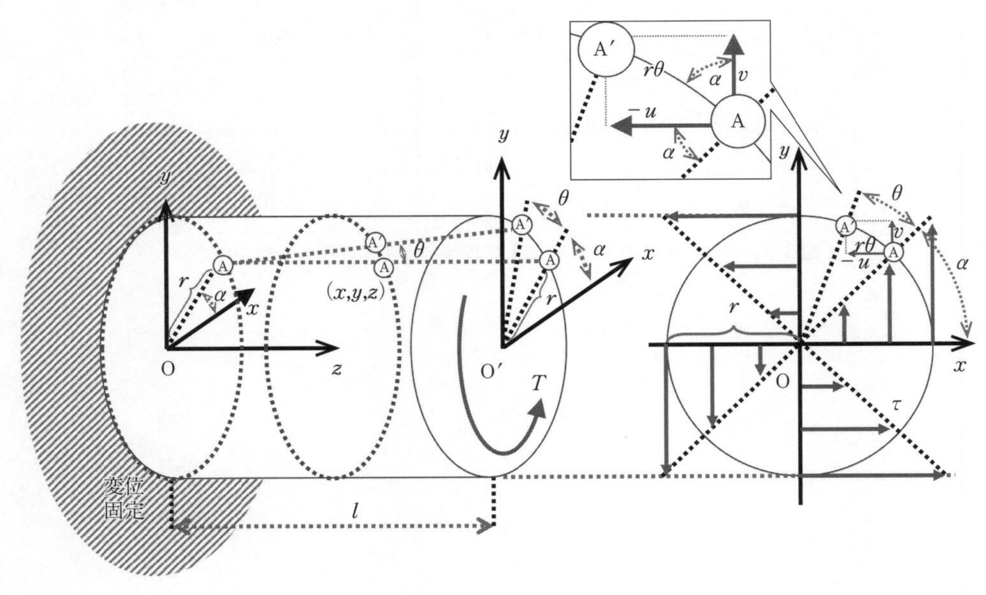

図6.1　円　　柱

します．すると，円柱断面は変形し（例えば位置 A は位置 A′ に移動），ねじり応力が発生します．このねじり応力は，中心 O から距離 r に比例し，円柱の外周で最大値をとり，中心 O でゼロとなります．

このときのねじり応力は次式となります．

$$\tau=\frac{T}{I_p}r \tag{6.1}$$

r は円柱の中心 O からの半径を示します．I_p は断面二次極モーメントで円の場合では次式のようになります．

$$I_p=\frac{\pi}{32}d^4 \tag{6.2}$$

d（$=2r$）は直径を示します．円柱の変形量を示すねじれ角は次式のようになります．

$$\theta=\frac{Tl}{GI_P} \tag{6.3}$$

G はせん断弾性係数で，材料により決まる定数です．ここで単位長さ当りのねじれ角を次式で定義します．

$$\bar{\theta}=\frac{\theta}{z} \tag{6.4}$$

式（6.4）の $\bar{\theta}$ を比ねじれ角と呼びます．この比ねじれ角を用い，断面内の任意点の変位を考えます．原点 O から z 軸に沿って距離 z にある円柱断面において，点 A から点 A' への変位を u，v，w に分解すると，次式のように表されます．

$$u=-(r\theta)\sin\alpha=-(rz\bar{\theta})\sin\alpha=-(rz\bar{\theta})\frac{y}{r}=-\bar{\theta}yz \tag{6.5}$$

$$v=(r\theta)\cos\alpha=(rz\bar{\theta})\cos\alpha=(rz\bar{\theta})\frac{x}{r}=\bar{\theta}xz \tag{6.6}$$

$$w=0 \tag{6.7}$$

変数 u，v，w はそれぞれ x 方向，y 方向，z 方向の変位を示します．式（6.5）～式（6.7）はクーロンの仮定に基づいています．

6.3　ねじり応力と最大主応力

円柱にトルクを負荷し，それにより得られた応力分布を可視化します．SOLIDWORKS の Simulation の応力の表示方法を確認すると，VON：von Mises 応力，P1：最大主応力，P2：中間主応力，P3：最小主応力などがあります．大雑把に考えると，応力をスカラーと考え，$\sigma=f/A$（式(3.1)）で問題ありません．3 次元の応力分布を厳密に扱うと，応力は**テンソル**で表され，9 成分が必要となります．本書ではテンソルを表す表現の手段として，みなさんになじみのある行列で記述します．本章のねじり応力の評価として，P1：最大主応力が適切です．その理由をこれから述べます．

応力を定義するためには，面の向きと力の向きを定義する必要があります．そのため応力成分を σ_{ij} と記述することにします．**図 6.2** に示すように，添え字 i を面の法線の向きおよび添え字 j を力の向きとします．例えば σ_{xx} は，x 軸と法線の向きが同じ面であり，力の向きも x 軸と同じ方向である応力を示します．σ_{xy} は，x 軸と法線の向きが同じ面であり，力の向きは y 軸と同じ方向である応力を示します．他の応力成分についても同様です．

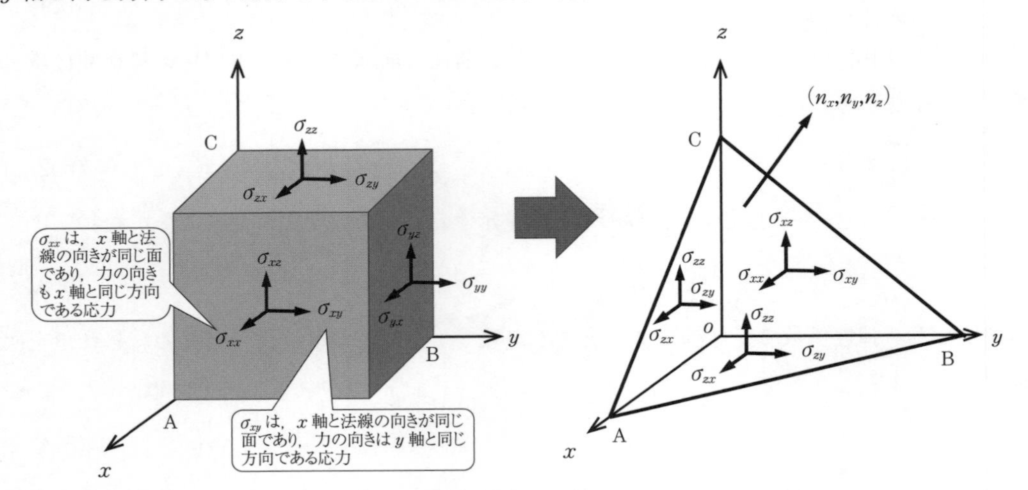

図 6.2　微小要素における応力の成分

ここで (n_x,n_y,n_z) の法線を持つ面 ABC を考えます．面 ABC に対して垂直方向の応力を σ とすると，次式が成り立ちます．

$$\begin{bmatrix}\sigma_{xx} & \sigma_{yx} & \sigma_{zx}\\ \sigma_{xy} & \sigma_{yy} & \sigma_{zy}\\ \sigma_{xz} & \sigma_{yz} & \sigma_{zz}\end{bmatrix}\begin{bmatrix}n_x\\ n_y\\ n_z\end{bmatrix}=\begin{bmatrix}\sigma n_x\\ \sigma n_y\\ \sigma n_z\end{bmatrix} \tag{6.8}$$

式（6.8）を式変形すると次式が得られます．

$$\begin{bmatrix}\sigma_{xx}-\sigma & \sigma_{yx} & \sigma_{zx}\\ \sigma_{xy} & \sigma_{yy}-\sigma & \sigma_{zy}\\ \sigma_{xz} & \sigma_{yz} & \sigma_{zz}-\sigma\end{bmatrix}\begin{bmatrix}n_x\\ n_y\\ n_z\end{bmatrix}=\begin{bmatrix}0\\ 0\\ 0\end{bmatrix} \tag{6.9}$$

ここで，(n_x,n_y,n_z) はゼロではないため，行列式がゼロであることが式（6.9）を満たす条件となります．

$$\begin{vmatrix}\sigma_{xx}-\sigma & \sigma_{yx} & \sigma_{zx}\\ \sigma_{xy} & \sigma_{yy}-\sigma & \sigma_{zy}\\ \sigma_{xz} & \sigma_{yz} & \sigma_{zz}-\sigma\end{vmatrix}=0 \tag{6.10}$$

式（6.10）から σ に関する 3 次方程式が得られます．そのため σ の解が 3 つ得られます．またひずみ-変位の関係式を行列で示すと，次式のようになります．

$$\begin{bmatrix}\varepsilon_{xx} & \varepsilon_{xy} & \varepsilon_{xz}\\ \varepsilon_{yx} & \varepsilon_{yy} & \varepsilon_{yz}\\ \varepsilon_{zx} & \varepsilon_{zy} & \varepsilon_{zz}\end{bmatrix}=\begin{bmatrix}\dfrac{\partial u}{\partial x} & \dfrac{1}{2}\left(\dfrac{\partial u}{\partial y}+\dfrac{\partial v}{\partial x}\right) & \dfrac{1}{2}\left(\dfrac{\partial u}{\partial z}+\dfrac{\partial w}{\partial x}\right)\\ \dfrac{1}{2}\left(\dfrac{\partial v}{\partial x}+\dfrac{\partial u}{\partial y}\right) & \dfrac{\partial v}{\partial y} & \dfrac{1}{2}\left(\dfrac{\partial v}{\partial z}+\dfrac{\partial w}{\partial y}\right)\\ \dfrac{1}{2}\left(\dfrac{\partial w}{\partial x}+\dfrac{\partial u}{\partial z}\right) & \dfrac{1}{2}\left(\dfrac{\partial w}{\partial y}+\dfrac{\partial v}{\partial z}\right) & \dfrac{\partial w}{\partial z}\end{bmatrix} \tag{6.11}$$

同様に，応力-ひずみの関係式を行列で示すと，次式のようになります．

$$\begin{bmatrix}\sigma_{xx} & \sigma_{xy} & \sigma_{xz}\\ \sigma_{yx} & \sigma_{yy} & \sigma_{yz}\\ \sigma_{zx} & \sigma_{zy} & \sigma_{zz}\end{bmatrix}$$
$$=\frac{2G}{1-2\nu}\begin{bmatrix}(1-\nu)\varepsilon_{xx}+\nu\varepsilon_{yy}+\nu\varepsilon_{zz} & (1-2\nu)\varepsilon_{xy} & (1-2\nu)\varepsilon_{xz}\\ (1-2\nu)\varepsilon_{yx} & \nu\varepsilon_{xx}+(1-\nu)\varepsilon_{yy}+\nu\varepsilon_{zz} & (1-2\nu)\varepsilon_{yz}\\ (1-2\nu)\varepsilon_{zx} & (1-2\nu)\varepsilon_{zy} & \nu\varepsilon_{xx}+\nu\varepsilon_{yy}+(1-\nu)\varepsilon_{zz}\end{bmatrix} \tag{6.12}$$

式（6.12）の ν はポアソン比を示します．本章では，円柱のねじりを考えています．式（6.5）～式（6.7）を式（6.11）に代入すると，ひずみ-変位の関係式は次式のようになります．

$$\begin{bmatrix}\varepsilon_{xx} & \varepsilon_{xy} & \varepsilon_{xz}\\ \varepsilon_{yx} & \varepsilon_{yy} & \varepsilon_{yz}\\ \varepsilon_{zx} & \varepsilon_{zy} & \varepsilon_{zz}\end{bmatrix}=\begin{bmatrix}0 & 0 & -\dfrac{1}{2}\bar{\theta}y\\ 0 & 0 & \dfrac{1}{2}\bar{\theta}x\\ -\dfrac{1}{2}\bar{\theta}y & \dfrac{1}{2}\bar{\theta}x & 0\end{bmatrix} \tag{6.13}$$

式（6.13）を式（6.12）に代入すると，応力-ひずみの関係式は次式のようになります．

$$\begin{bmatrix}\sigma_{xx} & \sigma_{xy} & \sigma_{xz}\\ \sigma_{yx} & \sigma_{yy} & \sigma_{yz}\\ \sigma_{zx} & \sigma_{zy} & \sigma_{zz}\end{bmatrix}=\begin{bmatrix}0 & 0 & -G\bar{\theta}y\\ 0 & 0 & G\bar{\theta}x\\ -G\bar{\theta}y & G\bar{\theta}x & 0\end{bmatrix} \tag{6.14}$$

式（6.14）の結果を式（6.10）に代入すると次式が得られます．

$$\begin{vmatrix}\sigma_{xx} & \sigma_{xy} & \sigma_{xz}\\ \sigma_{yx} & \sigma_{yy} & \sigma_{yz}\\ \sigma_{zx} & \sigma_{zy} & \sigma_{zz}\end{vmatrix}=\begin{vmatrix}-\sigma & 0 & -G\bar{\theta}y\\ 0 & -\sigma & G\bar{\theta}x\\ -G\bar{\theta}y & G\bar{\theta}x & -\sigma\end{vmatrix}=\sigma\{\bar{\theta}^2G^2(x^2+y^2)-\sigma^2\}=0 \tag{6.15}$$

式（6.15）から3つの主応力 σ が得られます．

$$\sigma=0 \tag{6.16}$$

$$\sigma=\pm G\bar{\theta}\sqrt{x^2+y^2}=\pm G\frac{\theta}{z}\sqrt{x^2+y^2} \tag{6.17}$$

円柱端部 $z=l$，および $r=\sqrt{x^2+y^2}$ での主応力 σ は次式のようになります．

$$\sigma=\pm G\frac{\theta}{l}r=\pm G\frac{1}{l}\frac{Tl}{GI_P}r=\pm\frac{T}{I_P}r \tag{6.18}$$

すなわち，式（6.1）と一致します．SOLIDWORKSでは主応力σの3つの値を区別するため，応力の大きいほうから，最大主応力，中間主応力，および最小主応力と呼び，これらの記号としてσ_1，σ_2，およびσ_3が用いられます．P1：最大主応力σ_1がねじり応力（式（6.1））に対応するため，ねじり応力をP1：最大主応力σ_1で評価します．ちなみに3章～5章で用いたミーゼス応力「VON：von Mises応力」は次式で表されます．

$$\begin{aligned}\sigma&=\sqrt{\frac{1}{2}\{(\sigma_{xx}-\sigma_{yy})^2+(\sigma_{yy}-\sigma_{zz})^2+(\sigma_{zz}-\sigma_{xx})^2+6(\sigma_{xy}^2+\sigma_{yz}^2+\sigma_{zx}^2)\}}\\&=\sqrt{\frac{1}{2}\{(\sigma_1-\sigma_2)^2+(\sigma_2-\sigma_3)^2+(\sigma_3-\sigma_1)^2\}}\end{aligned} \tag{6.19}$$

式（6.19）の記号σはvon Mises応力（ミーゼス応力）を示します．9つの応力を1つの値にまとめたスカラーになります．記号σ_{xx}等については，図6.2を参照してください．CAE解析では簡易に応力を評価する方法としてよく用いられます．

6.4　円柱のねじり応力とねじれ角を求めてみましょう

（課題1） 円柱の解析モデル（**図6.3**）を作成してみましょう．円柱の直径をd=0.10 m，長さをl=0.20 mの円柱を作成する．材料を合金鋼に設定します．円柱の端部の変位を固定し，もう一方の端部にトルクT=1.0 Nmを負荷します．

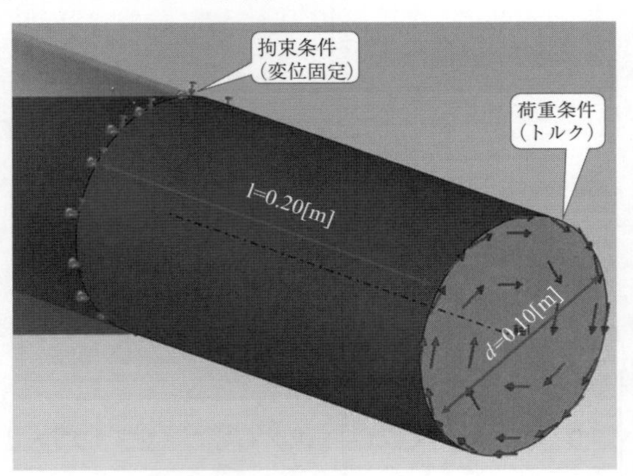

図6.3　円柱のSOLIDWORKS解析モデル

（課題2） 総解析時間，節点数，要素数のデータを表（表6.1（6.6節））にまとめましょう．

（課題3） SOLIDWORKSのコンター図より，円柱断面（変位拘束）中心O（図6.1）から外周へと，半径方向に沿って，節点を選択します．それらの節点の座標と円中心までの距離を計算し，SOLIDWORKS解析によるねじり応力を表（表6.2（6.6節））にまとめましょう．またそのときの理論による応力も式（6.1）から求めてみましょう．

（注）トルクを負荷した断面での応力分布のSOLIDWORKS解析値は，理論値と十分に一致

しないので，変位拘束した面に対して応力分布を抽出します．

（**課題 4**）表 6.2 のデータをもとに，横軸を円柱の中心からの距離 r [m]，縦軸をねじり応力 τ [Pa] としたときのグラフを Excel で作成してみましょう（図 6.27（6.6 節））．グラフに式 (6.1) の理論によるねじり応力のグラフも追記してみましょう．

（**課題 5**）円柱のねじれ角（式 (6.3)）の理論値と SOLIDWORKS による解析値および誤差を表（表 6.3（6.6 節参照））にまとめましょう（誤差の計算式については式 (3.12) 参照）．

6.5　操 作 手 順

【6.1】SOLIDWORKS の起動と初期設定

【6.2】単位系の設定（その 1）（▶【2.2】）

【6.3】円のスケッチ（▶【2.4】）

○半径を 0.05 m でスケッチします．

【6.4】円柱の作成（▶【2.5】）

○円柱の高さ　0.2 m を入力します．

【6.5】アドイン（▶【2.8】）

【6.6】解析の種類を選択（▶【2.9】）

○「静解析」のアイコンをクリック→画面左上の「✔」をクリック

【6.7】材料設定（▶【2.10】）

○「Part1」のアイコン上で右クリックし，材料を「合金鋼」に設定します．

【6.8】拘束の設定（▶【2.11】）（**図 6.4**）

○「拘束」のアイコン上で右クリック→①「固定ジオメトリ」のアイコン上でクリック→②円柱の端部の面をクリック．すると変位を固定する記号が表示されます→③面を選択後に，「✔」をクリック

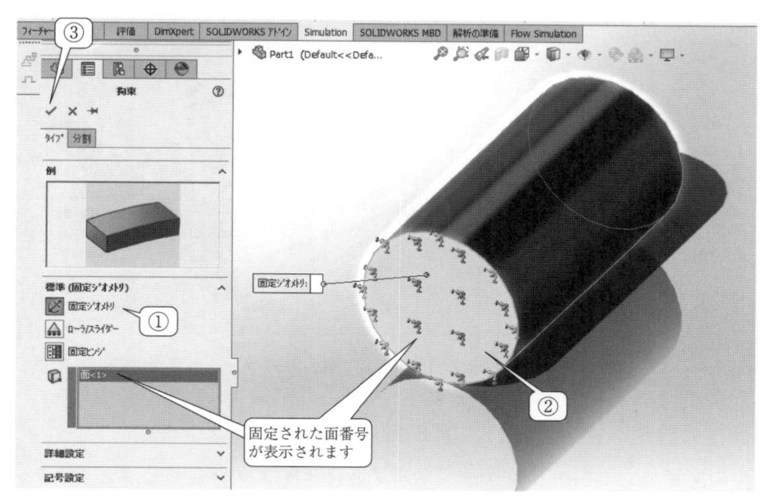

図 6.4　円柱の固定ジオメトリの設定

【6.9】 円柱の中心軸の作成（図 6.5～図 6.6）

○円柱の端面にトルクを負荷することを考えます．トルクを設定するため，中心軸を作成します．

①「挿入」をクリック→②「参照ジオメトリ」をクリック→③「軸」をクリック

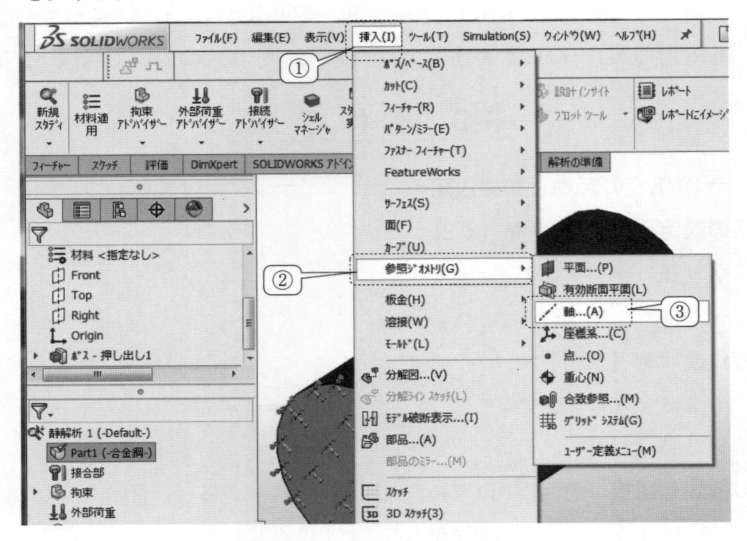

図 6.5　円柱の中心軸の作成 1

④「円筒形/円錐形サーフェス」をクリック→⑤円柱の側面にポインタを合わせ，クリック→⑥「✔」をクリック

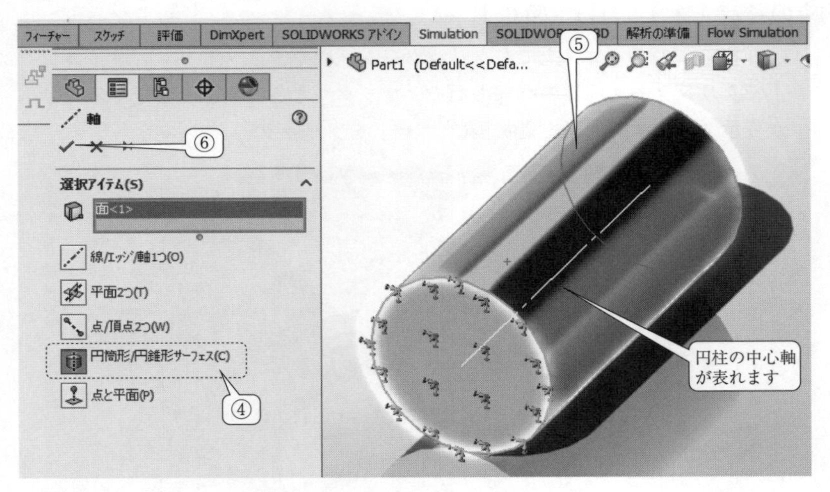

図 6.6　円柱の中心軸の作成 2

【6.10】 外部荷重の設定（▶【2.12】）（図 6.7）

○「外部荷重」のアイコンで右クリック→「トルク」にポインタを合わせ，クリック→「固定ジオメトリ」で選択した円柱端面とは異なるもう一方の端面を画面に見えるようにします．

①ボックスにポインタを合わせ，クリック→②円柱の端面にポインタを合わせ，クリック（「固定ジオメトリを設定した面とは異なるので注意）→③「トルク」を負荷するために必要な軸を指定する（例では「軸1」を指定）．ボックスにポインタを合わせ，クリック→④円柱の中心軸にポインタを合わせ，クリック→⑤「トルク」の大きさを1.0 Nmに設定→⑥作業終了後に「✔」をクリック

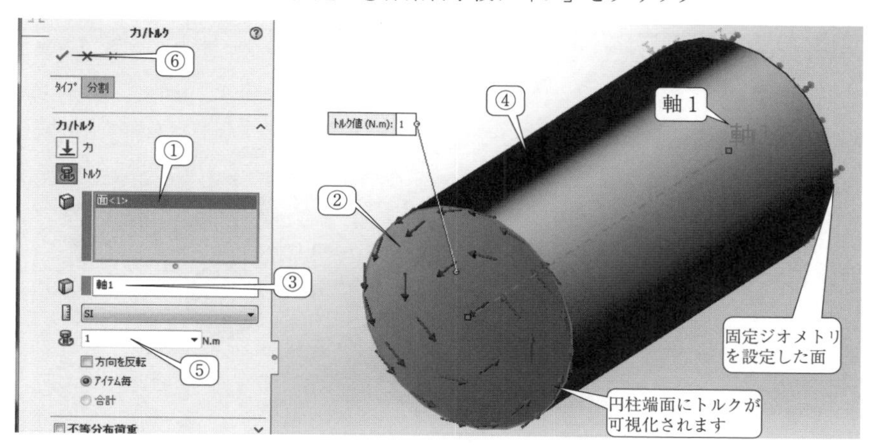

図6.7　外部荷重の設定

【6.11】 メッシュ作成（▶【2.15】）

○スライダーバーのつまみを「細い」へ移動させる→画面左上の「✔」をクリック

【6.12】 解析実行（▶【2.16】）

【6.13】 ソルバのメッセージ（▶【2.17】）

○総時間数，節点数，要素数を調べ，表6.1を作成します．

【6.14】 単位系設定（その2）（▶【2.3】）

○「m（メートル）」に変更

【6.15】 結果の出力（▶【2.19】）（**図6.8**）

○結果の「応力」上で，右クリック→「定義編集」をクリック

①表示の「∧」をクリック→②「P1：最大主応力」をクリック（6.3節参照）→③「設定」のタブをクリック→④「境界表示オプション」の「▼」をクリック→⑤「メッシュ」を選択→⑥「✔」をクリック

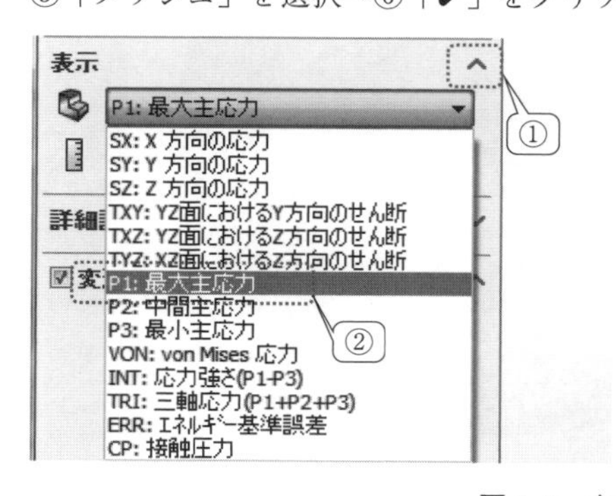

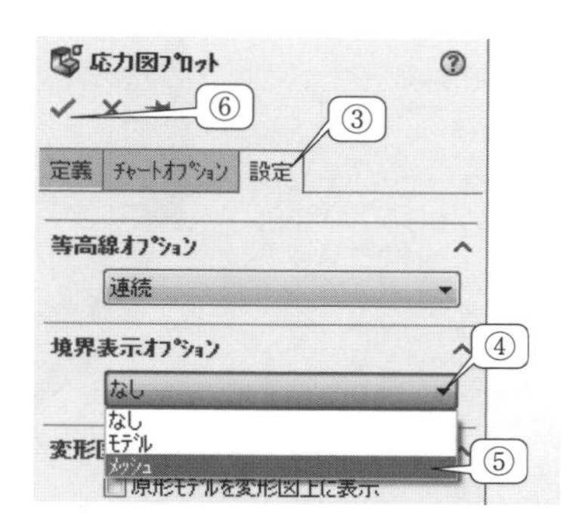

図6.8　定義編集

【6.16】 表示方向（図 6.9）

①表示方向アイコン隣の「▼」をクリック→②「正面」（もしくは背面」）のアイコン「」（もしくは「」）をクリック（「固定ジオメトリ」を設定した面を表示）

（注）「外部荷重」を設定した面に対する応力分布では，SOLIDWORKS 解析値と理論値が一致しません．

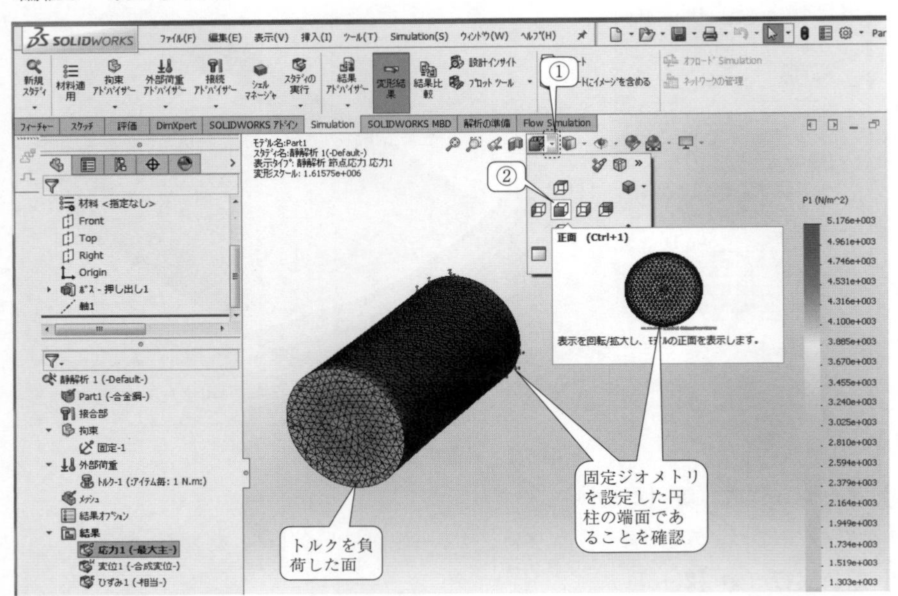

図 6.9　表 示 方 向

【6.17】 固定ジオメトリの変位固定の記号「」を「非表示」（図 6.10）

①拘束ツリーの下位層の「固定」にポインタを合わせて右クリック→②「非表示」をクリック

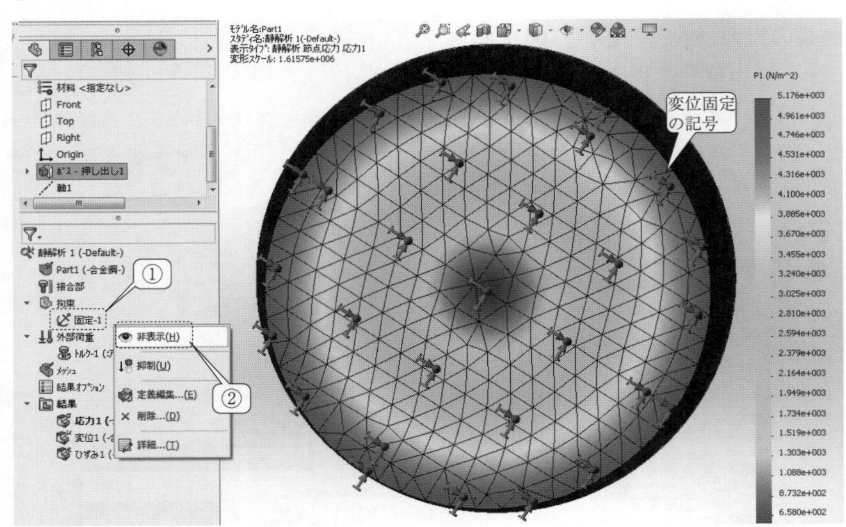

図 6.10　固定ジオメトリの変位の固定記号を非表示

【6.18】結果の出力（▶【2.19】）（図 6.11〜図 6.12）

①「応力 1」を右クリック→②「問い合わせ」をクリック

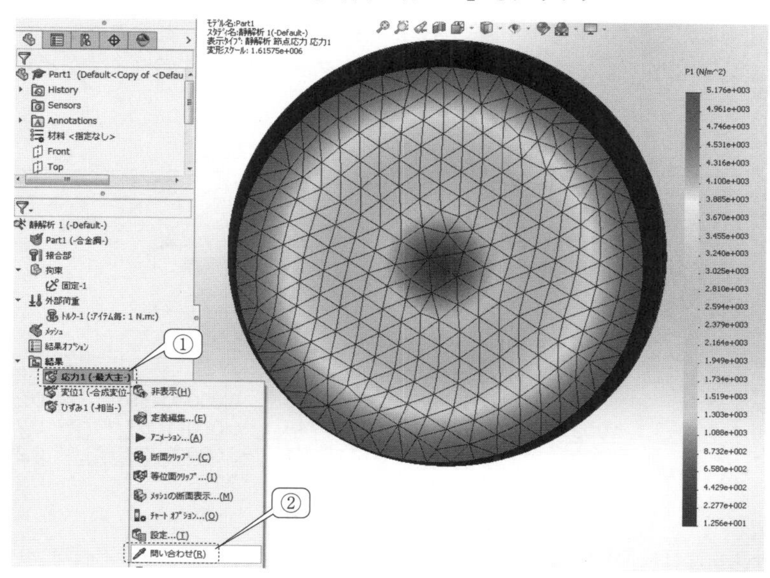

図 6.11　円柱の中心参照軸の作成

③円の中心から，半径方向に沿って，メッシュの節点を目視でクリックしていきます→④保存アイコン「![]」をクリック（先ほど選択した点のデータを CSV ファイルで出力）

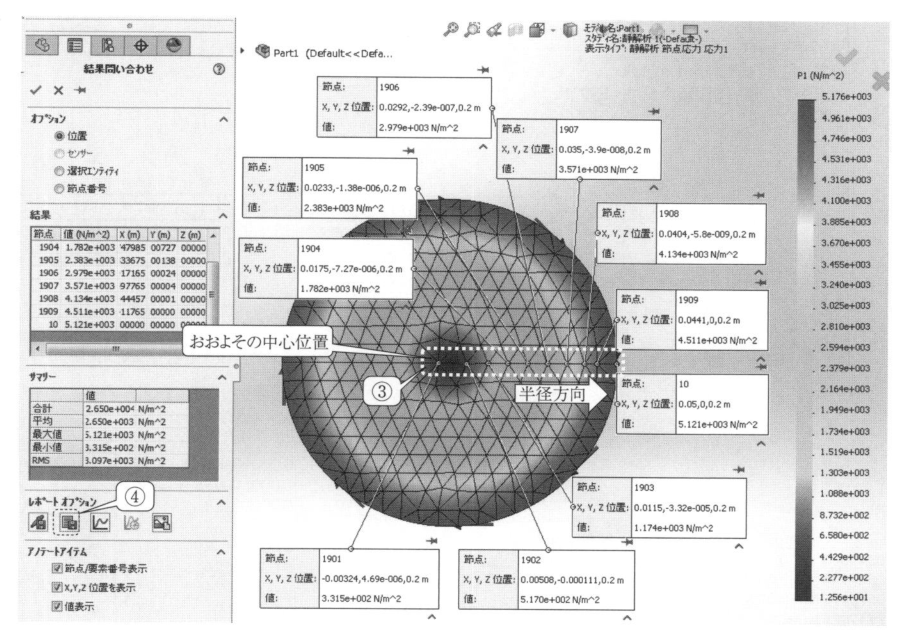

節点	値 (N/m^2)	X (m)	Y (m)	Z (m)
1904	1.782e+003	47985	00727	00000
1905	2.383e+003	33675	00138	00000
1906	2.979e+003	17165	00024	00000
1907	3.571e+003	97765	00004	00000
1908	4.134e+003	44457	00001	00000
1909	4.511e+003	11765	00000	00000
10	5.121e+003	00000	00000	00000

	値
合計	2.650e+004 N/m^2
平均	2.650e+003 N/m^2
最大値	5.121e+003 N/m^2
最小値	3.315e+002 N/m^2
RMS	3.097e+003 N/m^2

図 6.12　円柱の中心参照軸の作成

【6.19】 CSV ファイルの出力（▶【2.21】）

【6.20】 SOLIDWORKS 解析によるねじり応力のグラフ化（図 6.13～図 6.24）

○出力した CSV ファイルを開く→先ほど選択した節点番号とその番号の応力と座標を出力．他にも作成日時，モデル名，スタディ名，表示タイプなども出力．

	A	B	C	D	E
1	日付： 08:28	日曜日	4月 28	2019	
2	ﾓﾃﾞﾙ名:Part1				
3	ｽﾀﾃﾞｨ名:静解析 1(-Default-)				
4	表示ﾀｲﾌﾟ: 静解析 節点応力 応力1				
5	結果ﾀｲﾌﾟ : P1				
6					
7					
8	節点	値 (N/m^2)	X (m)	Y (m)	Z (m)
9	1901	3.32E+02	-0.00323683	0.00000469	0.2
10	1902	5.17E+02	0.00507743	-0.00011053	0.2
11	1903	1.17E+03	0.0115157	-0.00003323	0.2
12	1904	1.78E+03	0.01747985	-0.00000727	0.2

図 6.13　データの内容

① F 列の 8 行目に変位の絶対値と入力→② F 列の 9 行目に　＝(C9^2＋D9^2)^(1/2) と数式を入力．（注） C9^2 は C 列の 9 行目の値の 2 乗を示します．D9^2 についても同様です．（　　　）^(1/2) の記号は平方根（記号√ ）のことを示します．

	A	B	C	D	E	F	G
1	日付： 08:28	日曜日	4月 28	2019			
2	ﾓﾃﾞﾙ名:Part1						
3	ｽﾀﾃﾞｨ名:静解析 1(-Default-)						
4	表示ﾀｲﾌﾟ: 静解析 節点応力 応力1						
5	結果ﾀｲﾌﾟ : P1						
6							
7							
8	節点	値 (N/m^2)	X (m)	Y (m)	Z (m)	変位の絶対値	
9	1901	3.32E+02	-0.00323683	0.00000469	0.2	=(C9^2+D9^2)^(1/2)	
10	1902	5.17E+02	0.00507743	-0.00011053	0.2		
11	1903	1.17E+03	0.0115157	-0.00003323	0.2		
12	1904	1.78E+03	0.01747985	-0.00000727	0.2		

図 6.14　理論に基づくたわみの計算式を入力

③フィルハンドル「■」にポインタを合わせると，カーソルの形が黒い十字に変わります．→④フィルハンドル「■」にポインタを合わせたまま，下方向にドラッグします．

X (m)	Y (m)	Z (m)	変位の絶対値
-0.00323683	0.00000469	0.2	0.003236833
0.00507743	-0.00011053	0.2	
0.0115157	-0.00003323	0.2	
0.01747985	-0.00000727	0.2	
0.02333675	-0.00000138	0.2	

図 6.15　フィルハンドル

X (m)	Y (m)	Z (m)	変位の絶対値
-0.00323683	0.00000469	0.2	0.003236833
0.00507743	-0.00011053	0.2	
0.0115157	-0.00003323	0.2	
0.01747985	-0.00000727	0.2	
0.02333675	-0.00000138	0.2	
0.02917165	-0.00000024	0.2	
0.03497765	-0.00000004	0.2	
0.04044457	-0.00000001	0.2	
0.04411765	0	0.2	

図 6.16　数式のコピー

⑤「挿入」をクリック→⑥「▼」をクリック→⑦散布図（直線）をクリック

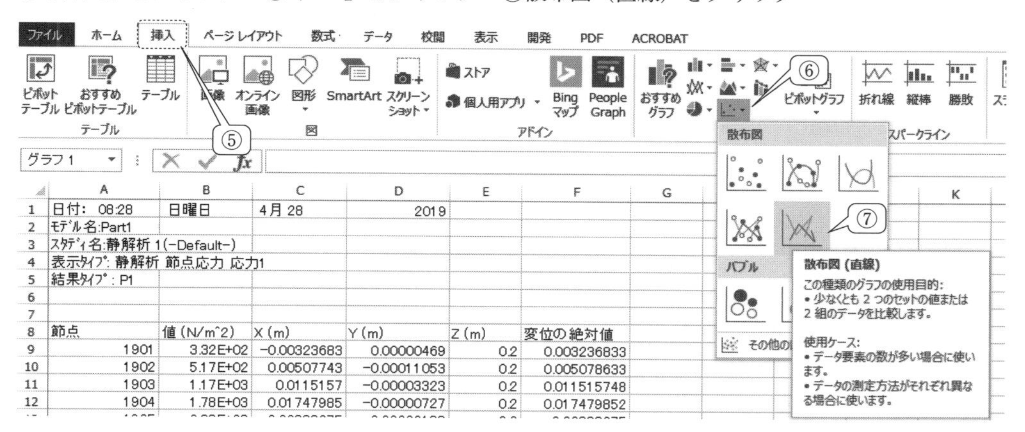

図 6.17　散　布　図

⑧白枠にポインタを合わせ，右クリック→⑨「データの選択」を右クリック

図 6.18　データの選択

⑩「追加」をクリック

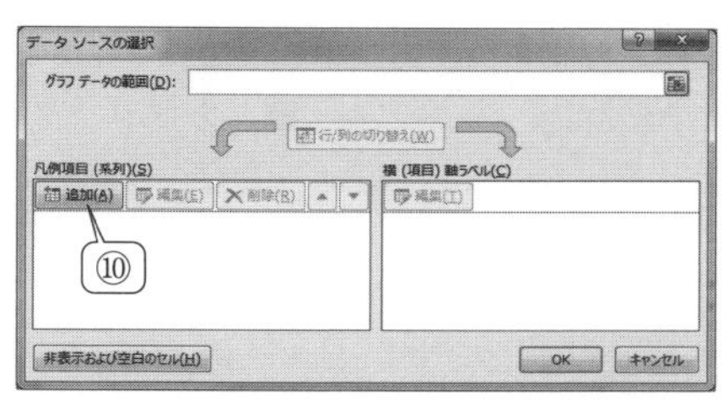

図 6.19　追　　加

⑪「系列 X の値」を指定します．アイコン「▼」をクリックします．

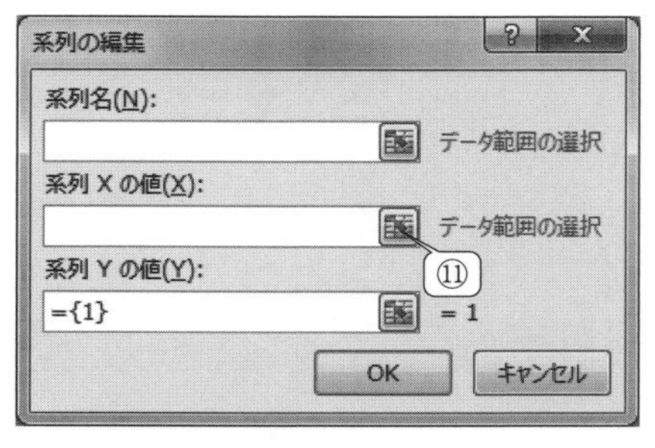

図 6.20　系列 X の値の指定

○変位の絶対値のデータ列を示すＦ列を指定します．⑫Ｆ列９行のセルをクリックします．→⑬マウス左ボタンを押したまま，フィルハンドル「■」をドラッグし，Ｆ列９行からＦ列最後の行のセルまで指定します→⑭「系列の編集」のアイコンをクリックします．

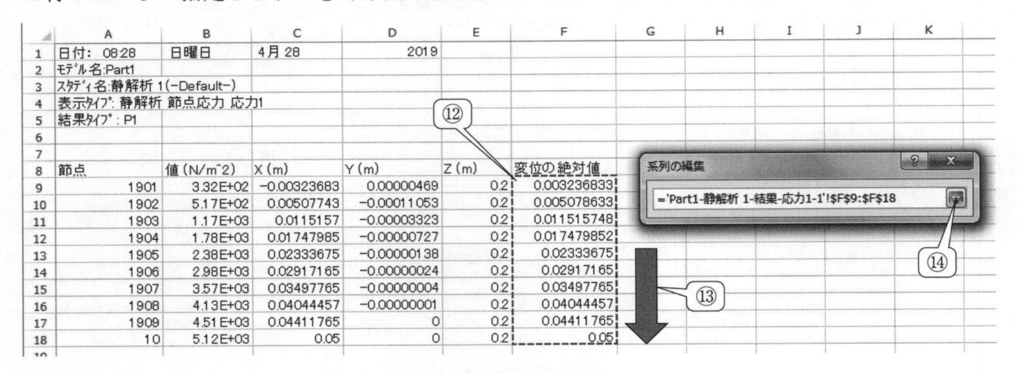

	A	B	C	D	E	F
1	日付： 08:28	日曜日	4月 28	2019		
2	ﾓﾃﾞﾙ名:Part1					
3	ｽﾀﾃﾞｨ名:静解析 1(-Default-)					
4	表示ﾀｲﾌﾟ: 静解析 節点応力 応力1					
5	結果ﾀｲﾌﾟ: P1					
6						
7						
8	節点	値(N/m^2)	X(m)	Y(m)	Z(m)	変位の絶対値
9	1901	3.32E+02	-0.00323683	0.00000469	0.2	0.003236833
10	1902	5.17E+02	0.00507743	-0.00011053	0.2	0.005078633
11	1903	1.17E+03	0.0115157	-0.00003323	0.2	0.011515748
12	1904	1.78E+03	0.01747985	-0.00000727	0.2	0.017479852
13	1905	2.38E+03	0.02333675	-0.00000138	0.2	0.02333675
14	1906	2.98E+03	0.02917165	-0.00000024	0.2	0.02917165
15	1907	3.57E+03	0.03497765	-0.00000004	0.2	0.03497765
16	1908	4.13E+03	0.04044457	-0.00000001	0.2	0.04044457
17	1909	4.51E+03	0.04411765	0	0.2	0.04411765
18	10	5.12E+03	0.05	0	0.2	0.05

図 6.21　系列Ｘの値の指定

⑮「系列Ｙの値」を指定します．アイコンをクリックします．→⑯応力のデータ列を示すＢ列を指定します．Ｂ列９行のセルにポインタを移動し，クリックします．→⑰セルをクリックしながら，フィルハンドル「■」をドラッグし，Ｂ列９行から最後の行のセルまで指定します．→⑱「系列の編集」のアイコンをクリックします．

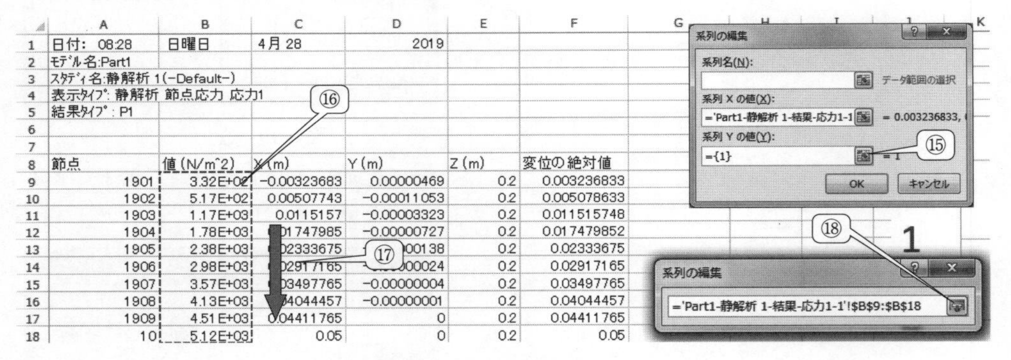

	A	B	C	D	E	F
1	日付： 08:28	日曜日	4月 28	2019		
2	ﾓﾃﾞﾙ名:Part1					
3	ｽﾀﾃﾞｨ名:静解析 1(-Default-)					
4	表示ﾀｲﾌﾟ: 静解析 節点応力 応力1					
5	結果ﾀｲﾌﾟ: P1					
6						
7						
8	節点	値(N/m^2)	X(m)	Y(m)	Z(m)	変位の絶対値
9	1901	3.32E+02	-0.00323683	0.00000469	0.2	0.003236833
10	1902	5.17E+02	0.00507743	-0.00011053	0.2	0.005078633
11	1903	1.17E+03	0.0115157	-0.00003323	0.2	0.011515748
12	1904	1.78E+03	01747985	-0.00000727	0.2	0.017479852
13	1905	2.38E+03	02333675	00138	0.2	0.02333675
14	1906	2.98E+03	02917165	000024	0.2	0.02917165
15	1907	3.57E+03	03497765	-0.00000004	0.2	0.03497765
16	1908	4.13E+03	04044457	-0.00000001	0.2	0.04044457
17	1909	4.51E+03	0.04411765	0	0.2	0.04411765
18	10	5.12E+03	0.05	0	0.2	0.05

図 6.22　系列Ｙの値の指定

⑲「OK」をクリック

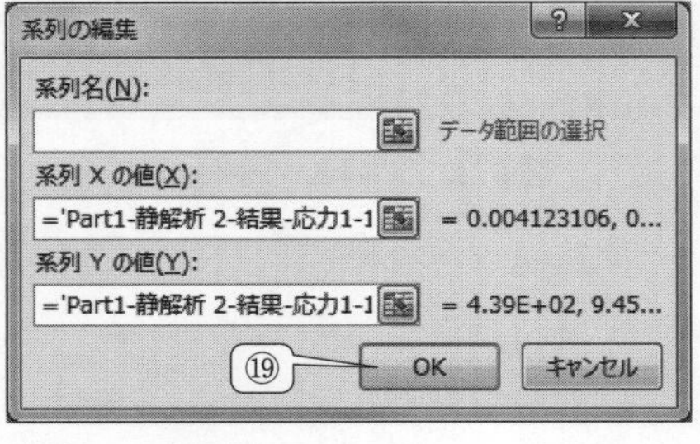

図 6.23　系列の編集

⑳「OK」をクリック

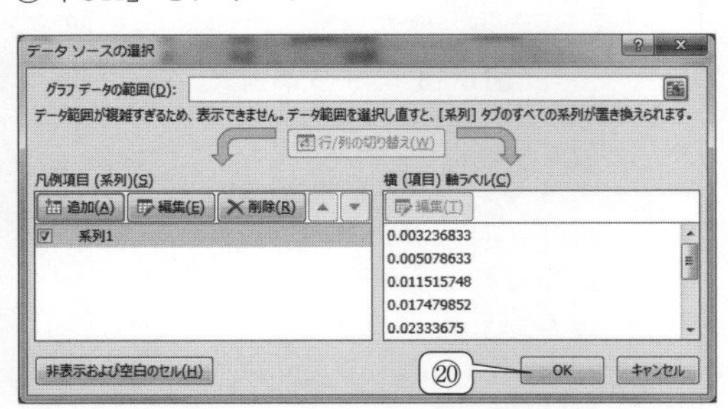

図 6.24　データソースの選択

【6.21】 理論によるねじり応力のグラフ化（図 6.25）

①Ｇ列の８行目に理論値と入力します．→②Ｇ列の９行目に次式を入力します．

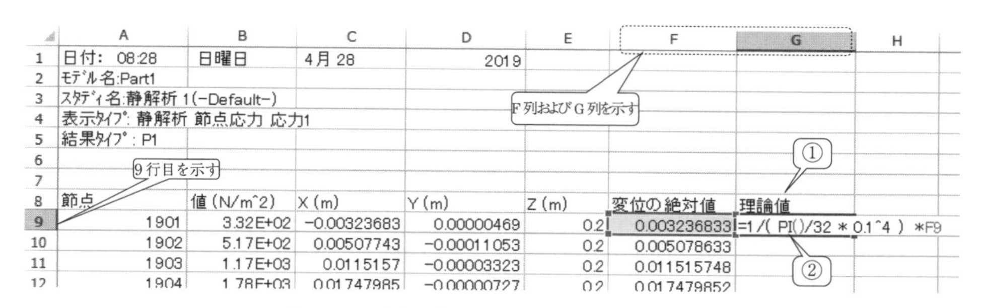

図 6.25　理論に基づくたわみの計算式を入力

=1/(PI()/32 * 0.1^4)*F9　　(6.20)

式 (6.20) は，式 (6.1) を示します．

以下，【6.20】を参考に，グラフを作成します．(SOLIDWORKS 解析によるねじり応力では，x 軸に F 列，y 軸に B 列を指定．理論によるねじり応力では，x 軸に F 列，y 軸に G 列を指定)

【6.22】課題 5 の表 6.3 を作成するためのデータ出力（▶【2.19】）(**図 6.26**)

○「変位 1」が「合成変位」であることを確認（「合成変位」でない場合は「定義編集」をクリックし，変更）→①「変位」を右クリック→「表示」をクリック→　②カラーバーの最大値を書き留めてください（円柱の外周に大きな変位が生じます）．

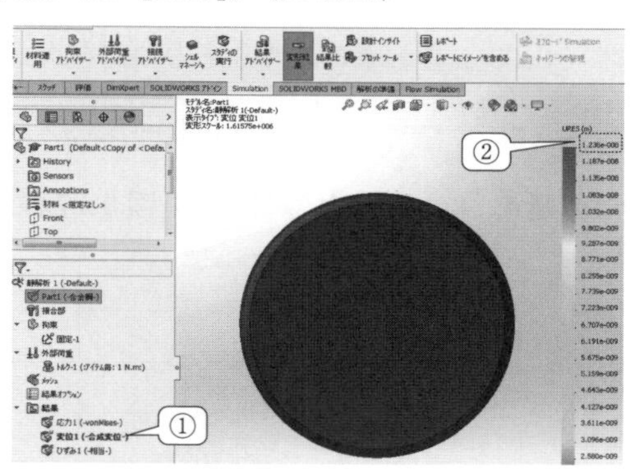

図 6.26　変位コンター図

ねじれ角が微小であれば，次式で近似できます（円柱の半径 $r=0.05$ m）．

$$\theta(\text{ねじれ角})\times r(\text{円柱半径})=1.238\times10^{-8}(\text{合成変位}) \tag{6.21}$$

6.6　課題解答例

(**課題 1**) 6.5 節参照のこと

(**課題 2**) 解析情報を**表 6.1** に示します．

表 6.1　解 析 情 報

総解析時間 [s]	節点数	要素数
15	61280	42470

(**課題 3**) ねじり応力の数値データを**表 6.2** にまとめます．

表 6.2 ねじり応力

円中心からの距離 [m]	ねじり応力　τ [Pa]（SOLIDWORKS 解析値）	ねじり応力　τ [Pa]（理論値）
0.004123106	4.39×10^2	4.20×10^2
0.009	9.45×10^2	9.17×10^2
0.015	1.55×10^3	1.53×10^3
0.021	2.15×10^3	2.14×10^3
0.027	2.74×10^3	2.75×10^3
0.033	3.34×10^3	3.36×10^3
0.039	3.93×10^3	3.97×10^3
0.044	4.50×10^3	4.48×10^3
0.050	5.10×10^3	5.09×10^3

式（6.2）より断面二次極モーメントを次式のように計算します．

$$I_p=\frac{\pi}{32}d^4=\frac{\pi}{32}(2r)^4=\frac{3.14}{32}(0.1)^4=9.82\times10^{-6}\ \mathrm{m}^4 \tag{6.22}$$

半径 0.05 m のときのねじり応力の値を次式のように求めます．

$$\tau=\frac{T}{I_p}r=\frac{1}{9.82\times10^{-6}}\cdot0.05=5.09\times10^3\ \mathrm{Pa} \tag{6.23}$$

（**課題 4**）ねじり応力のグラフを**図 6.27** に示す．

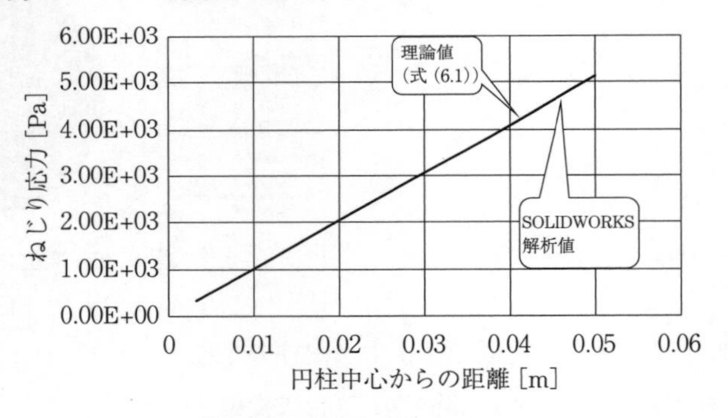

図 6.27　ねじり応力のグラフ

（**課題 5**）式（6.21）より SOLIDWORKS 解析によるねじれ角を次式のように求め，**表 6.3** にまとめます．

$$\theta=\frac{1.243\times10^{-8}}{0.05}=2.47\times10^{-7}\ \mathrm{rad} \tag{6.24}$$

一方で理論値を式（6.3）より次式のように求めます．

$$\theta=\frac{Tl}{GI_P}=\frac{1\times0.2}{7.9\times10^{10}\times9.82\times10^{-6}}=2.58\times10^{-7}\ \mathrm{rad} \tag{6.25}$$

表 6.3　ねじれ角の理論値と SOLIDWORKS 解析値の比較

理論値 [rad]	SOLIDWORKS 解析値 [rad]	誤差 [%]
2.58×10^{-7}	2.47×10^{-7}	4.3

7章　ばね（非線形静解析）

7.1　ば　　ね

力を加えると伸び，その力を除去すると，元に戻る機械要素を**ばね**と呼びます．円柱の引張りのように，物体に力を負荷しても，目視で明らかに，物体の形に変化が見られない場合は線形静解析のスタディを選択します．ばねのように，物体に力を負荷し，物体の形に大幅な変化が見られる場合は，非線形静解析のスタディを選択します．このような状態を幾何学的非線形性と呼んでいます．線形静解析のスタディを選択し，ばねを解析したとします．アニメーションを確認すると，ばねが変形したように可視化されます．解析上では，このような変形が考慮されずに，初期のばねの形状に基づいて力のつり合いを計算します．すなわち力を負荷してもばねの形に変化がない仮定のもとで解析が進行します．そのため線形静解析のスタディを用いてばねを解析すると，ばねの剛性を高く評価した結果を出力する傾向があります．本章では，幾何学的非線形性を考慮するため，非線形静解析のスタディを選択し，解析を行います．SOLIDWORKS のスイープ機能を用い，ばねの形状を作成します．SOLIDWORKS Simulation の機能を用い，ばねの伸びおよび断面に負荷する**せん断応力**を求めてみましょう．

7.2　ばねの理論

7.2.1　ばね断面に負荷するせん断応力

ばねの素線断面に負荷するせん断応力は，ばねに力 P を負荷したときのせん断応力と，ばねの素線のねじりによるせん断応力からなります．

(ばねのせん断応力)＝(力によるせん断応力)＋(ねじりによるせん断応力)　　(7.1)

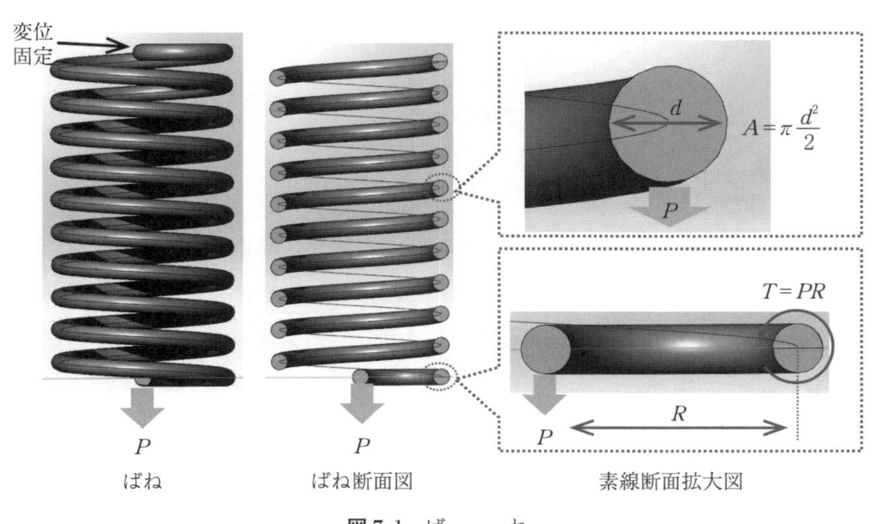

図 7.1　ば　　ね

ばねに力 P を負荷したときのせん断応力を**図 7.1** に示します．素線断面の直径を d，面積を A とすれば，力 P による素線断面のせん断応力 τ_1 は次式で得られます．

$$\tau_1=\frac{P}{A}=\frac{P}{\pi\left(\frac{d}{2}\right)^2}=\frac{4P}{\pi d^2} \tag{7.2}$$

式（7.2）は，素線断面に均質に負荷するせん断応力です．一方でばねの素線のねじりによるせん断応力を**図 7.2** に示します．ばねの中心とばねの素線断面の間の距離，すなわち円筒コイルばねの半径を R とします．荷重 P により，ばねがたわむことで，モーメント PR が素線断面にねじり応力として負荷します．式（6.1）よりねじり応力 τ_2 は次式のように得られます．

$$\tau_2=\frac{T}{I_P}r=\frac{PR}{\frac{\pi d^4}{32}}\frac{d}{2}=\frac{16PR}{\pi d^3} \tag{7.3}$$

式（7.1）より，素線断面のせん断応力は次式で得られます．

$$\tau=\tau_1+\tau_2=\frac{4P}{\pi d^2}+\frac{16PR}{\pi d^3}=\frac{16PR}{\pi d^3}\left(1+\frac{d}{4R}\right) \tag{7.4}$$

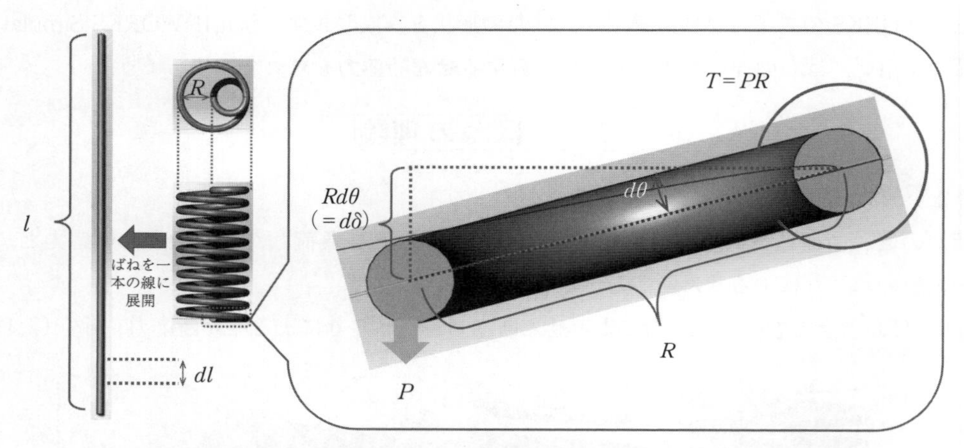

図 7.2　ばねの一巻半の断面図（荷重 P より下方向に長さ $Rd\theta$ だけたわんだ様子）

7.2.2　ばねの伸び

ばねの伸びについて考えます．図 7.2 は素線端部の断面に荷重 P を負荷し，荷重 P を負荷した断面が下方向に変位した様子です．円筒コイルの半径を R とすると，素線にはトルク $T=PR$ が生じます．ばねの素線の長さを l とします．その素線の微小長さを dl とするとねじれ角 $d\theta$ は次式で得られます．

$$d\theta=\frac{T}{GI_P}dl=\frac{PR}{G}\frac{32}{\pi d^4}dl \tag{7.5}$$

軸方向のたわみ量 $d\delta$ は次式で得られます．

$$d\delta = Rd\theta = \frac{PR^2}{G}\frac{32}{\pi d^4}dl \tag{7.6}$$

変数 l に対して 0 から l まで式（7.6）を積分します．

$$\delta = \int_0^l \frac{PR^2}{G}\frac{32}{\pi d^4}dl = \frac{PR^2}{G}\frac{32}{\pi d^4}\int_0^l dl = \frac{PR^2}{G}\frac{32}{\pi d^4}l \tag{7.7}$$

ばねの回転数を n とすると，長さ l は次式で表されます．

$$l = 2\pi Rn \tag{7.8}$$

式（7.8）を式（7.7）に代入するとたわみが次式で得られます．

$$\delta = \frac{PR^2}{G}\frac{32}{\pi d^4}\cdot 2\pi Rn = \frac{64nPR^3}{Gd^4} \tag{7.9}$$

7.3　ばねのせん断応力および伸び量を求めてみましょう

（課題 1） ばねの解析モデルを作成してみましょう．円筒コイルばねの素線の直径を 0.01 m とします．円筒コイルばねの直径を 0.1 m（半径 R=0.05 m），高さを 0.2 m，ピッチを 0.02 m とします．ピッチとは，ある巻き線の中心から一巻き進んだ巻き線の中心までの間隔を示します．この巻き線の巻き数（回転数）を 10 とします．巻き先端部を円筒コイルばねの中心位置に据え付けるため，**図 7.3** に示すように，直径 0.05 m の半円をばね先端部に設けます．もう一方の巻き先端部にも直径 0.05 m の半円を設けます．

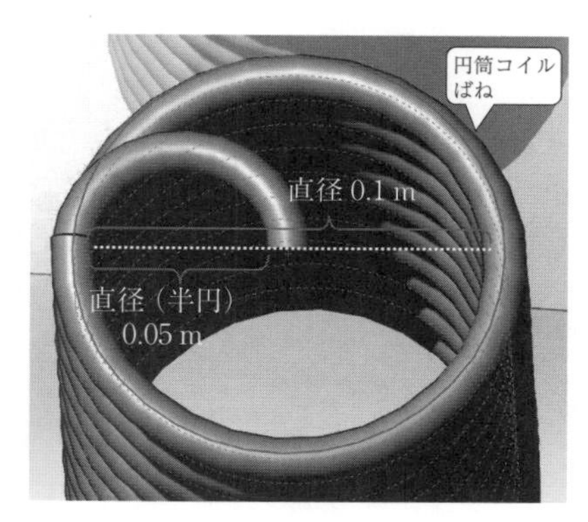

図 7.3　ばねの巻き先端部

巻き線端部の断面を変位固定し，もう一方の巻き先端部には，荷重 P=100 N を負荷します．材料を合金鋼に設定します．

（課題 2） 総解析時間，節点数，要素数のデータを表（表 7.1（7.5 節））にまとめましょう．

（課題 3） SOLIDWORKS の解析より，ばねの素線のせん断応力の最大値を確認してみましょう．また理論値を式（7.4）から求め，理論値と解析値の誤差を計算しよう（表 7.2（7.5 節））．

（課題 4） SOLIDWORKS のコンター図より，ばねの変位の最大値を確認してみましょう．また理論値を式（7.9）から求め，理論値と解析値の誤差（式（3.12））を計算しよう（表 7.3（7.5 節））．

7.4　操 作 手 順

【7.1】SOLIDWORKS の起動と初期設定（▶【2.1】）

【7.2】単位系の設定（▶【2.2】）

【7.3】円のスケッチ（▶【2.4】）

○円筒コイルばねの半径を R とします．座標中心に $R=0.05$ の円をスケッチ（課題1）

【7.4】螺旋（弦巻線）作成（図7.4〜図7.5）

①「フィーチャー」タブをクリック→②「カーブ」をクリック→③「ヘリカルとスパイラル」をクリック

図7.4　ヘリカルとスパイラル

①「ピッチと回転」を選択→②「ピッチ」のボックスに0.02と入力→③「回転数」のボックスに10.0と入力→④「開始角度」のボックスに0.0と入力→⑤「✔」をクリック→表示方向を変更．ヘッズアップビューツールバーの底辺のアイコン「□」をクリック（もしくはキーボードの“Ctrl キー”を押しながら，“6”を押します）

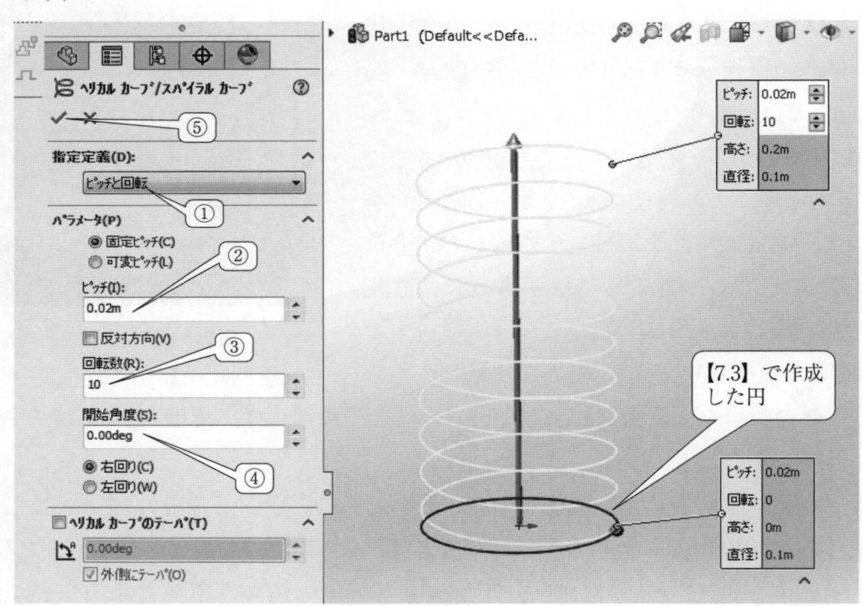

図7.5　螺旋の設定

【7.5】螺旋の中心に中心線を作成（図7.6〜図7.7）

①「中心線」をクリック

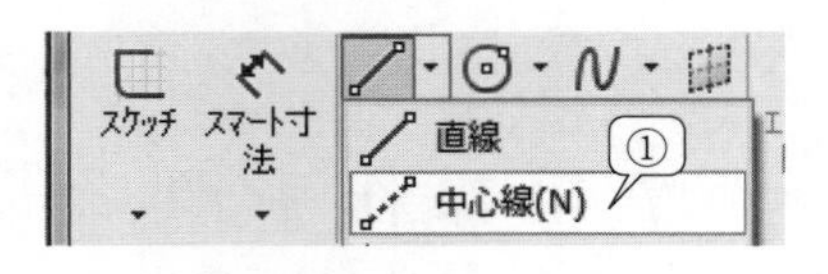

図7.6　中　心　線

②部品名「Part1」の「▼」をクリック→③「Top」の面が螺旋の底面と垂直であることを確認し，「Top」の面を選択→④「スケッチと同じ」を選択→⑤「無限長」にチェック→⑥座標原点をクリック→⑦マウスをドラッグし，中心線を作成します．このとき中心線近傍に 90°（もしくは 270°）と表示されます．垂直の記号「▮」が表示されたときにクリックします→⑧「✔」をクリック

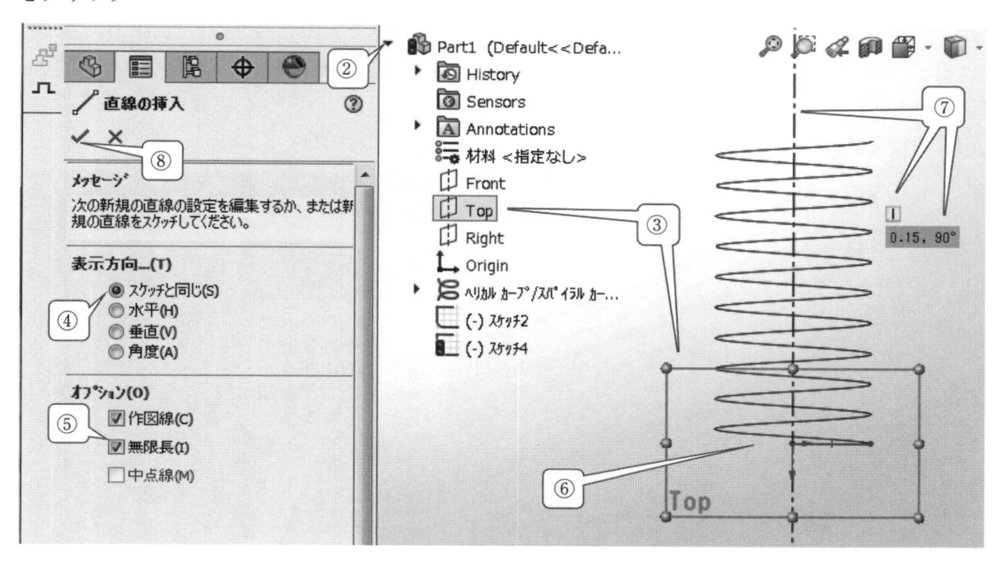

図 7.7 中心線の作成

【7.6】画面右上にあるスケッチ編集モード「」をクリック

【7.7】螺旋端部に半径 0.025 m の半円作成（図 7.8～図 7.9）

① Feature Manager デザインツリーの「正面」をクリック→②「スケッチ」タブをクリック→③円弧タイプから「3 点円弧」をクリック→④部品名「Part1」の「▶」をクリック→⑤「Front」の面をクリック

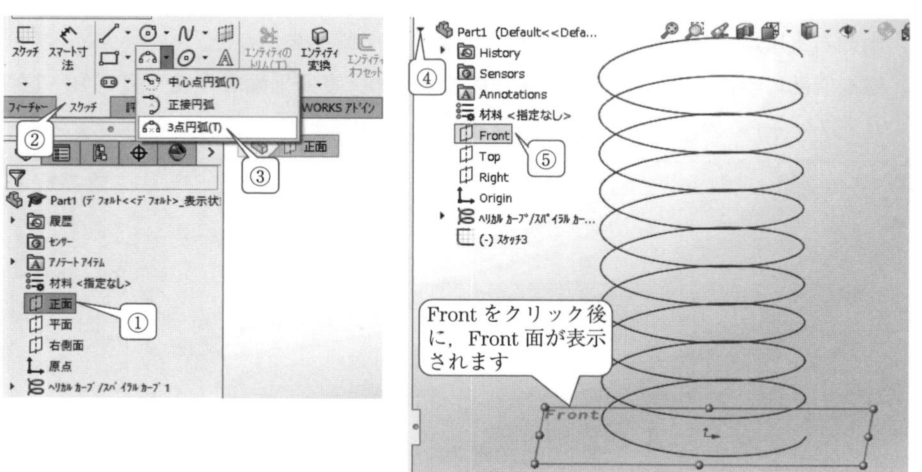

図 7.8 3 点円弧と Front の面

⑥原点（円筒コイルばねの中心）をクリック→⑦円筒コイルばね端部をクリック→⑧半円の中心位置が⑥と⑦の中間点となるように円弧を調整します．ポインタを移動することで円弧の大きさを変え，記号「⊕」（半円の中心位置を示す記号）を表示します．この記号の表示時にクリック→⑨ X 座標のボックス「C_x」に 0.025，Y 座標のボックス「C_y」に 0.0 を入力．((X, Y)＝(0.025, 0.0)の値は 3 点円弧より作成した半円の中心を示す→⑩始点の X 座標のボックス「C_x」に 0.00，Y 座標のボックス「C_y」に 0.00 を入力（(X, Y)＝(0.0, 0.0)の値は座標原点を示す）→⑪終点の X 座標のボックス「C_x」に 0.05，Y 座標のボックス「C_y」に 0.0 を入力（(X, Y)＝(0.05, 0.0)の値は巻き線端部を示す）→⑫ 3 点円弧より作成した半円の半径をボックス「⟋」に 0.025 と入力→⑬「✔」をクリック

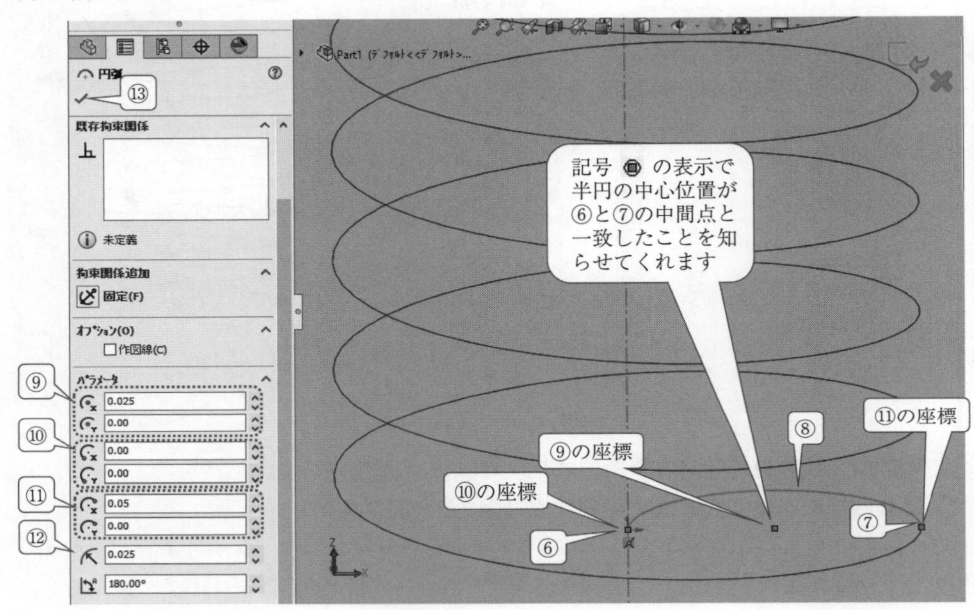

図 7.9　半円の作成

【7.8】 画面右上にあるスケッチ編集モード「⬚」をクリック

【7.9】 螺旋端部に半径 0.025 m の半円を作成するため，参照平面を作成（図 7.10～図 7.11）

①「フィーチャー」のタブをクリック→②「参照ジオメトリ」をクリック→③「平面」をクリック

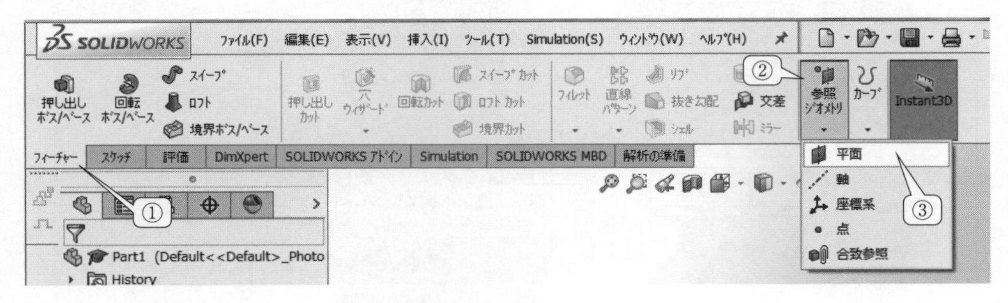

図 7.10　参照ジオメトリの平面

④部品名：「Part1」の「▼」をクリックし，ツリーを展開→⑤「Front」の面が螺旋の底面であることを確認し，「Front」を選択→⑥0.2を入力（「Front」面を上部に0.2 m移動）→⑦「✔」をクリック

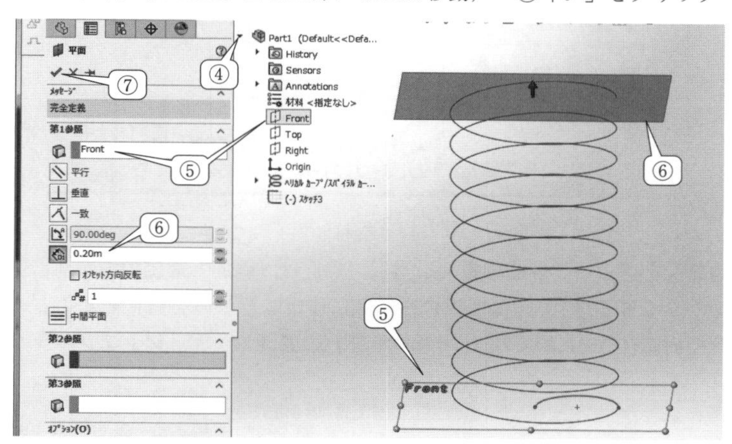

図7.11　平面の移動

【7.10】もう一方の螺旋端部に半径0.025 mの半円を作成（図7.12）

①「スケッチ」タブをクリック→②「3点円弧」をクリック（図7.8参照）→③「▼」をクリックし「Part1」のツリーを展開→④「平面1」をクリック→⑤「中心線」と「平面1」が交差する点を選択→⑥螺旋端部を選択→⑦半円の中心が⑤と⑥の中間となるように調整します（【7.7】と同様）→⑧〜⑪【7.7】と同様に操作→⑫「✔」をクリック

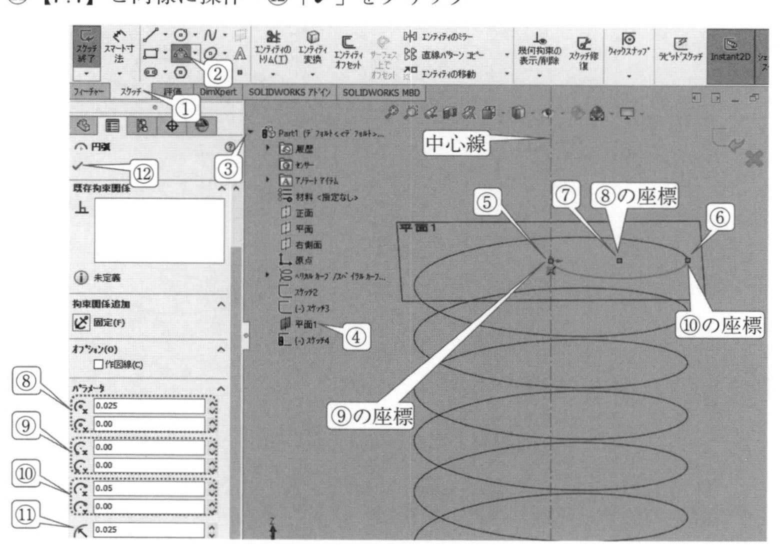

図7.12　平面の移動

【7.11】 スイープ機能を用い，螺旋の線を円筒にする（図 7.13〜図 7.14）

①「フィーチャー」タブをクリック→②「スイープ」をクリック

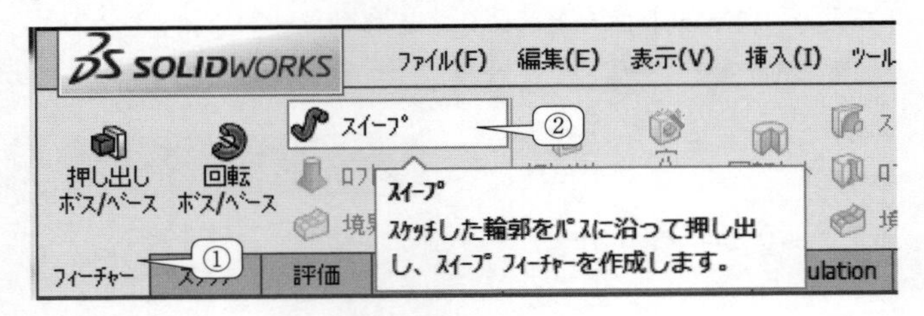

図 7.13　スイープ

①「円形の輪郭」を選択→②螺旋の端部を選択（螺旋は，螺旋と螺旋の両端部に作成した半円の 3 つの部分からなります）．図は螺旋の片端部に作成した半円を選択したことを示します．→③ばね素線断面直径 0.01 と入力（「円形の輪郭」の直径）→④「✔」をクリック

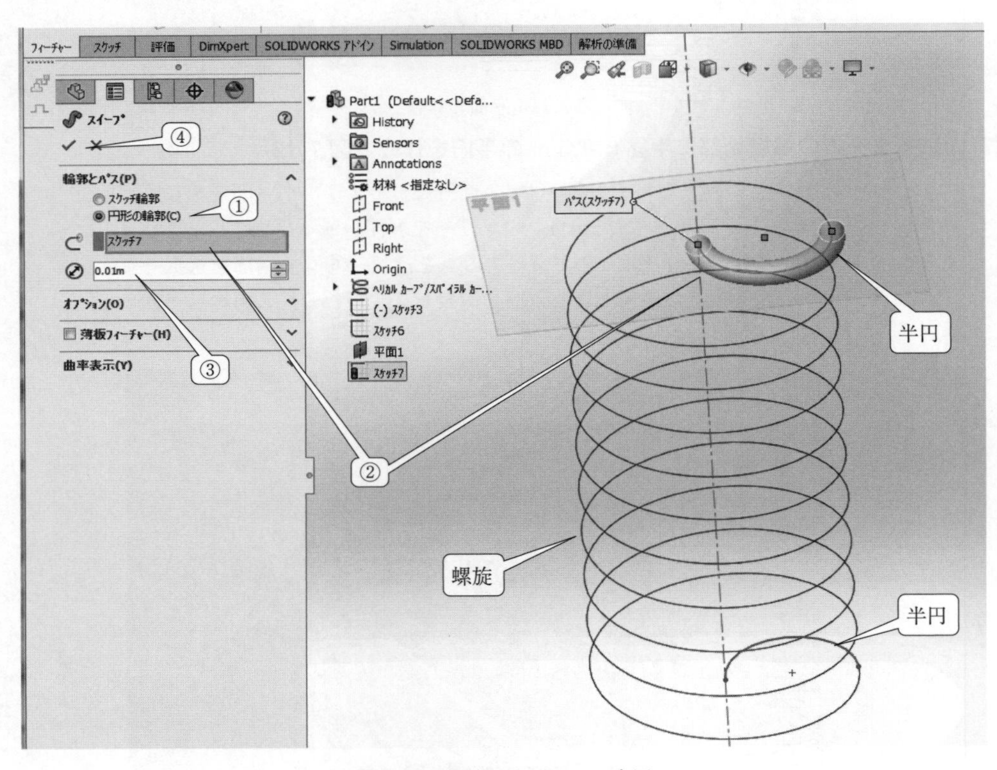

図 7.14　螺旋および 2 つの半円

○同様に，残りの螺旋の部分（螺旋と螺旋の両端部）に対しても，スイープを順次適用します．

【7.12】 アドイン（▶【2.8】）

【7.13】 解析の種類を選択（▶【2.9】）

○非線形のアイコン「 」をクリックし，静解析のアイコン「 」をクリック→「✔」をクリック

【7.14】解析時間の調整（図 7.15〜図 7.16）

①「非線形 1」にポインタを合わせ，右クリック→②「プロパティ」をクリック

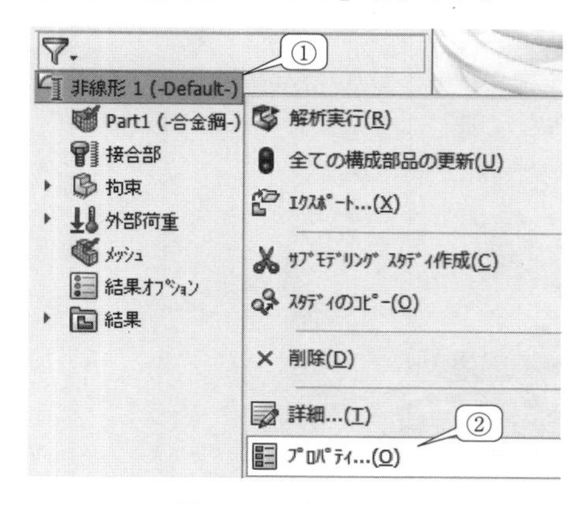

図 7.15　プロパティ

③「解法」のタブをクリック→④「終了時間」を 10 に変更

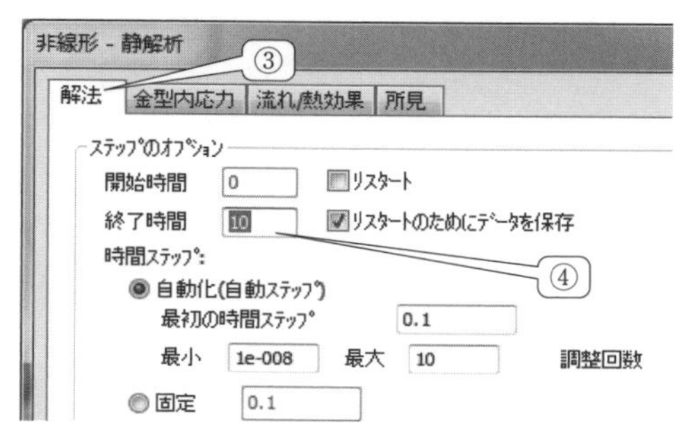

図 7.16　非線形-静解析　解法

（注）CAE の分野では，物体の運動に時間変化がない場合を静解析，物体の運動に時間変化がある場合を動解析と呼んでいます．このばねの解析では，ばねが伸びていない状態から，荷重を負荷することで，徐々に伸びるような物体の運動が生じます．そのため過渡的な状態では，ばねの変形に時間変化が見られます．しかし，時間が十分に経過すると，ばねが伸びきってしまい，力が釣り合うと，ばねの変形に時間的な変化は見られません．最終的に時間変化がないため，ばねの解析は静解析になります．SOLIDWORKS Simulation では，この過渡的に変化する時間の幅を人為的に決める必要があります．ここでは，その時間「終了時間」を 10 秒とします（SOLIDWORKS Simulation が自動的に適切な終了時間を計算し，設定することはありません）．

【7.15】材料設定（▶【2.10】）

○「Part1」を右クリックし，材料を「合金鋼」に設定します．

【7.16】拘束の設定（▶【2.11】）（図 7.17）

○「拘束」のアイコンにポインタを合わせ，マウスの右ボタンをクリック →「固定ジオメトリ」をクリック → ①螺旋の端部の面をクリック．変位を固定する記号が表示されます．→ ②「✔」をクリック

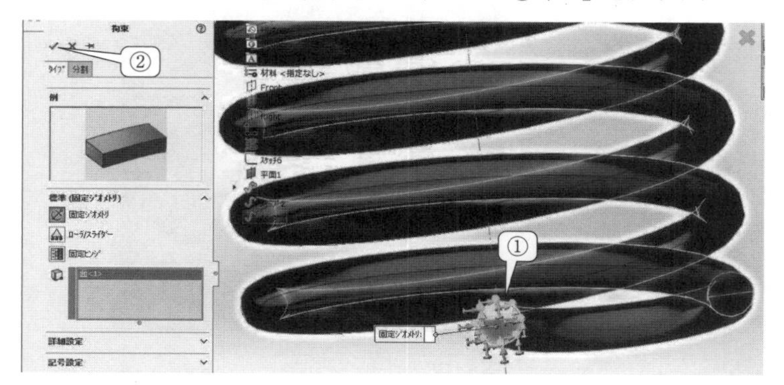

図 7.17　螺旋の端部の変位固定

【7.17】外部荷重の設定（▶【2.12】）（図 7.18）

○「外部荷重」のアイコンを右クリック →「力」をクリック→①ボックス「▢」をクリックし，螺旋の端部の面（固定されていないもう一方の面）をクリック→②「選択された方向」にチェック→③ボックス「▢」をクリックし，もう一度，螺旋端部の面を選択　→　④力の方向が上向きになるように選択（必要に応じて「方向を反転」にチェック）→⑤ 100（力の大きさ）を入力　→　⑥「✔」をクリック

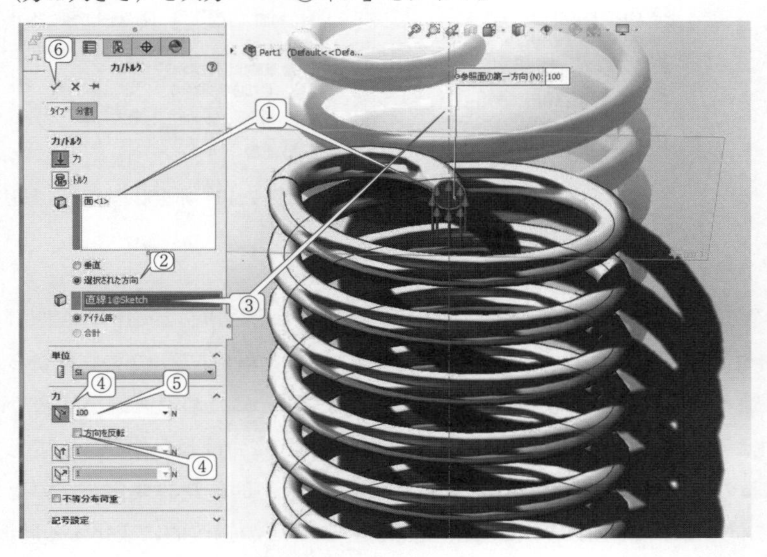

図 7.18　外部荷重の設定

【7.18】メッシュ作成（▶【2.15】）（図 7.19）

①スライダーバーのつまみを「細い」へ移動する→②「✔」をクリック（エラーが表示される場合は，「曲率ベースのメッシュ」を選択）

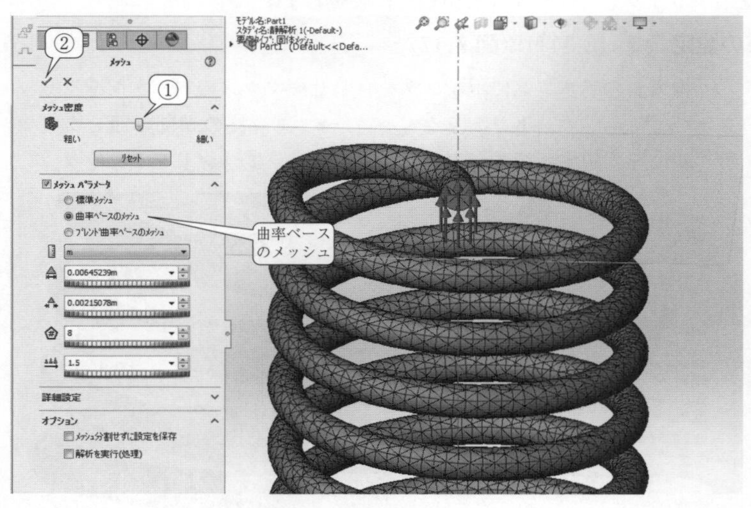

図 7.19　メッシュ作成

【7.19】解析実行（▶【2.16】）

【7.20】ソルバのメッセージ（▶【2.17】）

○総時間数，節点数，要素数を調べ，表 7.1 を作成します．

【7.21】結果の出力（▶【2.19】）（**図 7.20～図 7.25**）

○ばねの素線の応力を出力します．

①「結果」の「応力 1」をクリック→②「定義編集」をクリック

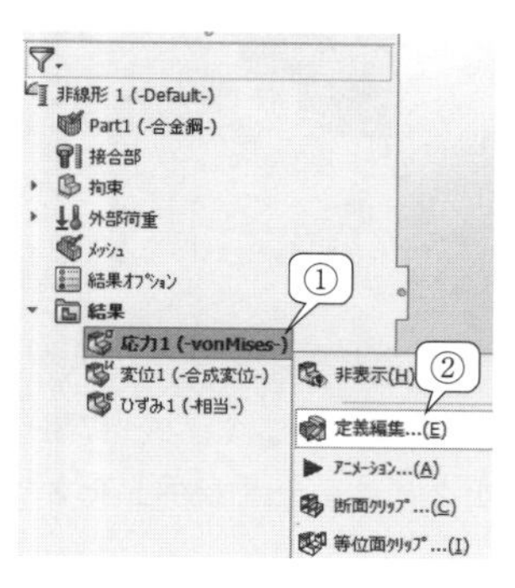

図 7.20　応力の定義編集

③「表示」の「VON：von Mises 応力」を選択→④「N/m²」を選択→⑤「✔」をクリック

図 7.21　応力の定義編集

⑥「結果」の「応力 1（vonMises）」を選択→⑦「断面クリップ」をクリック

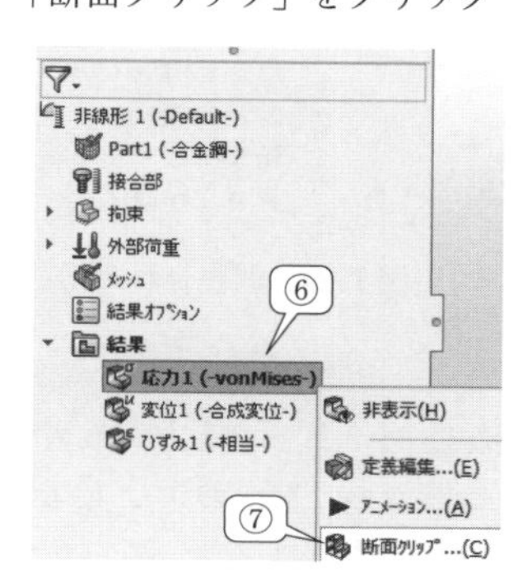

図 7.22　断面クリップ

⑧「▼」をクリック→⑨ばねの素線断面を確認するため「TOP」の面を選択→⑩「✔」をクリック

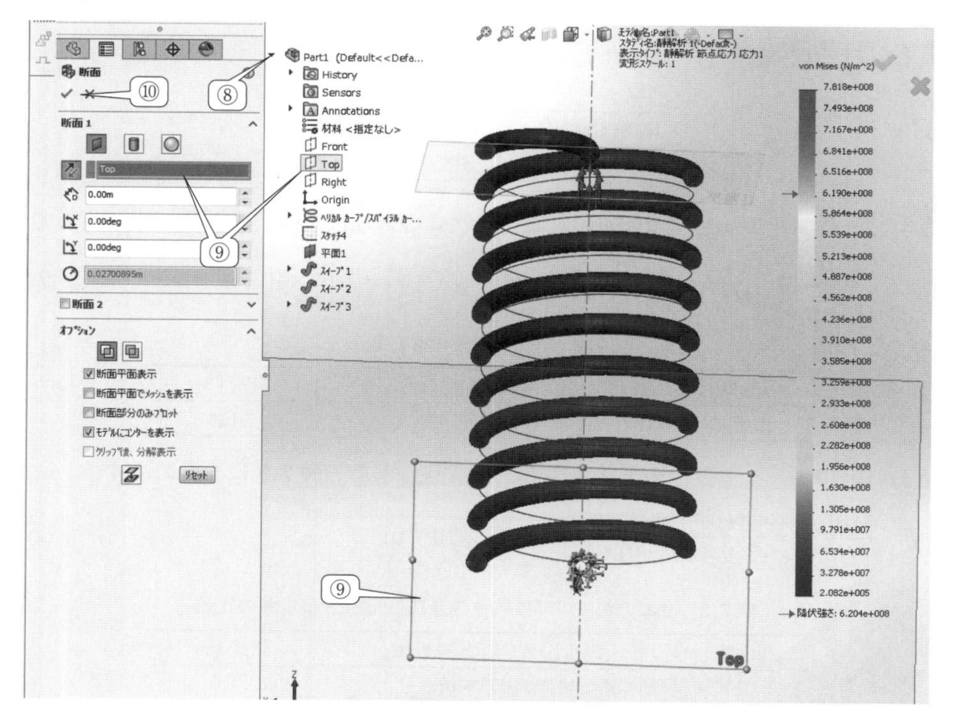

図 7.23　ば ね 断 面

⑪「結果」の「応力1」をクリック→⑫「問い合わせ」をクリック

○1つの素線断面（どれでもかまわない）を拡大→⑬円筒断面の上下および中心の3点を適当にクリック→⑭保存のアイコン「▣」をクリック→⑮「✔」をクリック

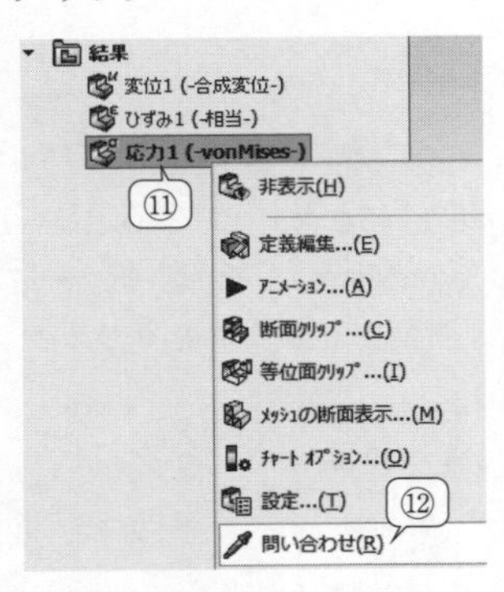

図7.24 問い合わせ

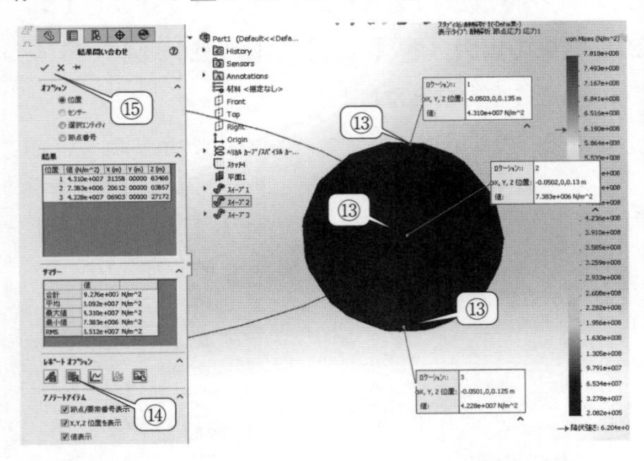

図7.25 結果問い合わせ

○素線断面の上下で応力が最大値をとり，中心位置で最小であることがわかります．式（7.4）の理論値は断面の上部，および下部の最大応力を示します→「変位1」をクリック→「表示」をクリック→変位最大値をコンター図のカラーバーで読み取ります．

7.5 課題解答例

（課題1） 7.4節参照のこと

（課題2） 解析情報を**表7.1**に示します．

表7.1 解析情報

総解析時間 [s]	節点数	要素数
22	84457	42153

（課題3） 式（7.4）よりせん断応力の理論値を次式のように求め，**表7.2**にまとめます．

$$\tau=\frac{16PR}{\pi d^3}\left(1+\frac{d}{4R}\right)=\frac{16\cdot 100\cdot 0.05}{3.1415\cdot(0.01)^3}\left(1+\frac{0.01}{4\cdot 0.05}\right)=2.67\times 10^7\,\mathrm{Pa} \tag{7.10}$$

表7.2 ばねの素線のせん断応力

理論値 [Pa]	SOLIDWORKS 解析値 [Pa]	誤差 [%]
2.67×10^7	4.31×10^7	61.4

（課題4） 式（7.9）より変位の理論値を次式のように求め，**表7.3**にまとめます．

$$\delta=\frac{64nPR^3}{Gd^4}=\frac{64\cdot 10\cdot 100\cdot(0.05)^3}{7.9\times 10^{10}\cdot(0.01)^4}=1.01\times 10^{-2}\,\mathrm{m} \tag{7.11}$$

表7.3 ばねの変位の理論値とSOLIDWORKS解析値の比較

理論値 [m]	SOLIDWORKS 解析値 [m]	誤差 [%]
1.01×10^{-2}	1.003×10^{-2}	0.6

8章　ヘルツ接触応力（非線形静解析）

8.1　接触解析

2枚の板を何らかの方法で固定しなければならないときがあります．強度設計上問題ないようにするためには，2枚の板の接触部分をボルト締めしたほうがよいのでしょうか？それとも溶接で接合したほうがよいのでしょうか？一般には2枚の板が接触する部分を溶接したほうが，接合部の強度が上がるといわれています．機械的な構造物を組み上げると，その構造物の中の機械的な要素部品が，他の要素部品と必ず接触します．接触状態を含まない一体型構造物の力学的挙動と比較し，接触部を含む構造物の力学的挙動は，まったく異なる挙動を示します．そのため，解析モデルを作成するうえでも，**接触解析**は重要な解析の1つとなっています（**図8.1**）．

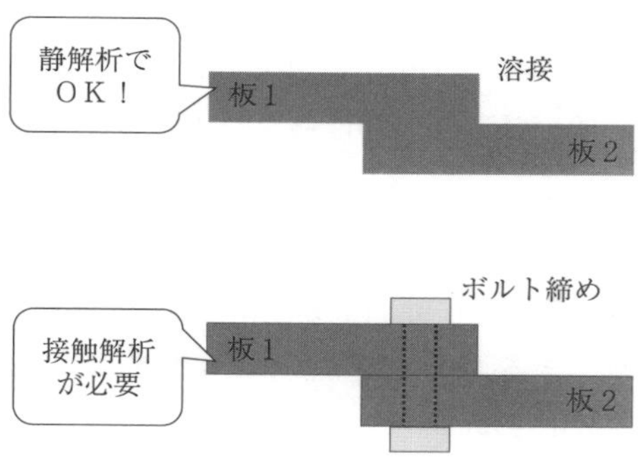

図8.1　2枚の板の固定方法

本章では，2つの円柱がたがいに接触する解析モデル，および平板に円柱が接触する解析モデルを用い，応力やひずみを検証してみましょう．このような計算モデルを対象とするとき，線形？非線形？という疑問がでてきます．迷うようであれば，非線形解析を選択してください．線形解析であれば，接触位置が変化しないことが前提となるからです．3章において解くべき方程式は式（3.4）であることを説明しました．静解析では，解くべき方程式（支配方程式）が決まると，1s，5s，10s，どんなに時間が経過しても，支配方程式（剛性行列 $[K]$ および外力 $\{f\}$）に変化がないことが必要です．しかしたいていの場合，荷重条件や境界条件より，少しばかり，接触位置が変化し，接触面積が増減します．接触解析では，式（3.4）に接触状態の変化（ずれやすべりなど）を考慮するための項が支配方程式に追加されます（詳細についてはペナルティ法もしくは拡張ラグランジュ法を参照のこと）．このような状態であれば，支配方程式は非線形方程式となります．

8.2　ヘルツ接触理論

ヘルツの弾性接触の理論は，ハインリヒ・ヘルツが接触応力の理論を導いたことに由来します．周波数の単位として用いるヘルツ［Hz］になじみがあると思います．この理論に基づく接触状態を8.2.1～8.2.3項に解説します．

8.2.1 球と球が接触している状態[†]

図 8.2 に半径 R_1 の球 1 と半径 R_2 の球 2 が接触している状態を示します．2 つの球は静止し，半径 R_1 の球に荷重 W を負荷します．変数 R' および E' は**等価曲率半径**と**等価弾性係数**と呼びます．それらを次式のように定義します．

$$\frac{1}{R'}=\frac{1}{R_1}+\frac{1}{R_2} \tag{8.1}$$

$$\frac{1}{E'}=\frac{1-\nu_1^2}{E_1}+\frac{1-\nu_2^2}{E_2} \tag{8.2}$$

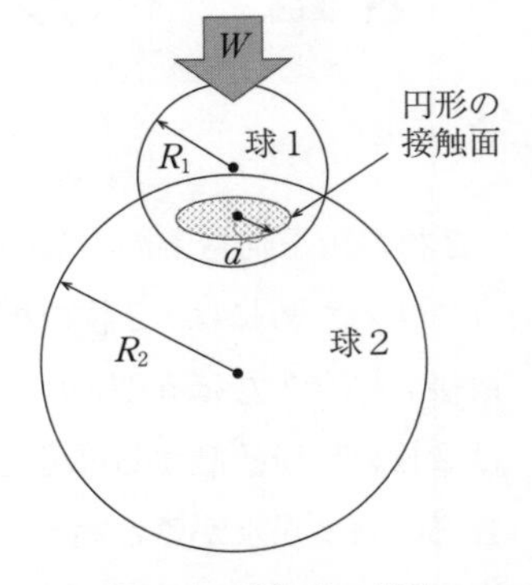

図 8.2　球と球の接触

球 1 と球 2 の弾性係数を E_1, E_2, ポアソン比を ν_1, ν_2 としています．式 (8.1), (8.2) は，2 つの異なる球を 1 つの等価な球に置き換えることができる理論式です．整合性がとれるように 2 つの縦弾性係数および半径を 1 つの等価なものに置き換えています．これらの式より，接触面積や接触圧が簡易に計算できるようになります．接触部の半径 a，接触面積 A，接触部の平均圧力 $\overline{P}$ を次式のように求めます．

$$a=\left(\frac{3WR'}{4E'}\right)^{\frac{1}{3}} \tag{8.3}$$

$$A=\pi a^2=\pi\left(\frac{3WR'}{4E'}\right)^{\frac{2}{3}} \tag{8.4}$$

$$\overline{P}=\frac{W}{\pi a^2} \tag{8.5}$$

2 つの球の接触部の圧力は不均一に分布していて，その不均一を平均したのが，式 (8.5) になります．接触部の圧力の最大値 P_M は，次式となります．

$$P_M=\frac{3}{2}\overline{P}=\frac{3}{2}\frac{W}{\pi a^2}=\left(\frac{6WE'^2}{\pi^3R'^2}\right)^{\frac{1}{3}} \tag{8.6}$$

8.2.2 球と板が接触している状態

半径 R_1 の球 1 と板が接触している様子を**図 8.3** に示します．接触面積，接触圧を求める方法については，8.2.1 項の球と球が接触する場合と考え方は同じです．それでは等価曲率半径をどのように求めればいいのでしょうか？板の半径って？よくわからないと思います．曲線の非常に微小な範囲を取り出せば，円で近似できてしまうといった考え方があります．円には半径という代表的な変数があります．その半径を用い，曲線の曲がり具合を数値で示すことができます．その数値を**曲率半径**と呼びます．円の曲率半径はどうなるでしょうか？あたりまえですが，そもそも円は半径をもっており，円の軌跡を描く曲線であるわけですから，円の曲率半径は円の半径そのものになります．それでは板はどうでしょうか？

† K. L. Johnson：Contact Mechanics, Cambridge University Press (2008)

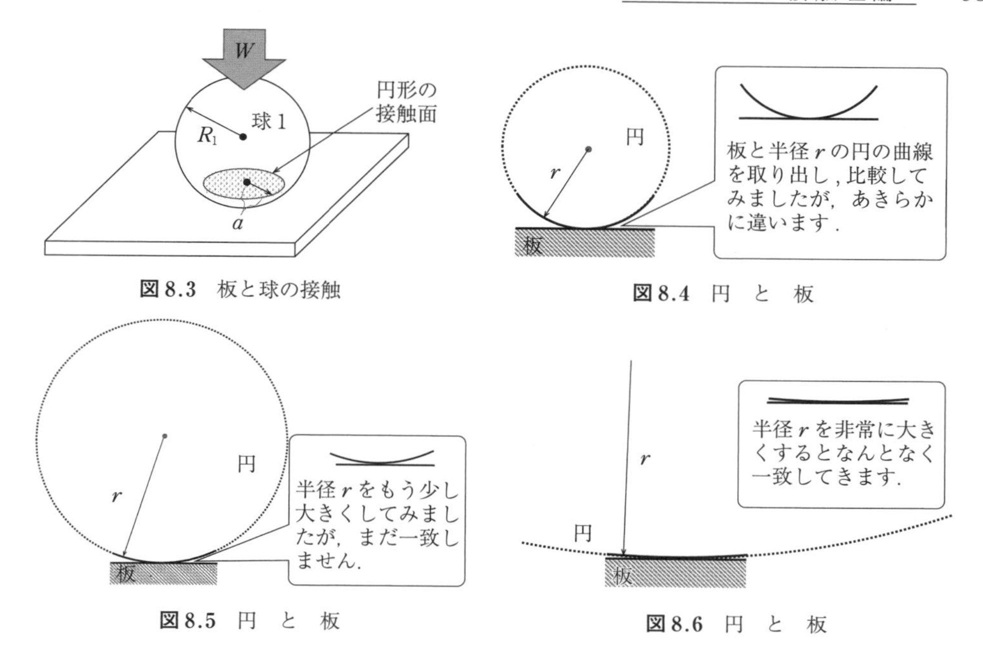

図 8.3　板と球の接触

図 8.4　円　と　板

図 8.5　円　と　板

図 8.6　円　と　板

図 8.4 に板の微小領域を取り出し，円と比較してみました．板の直線と円の曲線は明らかに違いますね．それでは**図 8.5** に示すように半径をもう少し大きくしてみましょう．図 8.4 のときと比較し，板の直線と円の曲線は近づきましたが一致はしていませんね．まだ板が円で近似できないようです．それならば**図 8.6** に示すようにさらに円の半径を大きくしてみましょう．なんとなくですが，板が円で近似できそうですね．このように，円の半径を大きくすればするほど，円の曲線は，板の直線に近づいていきます．すなわち，板の曲率半径は ∞ となります．図 8.3 の等価曲率半径 R' を求めるときは，次式のようになります．

$$\frac{1}{R'}=\frac{1}{R_1}+\frac{1}{\infty}=\frac{1}{R_1} \tag{8.7}$$

8.2.3　円柱と円柱，円柱と板が接触している状態

図 8.7 に半径 R_1 の円柱と半径 R_2 の円柱が接触している状態を示します．半径 R_1 の円柱上面から荷重 W を負荷します．円柱間の接触面は，長さ L，接触幅 $2b$ の長方形となります．接触半幅 b，平均圧力 $\overline{P}$，2 つの円柱の接触面積 A，最大圧力 P_M は次式のようになります．

$$b=\sqrt{\frac{4}{\pi}\frac{W}{L}\frac{R'}{E'}} \tag{8.8}$$

$$\overline{P}=\frac{W}{A}=\frac{W}{2bL} \tag{8.9}$$

$$A=2bL \tag{8.10}$$

$$P_M=\frac{4}{\pi}\overline{P}=\frac{2}{\pi}\frac{W}{bL}=\sqrt{\frac{WE'}{\pi R'L}} \tag{8.11}$$

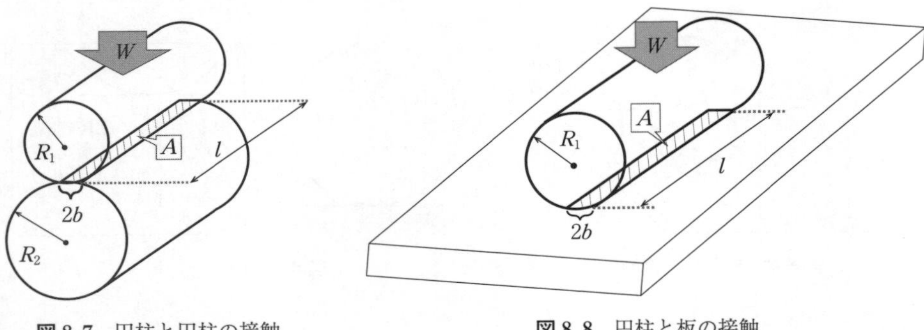

図 8.7　円柱と円柱の接触　　　**図 8.8**　円柱と板の接触

ここで，R'，E' は等価曲率半径，等価弾性係数で，式（8.1）および式（8.2）で計算します．

図 8.8 に半径 R_1 の円柱と板が接触している状態を示します．接触幅 $2b$，平均圧力 $\overline{P}$ および最大圧力 P_M を式（8.8）～（8.11）で計算します．等価弾性係数 E' を式（8.2）で，等価曲率半径 R' を式（8.7）で計算します．

8.3　接触する構造物を解析してみましょう

（課題 1） 四半円柱と四半円柱が接触する構造物の解析モデルを作成してみましょう（**図 8.9**）．円は上下左右対称であるため，円柱の代わりに四半円柱を用います．四半円柱を用いると，計算時間を短縮できます．円柱の径を $r=0.010$ m，厚みを $l=0.001$ m とします．材料を合金鋼とします．円柱の側面をローラ/スライダー拘束します．下の円柱の底面を変位固定します．上の円柱の上面に対して荷重 100 N を負荷します．

（課題 2） 総解析時間，節点数，要素数のデータを表（表 8.1（8.5 節））にまとめましょう．

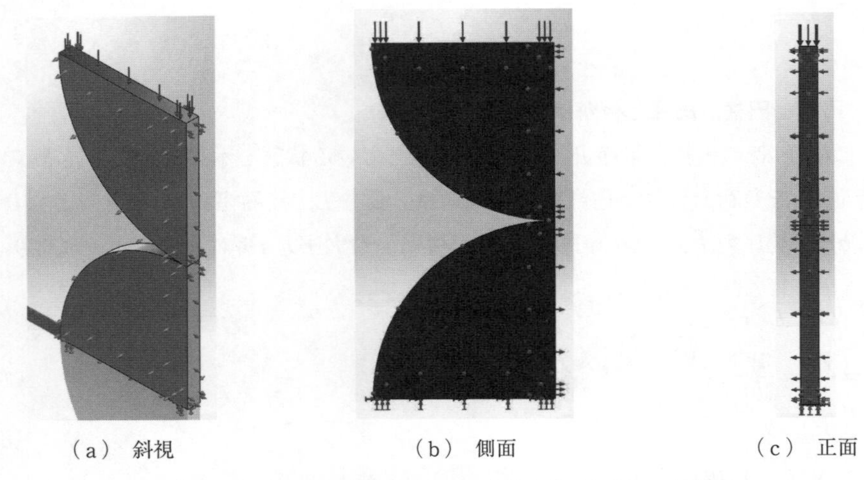

（a）斜視　　（b）側面　　（c）正面

図 8.9　四半円柱の接触解析モデル（斜視図，側面図，正面図）

（課題 3） 四半円柱どうしが接触する構造物の解析モデルの結果から，接触面積および最大圧力を読み取り，表（表 8.2（8.5 節））にまとめましょう．また SOLIDWORKS 解析値と理論値の誤差を式（3.12）を用いて計算しましょう．

（課題 4） **図 8.10** に示すような四半円柱と板が接触する解析モデルを作成してみましょう．四半円柱の径を $r=0.010$ m，長方形の板を 0.01 m×0.003 m，厚みを $l=0.001$ m とします．材料を合金鋼とします．ローラ/スライダーの機能を用い，円柱および板の側面を拘束します．板の底面の変位を固定し，四半円柱の上面に荷重 100 N を負荷します．

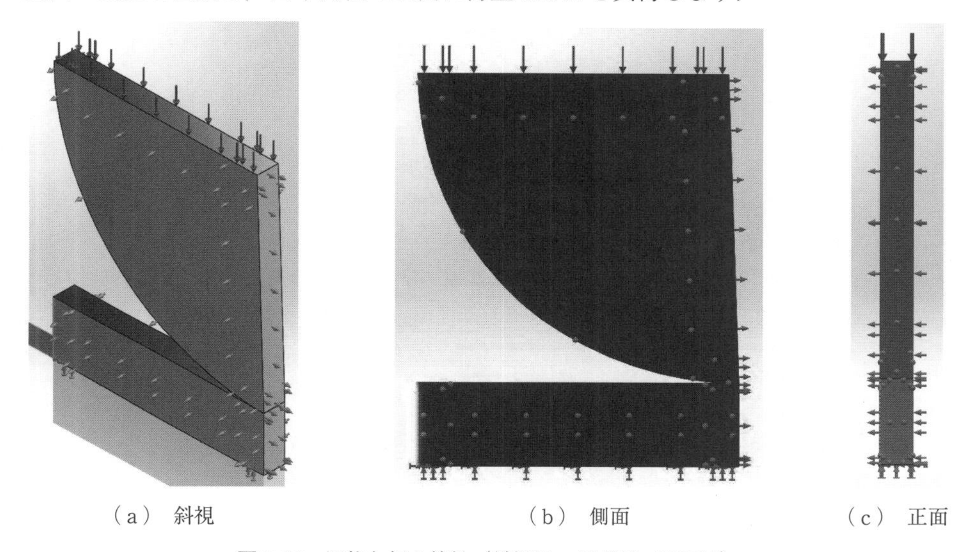

（a） 斜視　（b） 側面　（c） 正面

図 8.10　円柱と板の接触（斜視図，側面図，正面図）

（課題 5） 円柱と板の接触面積と最大圧力を表（表 8.3（8.5 節））にまとめましょう．SOLIDWORKS 解析値と理論値の誤差を式（3.12）を用いて計算しましょう．

8.4　操 作 手 順

【8.1】 SOLIDWORKS の起動と初期設定（▶【2.1】）

【8.2】 単位系の設定（▶【2.2】）

【8.3】 四半円柱の作成（図 8.11～図 8.14）

①「スケッチ」タブをクリック →②「中心点円弧」をクリック

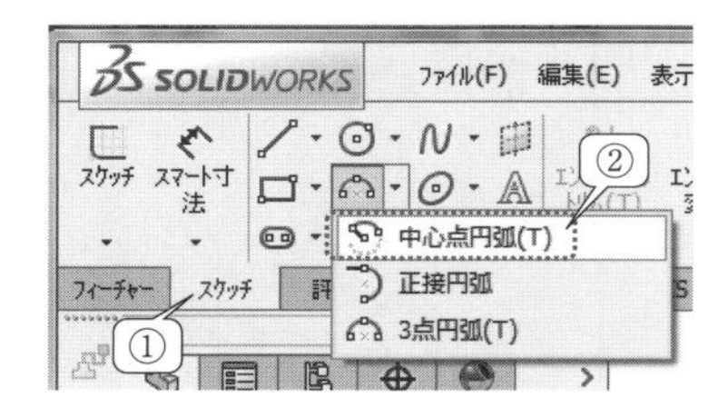

図 8.11　中心点円弧

③「Front」をクリック→④原点をクリック

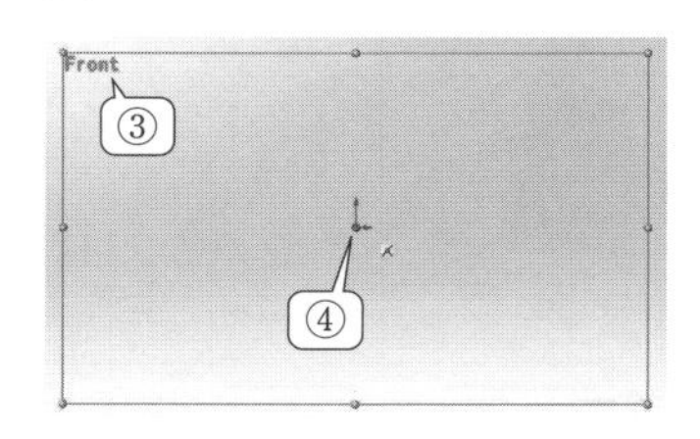

図 8.12　Front のスケッチ面

⑤円中心から離れるように，真下にポインタを移動→⑥クリック→⑦ポインタを左上に移動→⑧水平線を表示するところでクリック→⑨ 0.01 を入力→「✔」をクリック

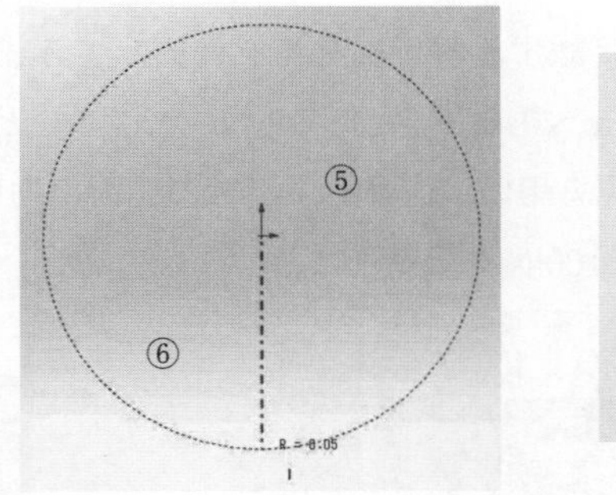

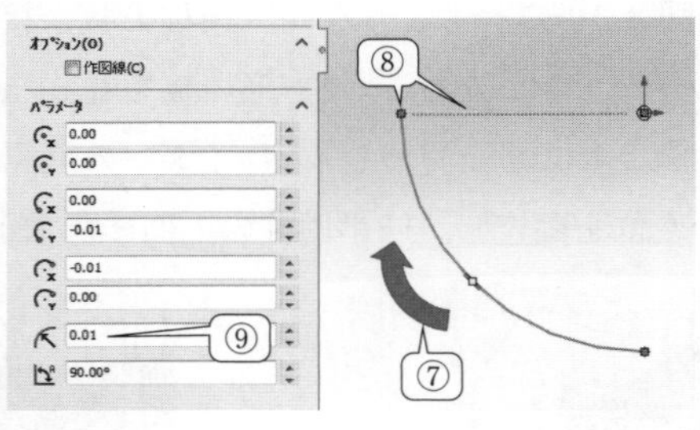

図 8.13　円 弧 作 成

○円弧の端部と原点を直線でつなぎます．⑩「スケッチ」タブをクリック→⑪「直線」をクリック→⑫円弧端部をクリック→⑬円弧中心をクリック→⑭円弧端部をクリック→「直線プロパティ」を終了するため，「✔」をクリック→「直線挿入」を終了するため「✔」をクリック

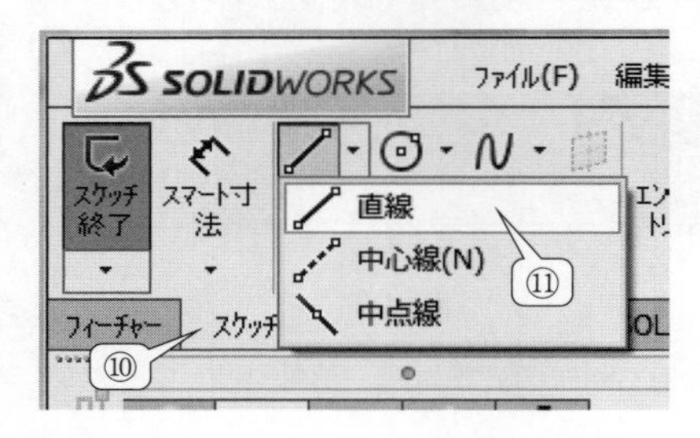

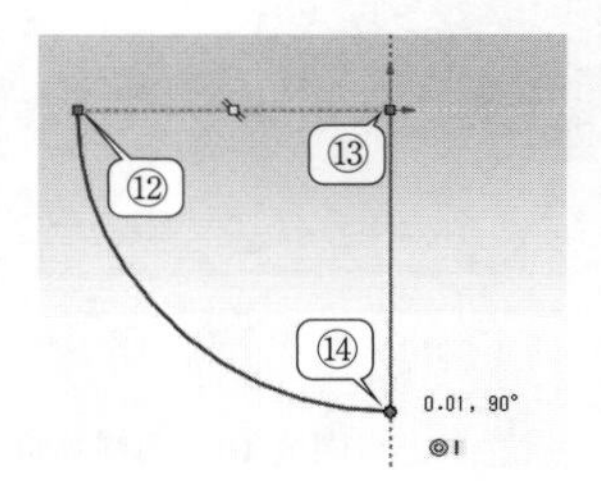

図 8.14　中心点円弧

【8.4】 中心線の作図（図 8.15）

○「エンティティミラー」で使用する中心線を作成→①「スケッチ」タブをクリック→②「中心線」を選択→③表示方向の「水平」にチェック→④端部をクリック→⑤適当なところでクリック→⑥「✔」をクリック（スケッチが終了しない場合，右クリック→選択をクリック）

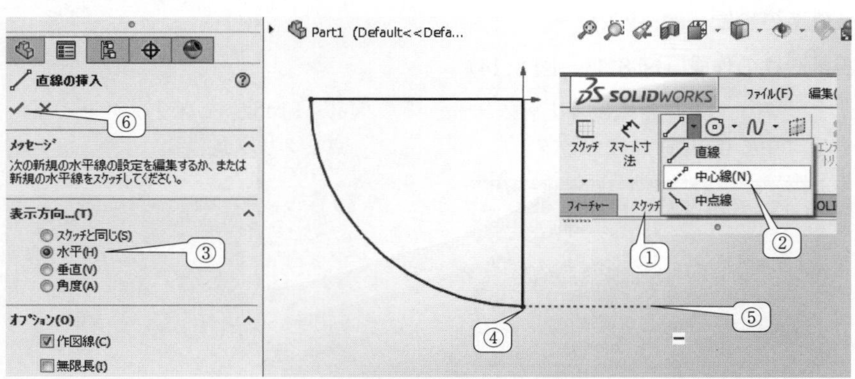

図 8.15　中心線作図

【8.5】「エンティティミラー」を用い，四半円をコピー（図 8.16）

①「スケッチ」タブを選択→②「エンティティのミラー」を選択→③「ミラーするエンティティ」のボックスに，円弧に属する直線 1，直線 2，円弧 1 を順次選択→④「ミラー基準」に中心線を選択→中心線に対して対称な形状が映し出される→⑤「✔」をクリック

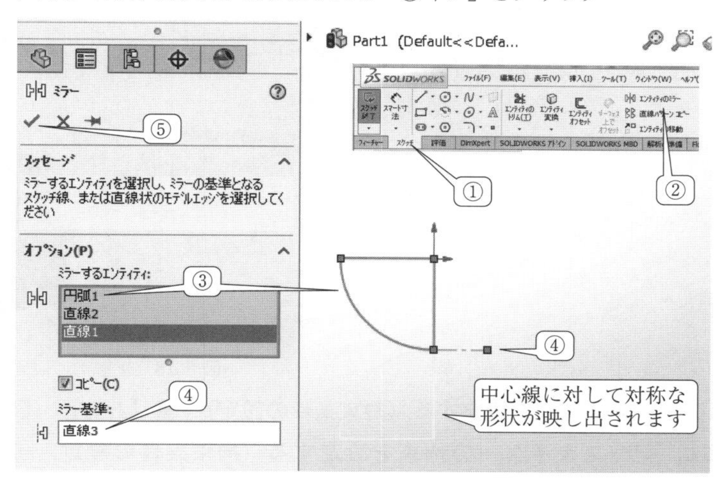

図 8.16 エンティティミラー

【8.6】3 次元形状を作成する（▶【2.5】）（図 8.17）

○「フィーチャー」→「押し出しボス/ベース」を選択→①厚さ 0.001 m を入力→② 2 つの四半円をポインタでクリック→③「✔」をクリック

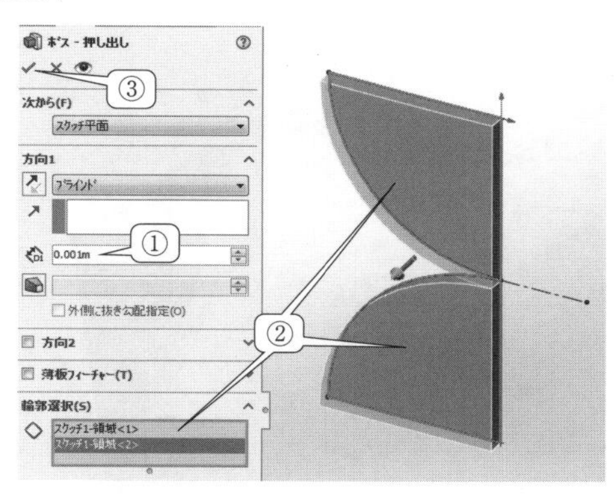

図 8.17 3 次元形状作成

【8.7】アドイン（▶【2.8】）

【8.8】単位系の設定（その 2）（▶【2.3】）

【8.9】解析の種類を選択（▶【2.9】）

○非線形解析のアイコン「非線形」をクリック→オプションとして，静解析のアイコン「 」をクリック→「✔」をクリック

【8.10】材料設定（▶【2.10】）

①「Part1」のアイコンを右クリック → ②「全てのボディに材料を適用」をクリック→③材料を「合金鋼」に設定

【8.11】接触部の設定（▶【2.13】）（図 8.18）

○「接合部」を右クリック→接触セットをクリック→① 2 つの四半円が接触する面を選択する．「面 1」をボックスに選択し，「面 2」をもう 1 つのボックスに設定（「面 1」と「面 2」が逆でも問題ない）→②詳細設定の「面—面」を選択→③「✔」をクリック

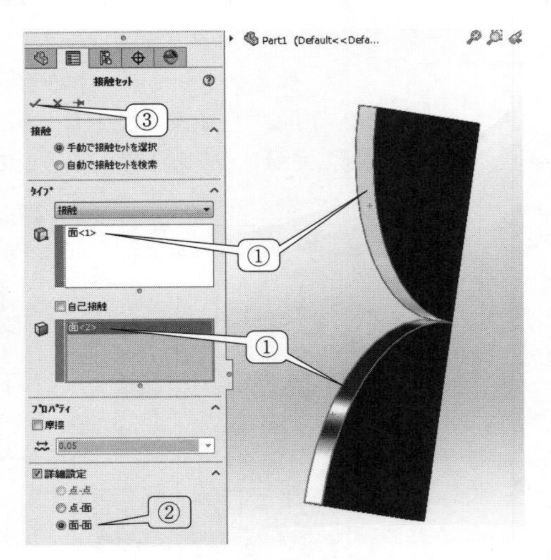

図 8.18　接触部の設定

【8.12】底面に固定ジオメトリを設定する（拘束条件の設定）（▶【2.11】）（図 8.19）

【8.13】側面にローラ/スライダーの拘束を設定する（拘束条件の設定）（▶【2.11】）（図 8.20）

○「拘束」を右クリック→「固定ジオメトリ」をクリック→①底面をポインタでクリック→②「✔」をクリック

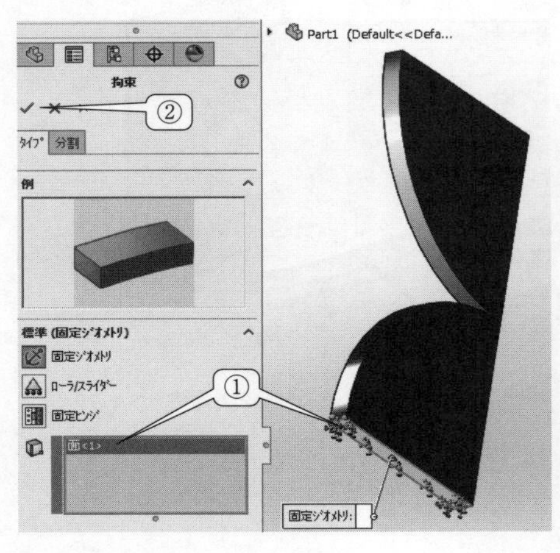

図 8.19　底面拘束（固定ジオメトリ）

○「拘束」を右クリック→「ローラ/スライダー」をクリック→①図に示すように四半円の側面（「面＜ 1 ＞」～「面＜ 4 ＞」）をクリックし，「ローラ/スライダー」を設定→②「✔」をクリック

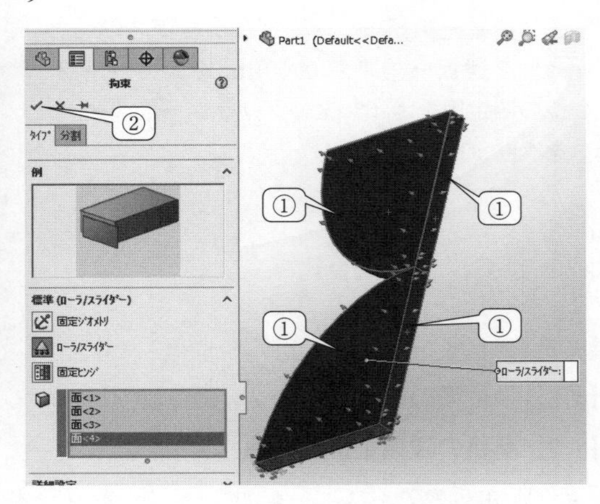

図 8.20　側面拘束（ローラ/スライダー）

（注）円柱の側面に「ローラ/スライダー」を設定する理由は，計算処理の不安定を回避するためです．例えば**図 8.21** に示すように，2 つの円柱があり，下方の円柱を変位固定します．上方の円柱に荷重を矢印の方向に負荷します．すると，上方向の円柱は滑り落ちるでしょう．このときこの円柱は右に落ちるでしょうか？左に落ちるでしょうか？恐らく 100 回程度の実験を行うと，左落下および右落下の確率はそれぞれ 50%程度になると思います．人間が予測できないような不確実な力学現象を，シミュレーションで確実に解くことはできません．そのため「ローラ/スライダー」を側面に設定します．この拘束より円の上下方向の移動はできますが，左右方向に対しては変位を固定します．

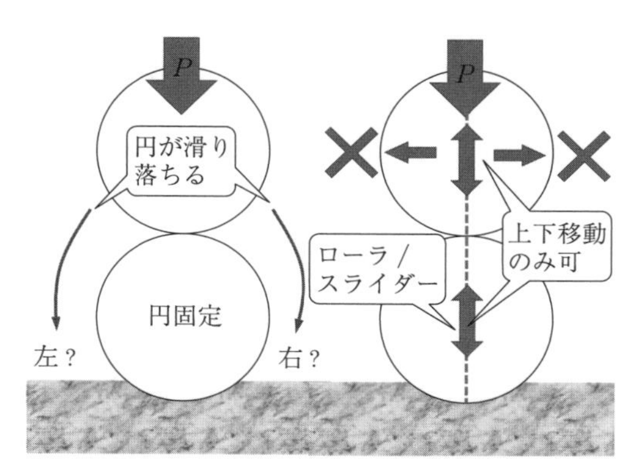

図 8.21 円柱はどちらに滑り落ちるか？

【8.14】外部荷重の設定（▶【2.12】）（**図 8.22**）

○「外部荷重」を右クリック → ○「力」をクリック→①上面をポインタでクリック→② 100 を入力→③「✔」をクリック

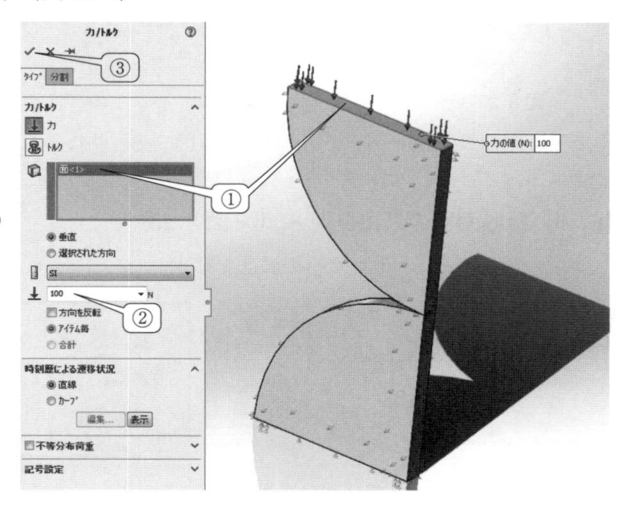

図 8.22 外 部 荷 重

【8.15】メッシュ作成（▶【2.15】）

○スライダーバーのつまみを「細い」へ移動→「✔」をクリック

【8.16】解析実行（▶【2.16】）

【8.17】ソルバのメッセージ（▶【2.17】）

○総時間数，節点数，要素数を調べ，表 8.1（8.5 節）を作成します．

【8.18】 接触圧力の可視化（図 8.23〜図 8.25）

○「結果」を右クリック→「応力図プロット定義」をクリック→①「定義」のタブをクリック→②「表示」の下の「▼」をクリックし，「CP：接触圧力」を選択→③「ベクトルプロット表示」に“✔”を入れます→④最終時間（もしくは最終ステップ）を「▲」もしくは「▼」で選択→⑤「変形図」に“✔”を入れます→⑥ラジオボタンで「ユーザー定義」を選択し，100（変形倍率）を入力→⑦「チャートオプション」のタブをクリック→⑧「最大値の表示」に“✔”を入れます→⑨「✔」をクリック

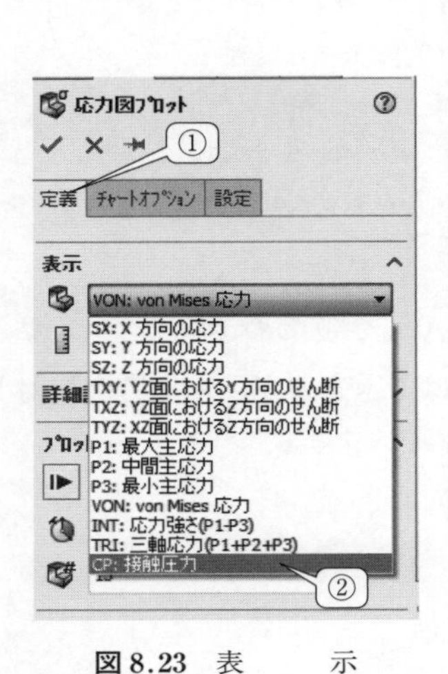

図 8.23　表　　示

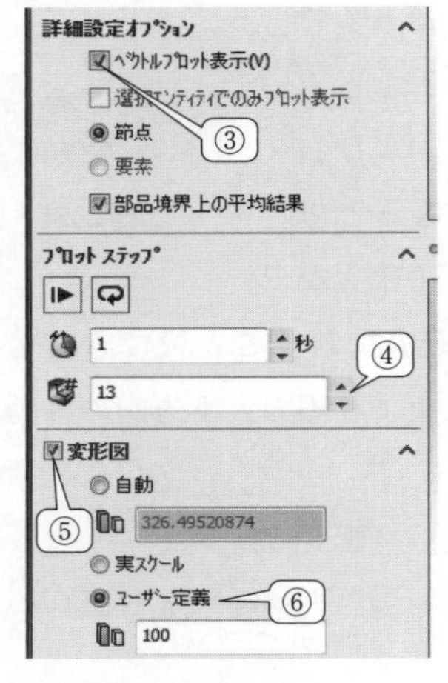

図 8.24　ベクトルプロット

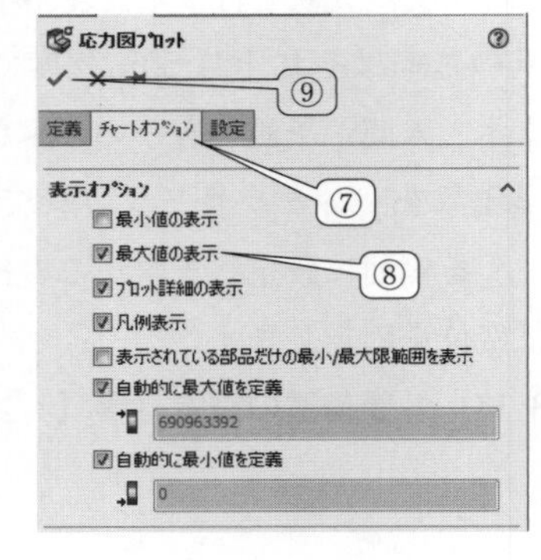

図 8.25　チャートオプション

○接触圧力の最大値がベクトルプロット上に表示されます．表 8.2（8.5 節）にその数値を書き留めます．

【8.19】 接触面積の算出（図 8.26〜図 8.28）

○接触範囲を確かめるため，接触部を拡大

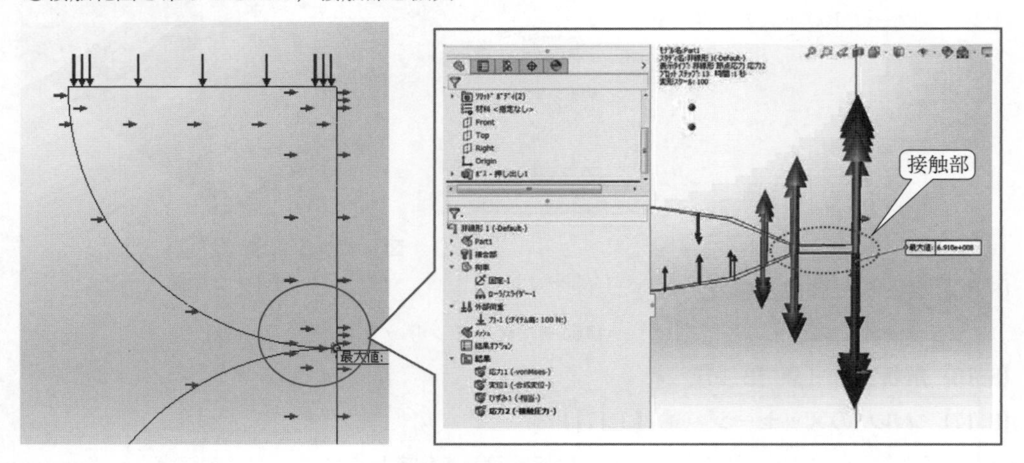

図 8.26　接触部拡大

①「ツール」をクリック→②「評価」にポインタを合わせる→③「測定」をクリック→④「単位/小数位数」のアイコンをクリック→⑤「ユーザー定義設定を使用」をラジオボタンで選択→⑥「小数位数」に8と入力→⑦「OK」をクリック→⑧「点から点まで」のアイコンをクリック

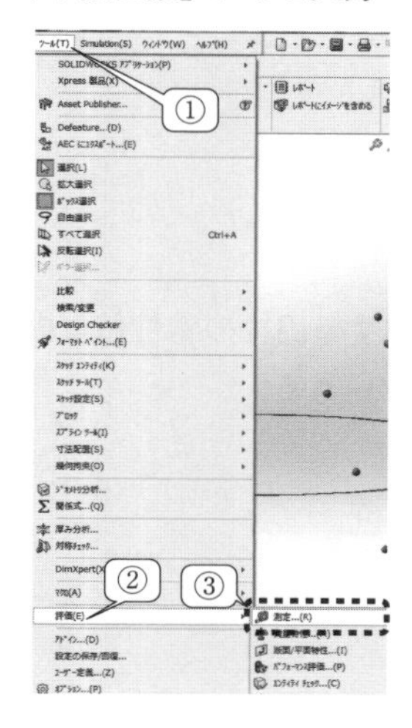

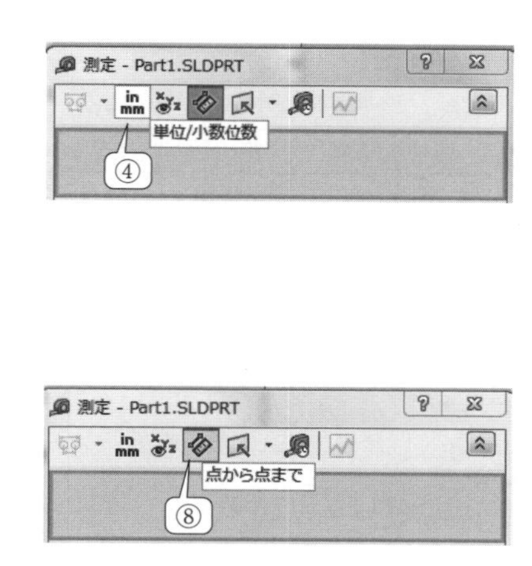

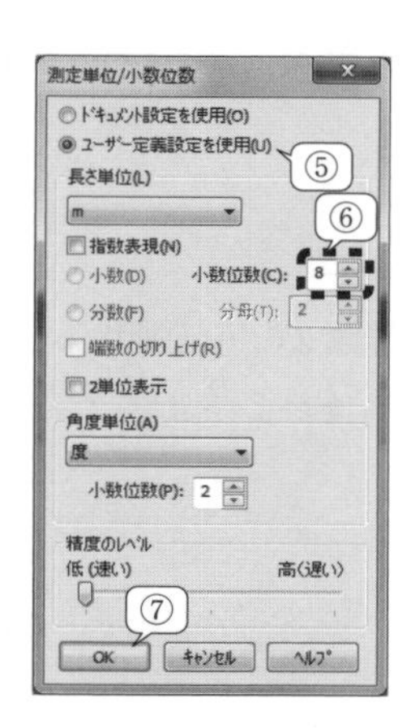

図 8.27 接触面積の算出

⑨目視で，接触部の両端を選択→⑩距離のデータを書き留めます（課題3 表8.2）．後で接触面積を求めるときに用いるデータになります．

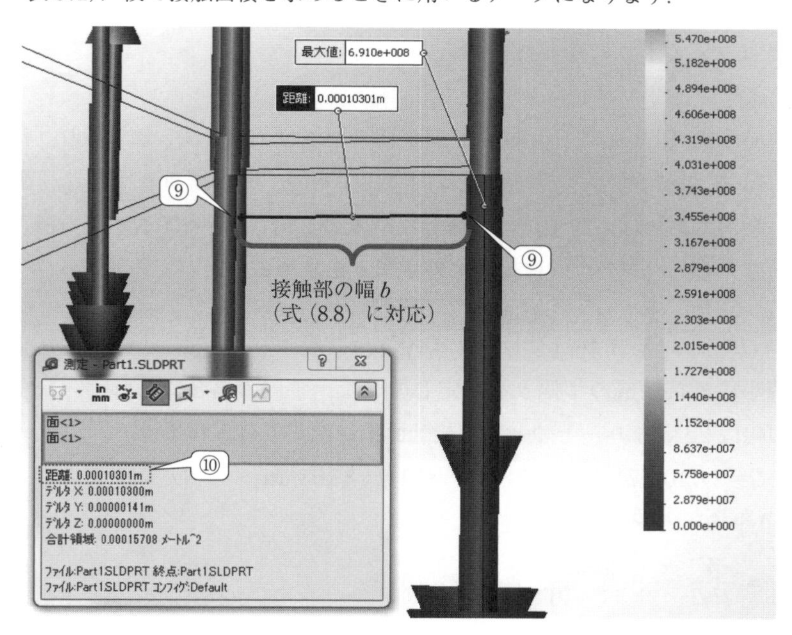

図 8.28 接触面積の測定

【8.20】 課題作成

○円柱と平板の解析モデルについても同様に解析モデルを作成し，解析します．解析結果から，課題4と課題5を作成します．

8.5　課題解答例

（**課題 1**）　8.4 節参照のこと

（**課題 2**）　解析情報を**表 8.1** に示します．

表 8.1　解 析 情 報

総解析時間	節点数	要素数
16 分 9 秒	84589	55177

（**課題 3**）等価弾性係数について，式（8.2）を用います．2 つの接触する円柱の物性値（縦弾性係数およびポアソン比）は同じです．したがって，次式のようになります．

$$\frac{1}{E'}=\frac{1-\nu^2}{E}+\frac{1-\nu^2}{E}=2\frac{1-\nu^2}{E} \tag{8.12}$$

$$E'=\frac{1}{2}\frac{E}{1-\nu^2}=\frac{1}{2}\frac{2.1\times10^{11}}{1-0.28^2}=1.14\times10^{11}\,\mathrm{Pa} \tag{8.13}$$

等価曲率半径について，式（8.1）で求めます．2 つの接触する円柱の半径は同じであるため，次式のようになります．

$$\frac{1}{R'}=\frac{1}{R_1}+\frac{1}{R_2}=\frac{1}{0.01}+\frac{1}{0.01}=\frac{2}{0.01} \tag{8.14}$$

すなわち，R' は次式のように得られます．

$$R'=0.005 \tag{8.15}$$

接触面積について式（8.10）を用います．四半円の厚さは $L=0.001\,\mathrm{m}$ であり，接触部の半幅 b は式（8.8）より求めます．解析モデルは四半円であり，その解析モデルに荷重を 100 N に設定します．半円であれば，四半円に負荷した荷重の 2 倍（$W=200\,\mathrm{N}$）が負荷されることになります．そのため，次式のように接触部の半幅 b を求めることができます．

$$b=\sqrt{\frac{4}{\pi}\frac{R'}{E'}\frac{W}{L}}=\sqrt{\frac{4}{3.14}\frac{0.005}{1.14\times10^{11}}\frac{200}{0.001}}=1.057\times10^{-4}\,\mathrm{m} \tag{8.16}$$

【8.19】で四半円の接触部の半幅 b を測定しました．半円の場合であれば，左右対称であるため接触部の幅は 2b となり，そのときの接触面積が次式で得られます．

$$A=2bL=2\times10.57\times10^{-5}\times1\times10^{-3}=21.11\times10^{-8}\,\mathrm{m}^2 \tag{8.17}$$

式（8.9）より平均圧力 $\overline{P}$ は次式で得られます．

$$\overline{P}=\frac{W}{A}=\frac{W}{2bL}=\frac{200}{21.11\times10^{-8}}=9.47\times10^{8}\,\mathrm{Pa} \tag{8.18}$$

式（8.11）より最大圧力 P_M は次式より得られます．

$$P_M=\frac{4}{3.1415}\overline{P}=\frac{4}{3.1415}\times9.47\times10^{8}=12.06\times10^{8}\,\mathrm{Pa} \tag{8.19}$$

接触解析の結果を**表 8.2** に示します．

表 8.2 接触解析の結果（四半円柱どうしの接触の場合）

項　目	理論値	SOLIDWORKS 解析値	誤差［%］
接触面積［m²］	21.11×10^{-8}	20.60×10^{-8}	2.4
最大圧力［Pa］	12.06×10^{8}	6.91×10^{8}	42.7

（**課題 4**） 8.4 節参照のこと

（**課題 5**） 等価弾性係数について，式（8.2）を用います．等価弾性係数については，円柱と円柱が接触しているタイプと同様の換算式になるため，課題 3 の解答を参照してください．等価曲率半径について，式（8.7）で求めます．

$$\frac{1}{R}=\frac{1}{R_1}+\frac{1}{\infty}=\frac{1}{0.01}+\frac{1}{\infty}=\frac{1}{0.01} \tag{8.20}$$

すなわち次式が得られます．

$$R=0.01 \tag{8.21}$$

厚さは $L=0.001$ m であり，半幅 b は式（8.8）より求めます．解析モデルは四半円であり，その解析モデルに荷重を 100 N に設定しました．半円であれば，四半円に負荷した荷重の 2 倍（$W=200$ N）が負荷されることになります．次式のように接触部の半幅 b を求めます．

$$b=\sqrt{\frac{4}{\pi}\frac{R'}{E'}\frac{W}{L}}=\sqrt{\frac{4}{3.14}\frac{0.01}{1.14\times10^{11}}\frac{200}{0.001}}=14.94\times10^{-5}\ \mathrm{m} \tag{8.22}$$

四半円の接触部の半幅 b を測定しました．半円の場合であれば，左右対称であるため接触部の幅は 2b となり，接触面積が次式で得られます．

$$A=2bL=2\times14.94\times10^{-5}\times1\times10^{-3}=29.90\times10^{-8}\ \mathrm{m}^2 \tag{8.23}$$

式（8.9）より平均圧力は次式で得られます．

$$\overline{P}=\frac{W}{2bL}=\frac{200}{2\times14.94\times10^{-8}}=6.7\times10^{8}\ \mathrm{Pa} \tag{8.24}$$

式（8.11）より最大圧力は次式より得られます．

$$P_M=\frac{4}{3.1415}\overline{P}=\frac{4}{3.1415}\times6.7\times10^{8}=8.52\times10^{8}\ \mathrm{Pa} \tag{8.25}$$

円柱と板との接触の場合の接触解析の結果を**表 8.3** に示します．

表 8.3 接触解析の結果（円柱と板との接触の場合）

項　目	理論値	SOLIDWORKS 解析値	誤差［%］
接触面積［m²］	29.90×10^{-8}	21.32×10^{-8}	28.8
最大圧力［Pa］	8.52×10^{8}	6.10×10^{8}	28.4

8.6 付録（メッシュサイズの調整）

SOLIDWORKS による解析値と理論値を比較すると，誤差が比較的大きい結果になりました．この誤差を小さくする方法はないでしょうか？一般的にはメッシュを細かく分割することになります．しかし，解析モデル全体をそのまま細かく分割すると，計算時間が増大します．PC のスペックによっては，解析結果を得るために数日は必要となり，実用的ではありません．このような場合には，観察したい円柱どうしの接触部分のみを細かくメッシュ分割することで，全体の計算時間の抑制を試みます．付録ではその操作手順を示します．まず図に示すような CAD モデルを作成し，【8.6】の作業まで終えます．

【8.21】細かくメッシュ分割する領域を作成（図 8.29～図 8.32）

○矩形中心を選択（▶【2.6】）①「Part1」の「▼」をクリックし，内容を展開 → ②「Right」をクリック（四半円の側面とスケッチする面が一致する面を選択します．）→ ③接触位置の中心にポインタを移動すると，板厚の中心位置でポインタが変化するので，この位置でクリック

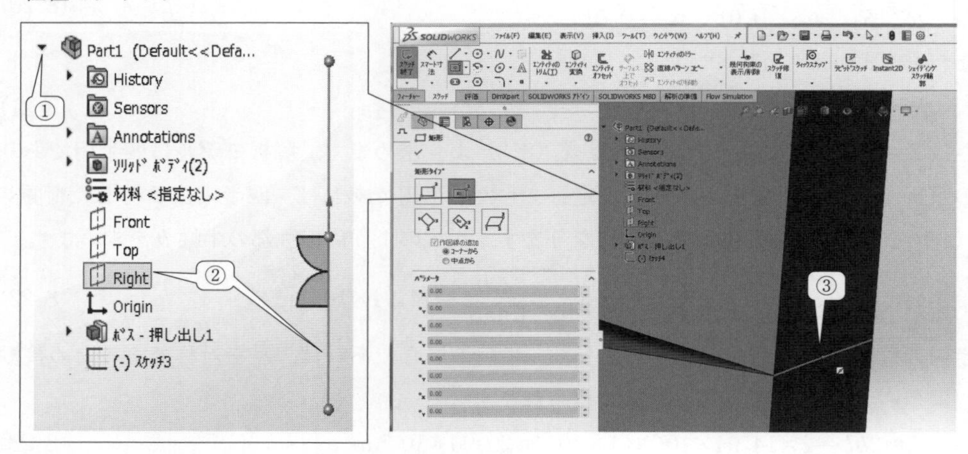

図 8.29　Right の面上でのスケッチ

○「フィーチャー」タブをクリック→④クリックした位置から離れる方向に移動→⑤適当なところでクリックし，細長い長方形を作成→⑥「✔」をクリック

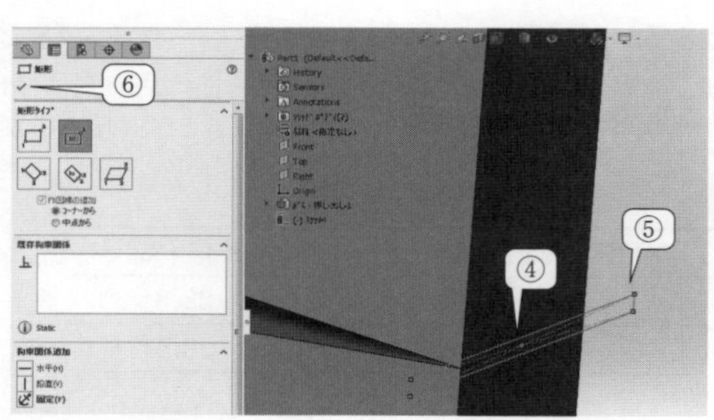

図 8.30　Right の面上でのスケッチ

⑦「カーブ」の下の「▼」をクリック→⑧「分割ライン」をクリック

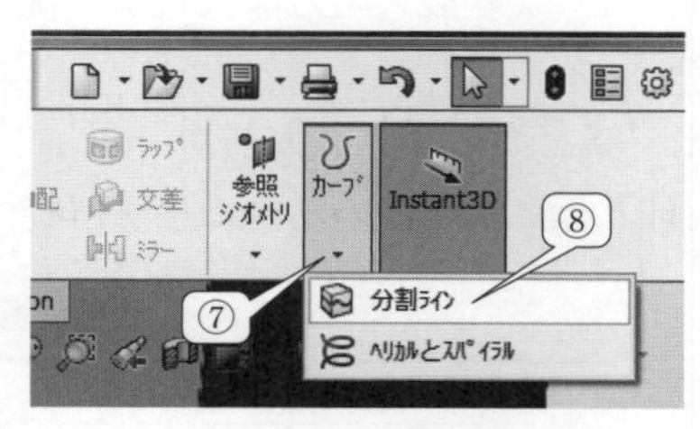

図 8.31　分割ライン

⑨「面＜１＞」～「面＜８＞」までのすべての面をポインタで選択 → ⑩「✔」をクリック→四半円柱の接触部付近において，領域が分割されていることを確認

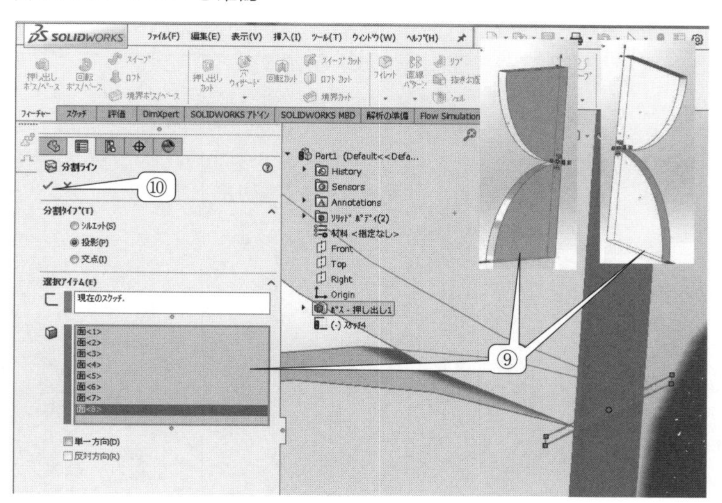

図 8.32 Right の面上でのスケッチ

【8.22】 アドイン（▶【2.8】）

【8.23】 解析の種類を選択（▶【2.9】）

【8.24】 材料設定～外部荷重設定（▶【8.10】～【8.14】）

【8.25】 メッシュを作成する（▶【2.15】）（**図 8.33～図 8.35**）

①「メッシュ」を右クリック→②「メッシュコントロール適用」をクリック

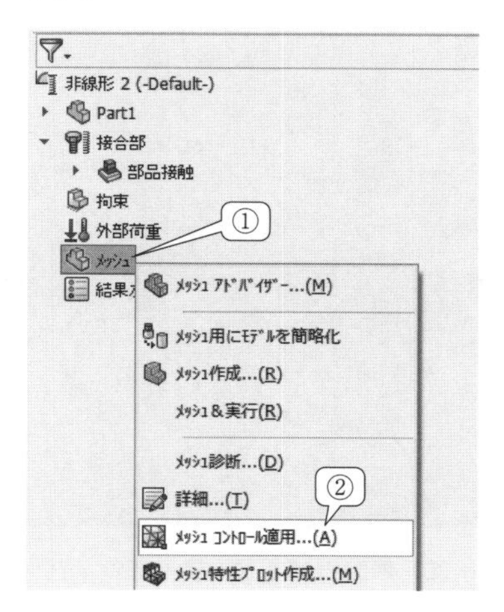

図 8.33 メッシュ

③「選択エンティティ」のボックスをクリック→④分割した領域の面をポインタで選択（6つの側面と2つの接触面の全部で8面）→⑤スライダーバーのつまみを「細い」に移動→⑥0.00001と入力（数値は要素の代表寸法を示し，この値が小さいとメッシュが細かくなる）→⑦「✔」をクリック→〇「メッシュ作成」をクリック

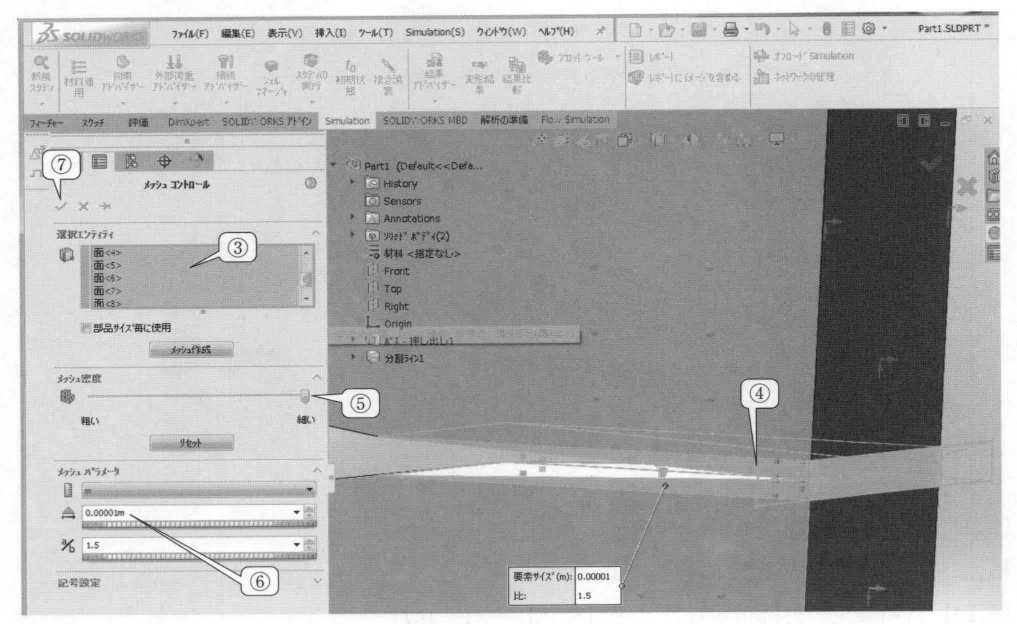

図 8.34　メッシュコントロール

⑧接触部付近の拡大図を示します．接触部付近はメッシュが細かく，接触部から遠ざかるに従ってメッシュが粗くなることがわかります

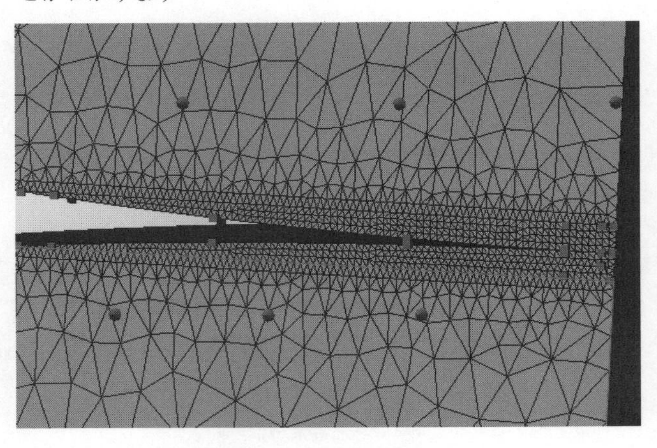

図 8.35　四半円どうしの接触部のメッシュ

9章　一自由度系の振動（過渡応答解析）

9.1　振動解析

洗濯機（乾燥機），冷蔵庫，空調機（扇風機），掃除機などの家電製品が動作するためには，動力源を必要とします．この動力源はモータを必要とし，このモータが家電製品の機械的な振動を引き起こすことになります．その振動の性質によっては，破損や騒音などの問題を引き起こします．**振動解析**より，問題となる振動モードや固有振動数などをよく観察することで対策を検討する必要があります．振動解析には，よく行われる2つの解析タイプがあります．過渡応答解析（時刻歴応答解析）と周波数応答解析です．過渡応答とは，物体の時間的な変化を対象にします．したがって，横軸は時間，縦軸は変位（もしくは，速度，加速度など）とするグラフを作成することになります．本章では，SOLIDWORKSを用いた過渡応答解析について学びます．

9.2　線形動解析

CAEの分野では，振動解析のことを**線形動解析**などと呼んだりします．3章から8章の解析は，線形静解析もしくは，非線形静解析でした．静解析と動解析とはなにが違うのでしょうか？ひとことで述べるならば，時間的な物理量の変化を含むか，含まないかということになります．具体的には，式（3.4）に示すように静解析では剛性項と外力項からなる方程式を解くことでした．動解析では，その方程式に時間的な変化が生じる**慣性項**および**減衰項**を追加します．動解析で用いる支配方程式は次式のようになります．

$$[M]\{\ddot{u}\}+[C]\{\dot{u}\}+[K]\{u\}=\{f\} \tag{9.1}$$

[　] は行列，{　} はベクトルを示します．$[M]$ は慣性行列，$[C]$ は減衰行列を示します．u は変位を示します．u の上にある2つの黒丸 ¨ および1つの黒丸 ˙ は，それぞれ時間 t に対する2階微分もしくは1階微分を示し，加速度および速度を意味します．静解析では，式（9.1）の加速度 $\ddot{u}=0$ および速度 $\dot{u}=0$ として，変位ベクトル $\{u\}$ を計算していました．動解析では，速度，加速度も計算します．解析モデルのメッシュ上のすべての節点が速度や加速度を有するため，時間経過とともに，解析モデルが移動し始めます．

9.3　一自由度系の減衰自由振動

図9.1に示す**一自由度系**の振動モデルを示します．静止している構造物に対して，一時的に外力を加えます．その後，外力がゼロであっても，減衰がない場合（$[C]=0$），構造物は永続的に振動します．このような振動を**自由振動**と呼びます．現実的にはありませんが，減衰の影

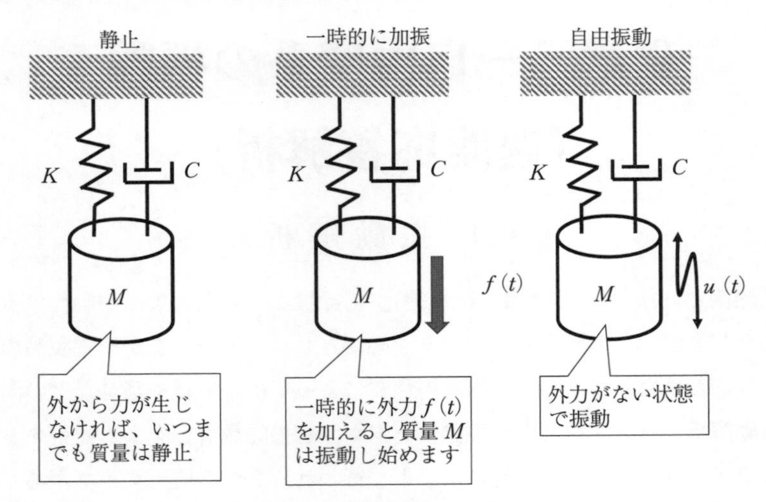

図 9.1　一自由度系の振動モデル

響がない場合は，自由振動は維持されます．減衰（$[C]\neq 0$）があれば時間が経過するとともに，その振動は小さくなり，やがてまた，構造物は静止します．このような振動を**減衰振動**と呼びます．一方で永続的に外力を加える場合では，減衰の影響があったとしても永続的に振動します．このような振動を**強制振動**と呼びます．本章では，静止した針金付き分銅を例に**過渡応答解析**による自由振動および減衰振動を例にとりあげます．

図 9.1 に示す振動モデルを一自由度系の振動モデルと呼びます．この運動方程式は次式のように表すことができます．

$$M\ddot{u}+C\dot{u}+Ku=f(t) \tag{9.2}$$

一自由度系とは，質量，ばね，減衰，外力がそれぞれ 1 つしかありません．そのため，式 (9.1) の $[M]$ を M，$[C]$ を C，$[K]$ を K などに置き換え，運動方程式を記述します．外力 $f(t)$ を時間波形で与えます．初期状態では分銅は静止しています．その分銅に対して，一時的に外力，すなわち強制加振を加えます．分銅が振動し始めますが，外力を加えている間，振動は自由振動と強制振動が共存します．この振動を**過渡振動**と呼びます．再び，外力を取り除きます．すると減衰の影響がない場合，一時的な不規則な振動を経て，永続的に規則性のある**定常振動**へと振動状態が変わっていきます．

9.4　減衰がない一自由度系の振動

減衰がない一自由度系の自由振動を考えてみましょう．このタイプの振動現象の特徴となる変数には，固有振動数と周期があります．固有振動数とは，構造物にどのように一時的に加振しても時間が十分に経過すれば，ある決まった振動数で，その構造物は振動することです．一自由度系の振動モデルの固有角振動数 ω_n は次式で計算することができます．

$$\omega_n=\sqrt{\frac{K}{M}} \tag{9.3}$$

K はばね定数，M は質量を示します．一自由度系の振動モデルにおける周期とは，波の山と山（もしくは谷と谷）の時間間隔を示します．周期 T と固有角振動数 ω_n との間には次式のような関係があります．

$$T=\frac{2\pi}{\omega_n} \tag{9.4}$$

9.5 減衰係数の求め方

図 9.2 に示すように減衰がある一自由度系の振動について考えてみましょう．

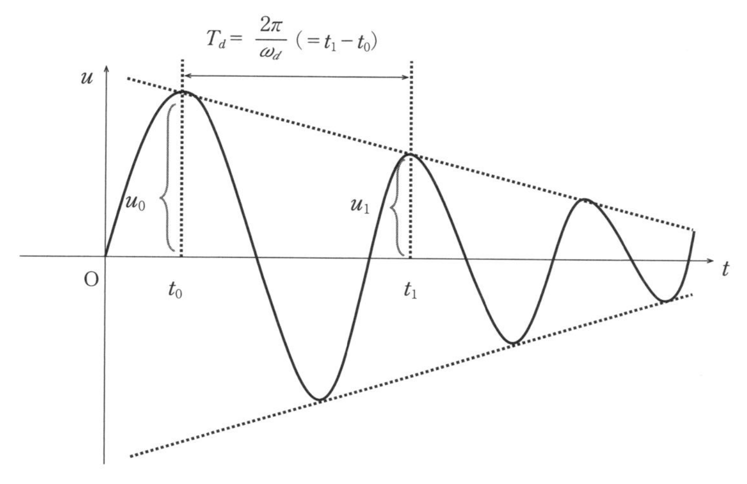

図 9.2 減衰する波

一自由度系の運動方程式は式（9.2）で表すことができました．本章では自由振動を考えていきます．初期条件として一自由度系の振動モデルが静止しているとします．その後，時間 $t=0$ のとき，短い時間に外力 $f(t)$ を加えます．非常に短い時間で外力 $f(t)$ が 0 になったとします．運動方程式は次式となります．

$$M\ddot{u}+C\dot{u}+Ku=0 \tag{9.5}$$

式（9.5）の解を次式で仮定します．

$$u=Xe^{\lambda t} \tag{9.6}$$

式（9.6）を時間で微分し，式（9.5）に代入すると次式が得られます．

$$(M\lambda^2+C\lambda+K)Xe^{\lambda t}=0 \tag{9.7}$$

振幅 $X=0$ のとき $u=0$ となり，変位 u に変化がないため振動しないことになります．またどのような λ や t を代入しても，$e^{\lambda t}\neq 0$ になります．そのため，式（9.7）を満たす λ は次式になります（i は虚数）．

$$\lambda=\frac{-C\pm\sqrt{C^2-4MK}}{2M}=-\zeta\omega_n\pm i\omega_d \tag{9.8}$$

ただし，ζ および ω_d は次式のようになります．

$$\zeta=\frac{C}{2\sqrt{MK}} \tag{9.9}$$

$$\omega_d=\omega_n\sqrt{1-\zeta^2} \tag{9.10}$$

式（9.3）は固有振動数 ω_n を示します．式（9.8）の 2 つの解を λ_1 と λ_2 とすると，$e^{\lambda_1 t}$ と $e^{\lambda_2 t}$ はたがいに共役な複素数となるため，運動方程式（式（9.5））の解は次式のようになります．

$$\begin{aligned}
x&=(a+ib)e^{\lambda_1 t}+(a-ib)e^{\lambda_2 t}\\
&=(a+ib)e^{(-\zeta\omega_n+i\omega_d)t}+(a-ib)e^{(-\zeta\omega_n-i\omega_d)t}\\
&=(a+ib)e^{-\zeta\omega_n t}e^{i\omega_d t}+(a-ib)e^{-\zeta\omega_n t}e^{-i\omega_d t}\\
&=(a+ib)e^{-\zeta\omega_n t}(\cos\omega_d t+i\sin\omega_d t)\\
&\quad+(a-ib)e^{-\zeta\omega_n t}(\cos\omega_d t-i\sin\omega_d t)\\
&=e^{-\zeta\omega_n t}(2a\cos\omega_d t-2b\sin\omega_d t)\\
&=2\sqrt{a^2+b^2}\,e^{-\zeta\omega_n t}\left(\frac{a}{\sqrt{a^2+b^2}}\cos\omega_d t-\frac{b}{\sqrt{a^2+b^2}}\sin\omega_d t\right)\\
&=Ae^{-\zeta\omega_n t}(\sin\varphi\cos\omega_d t+\cos\varphi\sin\omega_d t)=Ae^{-\zeta\omega_n t}\sin(\omega_d t+\varphi)
\end{aligned} \tag{9.11}$$

a および b は定数を示します．途中の過程で次式の関係を用います．

$$A=2\sqrt{a^2+b^2} \tag{9.12}$$

$$\sin\varphi=\frac{a}{\sqrt{a^2+b^2}} \tag{9.13}$$

$$\cos\varphi=-\frac{b}{\sqrt{a^2+b^2}} \tag{9.14}$$

振動の波の山から山までの周期は次式のようになります．

$$T_d=\frac{2\pi}{\omega_d} \tag{9.15}$$

図 9.2 に示したように時刻 t_0 で変位 u_0 の大きさの波の山があったとします．

$$u_0=Ae^{-\zeta\omega_n t_0}\sin(\omega_d t_0+\varphi) \tag{9.16}$$

次に，時刻 t_1 で変位 u_1 の大きさの波の山があったとします．

$$u_1=Ae^{-\zeta\omega_n t_1}\sin(\omega_d t_1+\varphi) \tag{9.17}$$

変位 u_1 と変位 u_0 の比をとると次式が得られます．

$$\begin{aligned}
\frac{u_1}{u_0}&=\frac{Ae^{-\zeta\omega_n t_1}\sin(\omega_d t_1+\varphi)}{Ae^{-\zeta\omega_n t_0}\sin(\omega_d t_0+\varphi)}\\
&=e^{-\zeta\omega_n(t_1-t_0)}\\
&=e^{-\zeta\omega_n T_d}\\
&=e^{-\zeta\omega_n\frac{2\pi}{\omega_d}}\\
&=e^{-2\pi\zeta}
\end{aligned} \tag{9.18}$$

式（9.18）において，$t_1-t_0=T_d$ とします．一般には減衰比は $1>>\zeta^2$ であるため，$\omega_d \fallingdotseq \omega_n$ である関係式を用いました．**減衰比** ζ，および**減衰係数** C は次式のように求めることができます．

$$\zeta=-\frac{1}{2\pi}\ln\left(\frac{u_1}{u_0}\right) \tag{9.19}$$

$$C=2\zeta\sqrt{MK}=-\frac{\sqrt{MK}}{\pi}\ln\left(\frac{u_1}{u_0}\right) \tag{9.20}$$

9.6　ばね定数の求め方

図 9.3 に示すように針金を円柱でモデル化します．円柱端部を固定し，もう一方の端部に外力 F を負荷します．変位する方向とは逆向きに部材が元の位置に戻ろうとする内力が発生します．円柱の応力 σ，弾性係数 E，断面積 A，初期の長さ l_0 および変位 u とすると，応力とひずみの関係はフックの法則から次式のような関係が導出されます．

$$\sigma=E\varepsilon=E\frac{l-l_0}{l_0}=E\frac{u}{l_0} \tag{9.21}$$

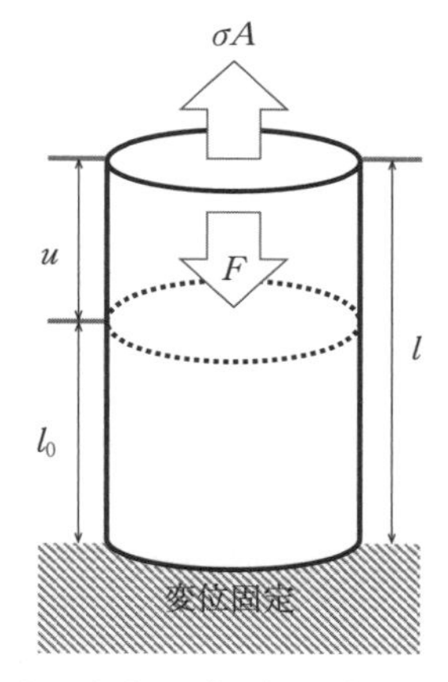

図 9.3　針　　金

変数 l は円柱の長さを示します．式（9.21）の両辺に円柱の断面積 A をかけてみます．

$$\sigma A=\frac{EA}{l_0}u \tag{9.22}$$

外力 F と内力 $\sigma\times A$ とは次式のような関係があります．

$$\begin{aligned} F&=-\sigma A \\ &=-\frac{EA}{l_0}u \end{aligned} \tag{9.23}$$

ばねの方程式 $F=-Ku$ と比較すると，ばね定数 K を次式のように表すことができます．

$$K=\frac{EA}{l_0} \tag{9.24}$$

9.7　一自由度系の自由振動を解析してみましょう

（**課題1**）一自由度系の解析モデルを作成しましょう．

図9.4に示す針金付きの分銅の解析モデルを作成しましょう．巨大な分銅になりますが，簡単のため，針金の長さを10 m，半径を0.01 mとします．分銅の長さを1.0 m，半径を0.5 mとします．材料を合金鋼に設定します．針金の上面を変位拘束します．減衰係数を0.0としておきます．**図9.5**に示すような時間波形を有する外力を負荷します．0.0 sから0.3 sのきわめて短い時間に外力が発生する設定になります．全体の解析時間を開始時間0.0 sから終了時間1.0 sとします．

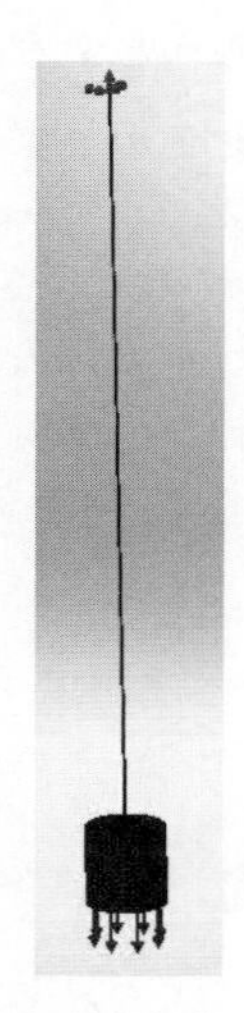

図9.4　針金付きの分銅

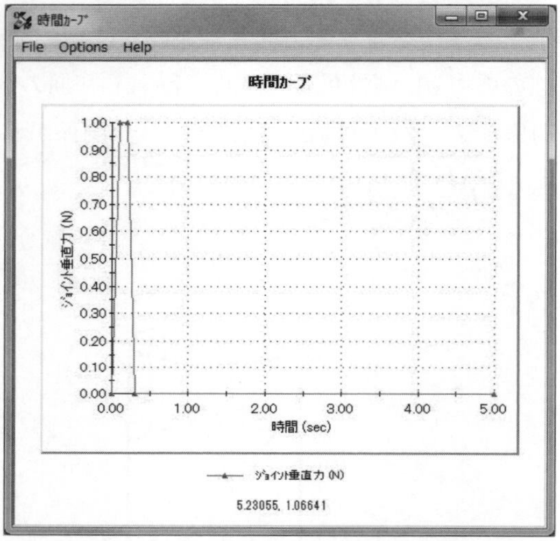

図9.5　外力 $f(t)$ の時間波形

（**課題2**）総解析時間，節点数，要素数，質量およびばね定数のデータを表（表9.2（9.9節））にまとめましょう．

（**課題3**）横軸を時間，縦軸を分銅の変位としたときのグラフ（図9.30（9.9節））を描いてみましょう．また，式（9.3），（9.4）を用い，機械振動学による理論とSOLIDWORKS解析による周期と固有振動数を比較して表（表9.3（9.9節））にまとめましょう．ただし減衰はないものとします．

（**課題4**）次に減衰を0.1に設定します．横軸を時間，縦軸を分銅の変位としたときのグラフ（図9.31（9.9節））を描いてみましょう．同様に周期および固有振動数を比較して表（表9.4（9.9節））にまとめましょう．図9.2に示すようにグラフの波の山と山の比から，式（9.19）を用いて減衰比を計算し，設定値0.1と比較してみましょう．

9.8 操 作 手 順

【9.1】SOLIDWORKS の起動と初期設定（▶【2.1】）

【9.2】単位系の設定（その 1）（▶【2.2】）

【9.3】矩形のスケッチ（▶【2.6】）（**図 9.6〜図 9.7**）

①x 方向（横）に -0.5 m，y 方向（縦）に -1.0 m の長方形をスケッチする →②終わったら左上の「✔」をクリック→続けて，「スケッチ」タブを選択し，「矩形コーナー」をクリック→③原点をクリック→④x 方向に -0.01 m，y 方向に 10 m の長方形をスケッチする →⑤終わったら左上の「✔」をクリック

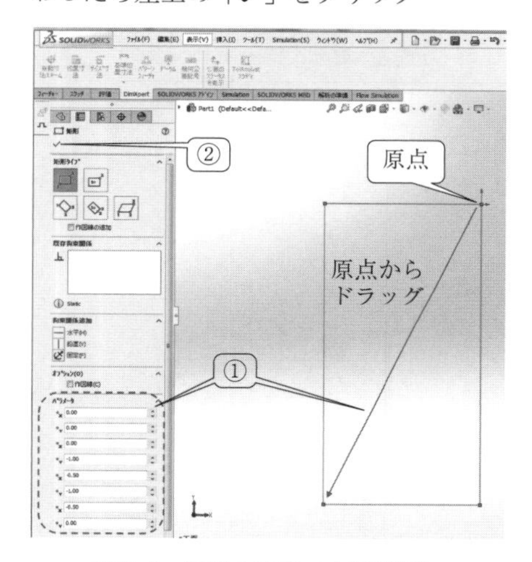

図 9.6　矩形の作成（分銅外形）

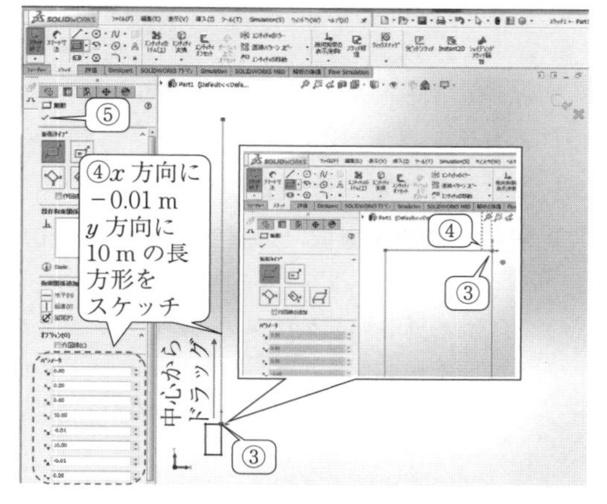

図 9.7　矩形の作成（針金外形）

【9.4】針金付き分銅の作成（**図 9.8〜図 9.9**）

①「フィーチャー」タブをクリック→②「回転ボス/ベース」をクリック→③「回転軸（直線）」を選択

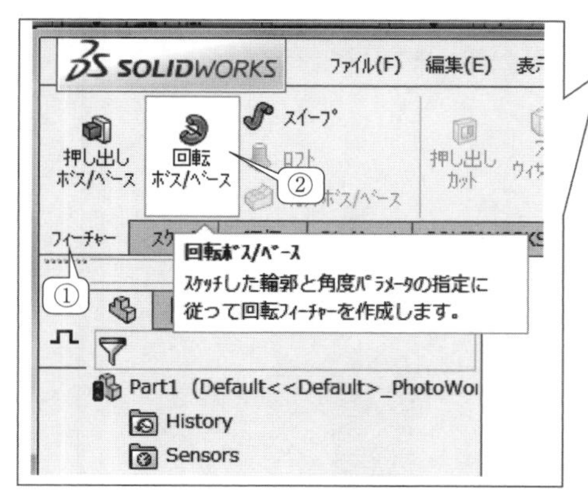

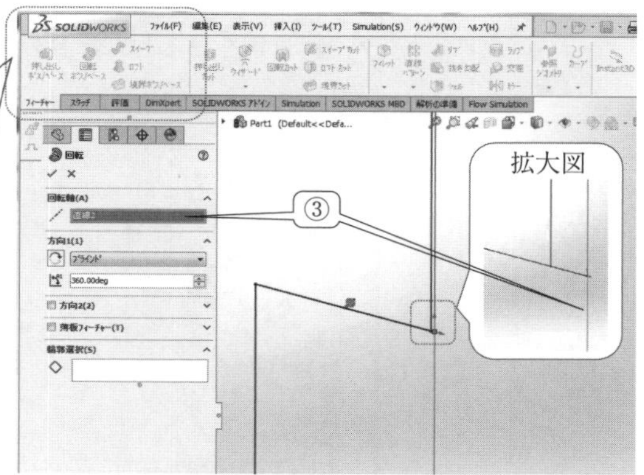

図 9.8　3 次元形状の作成 1

④2つの矩形（分銅のもとになる矩形と針金のもとになる矩形）を選択→⑤「✔」をクリック

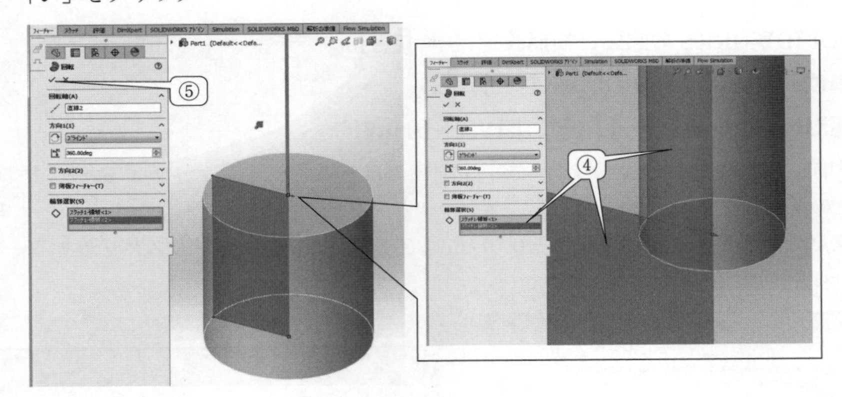

図 9.9　3次元形状の作成 2

【9.5】アドイン（▶【2.8】）

【9.6】単位系の設定（その 2）（▶【2.3】）

【9.7】解析の種類を選択（▶【2.9】）（**図 9.10**）

①線形動解析をクリック→②オプションの中の「モーダル時刻歴」をクリック→「✔」をクリック（p.122「なぜ線形なのか」参照）

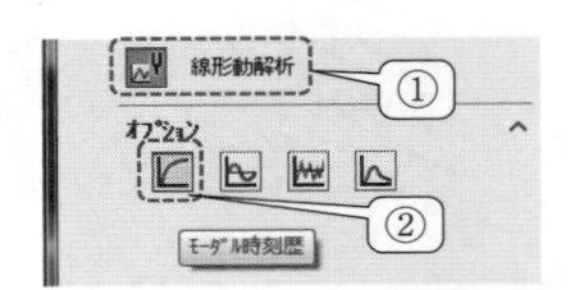

図 9.10　モーダル時刻歴

【9.8】材料設定（▶【2.10】）

○「Part1」のアイコンにポインタを合わせ，マウスの右ボタンをクリック →「全てのボディに材料を適用」をクリック→材料を「合金鋼」に設定

【9.9】拘束の設定（▶【2.11】）（**図 9.11**）

○「拘束」を右クリック→「固定ジオメトリ」をクリック→①分銅を吊るした針金の円端面を選択→②「✔」をクリック

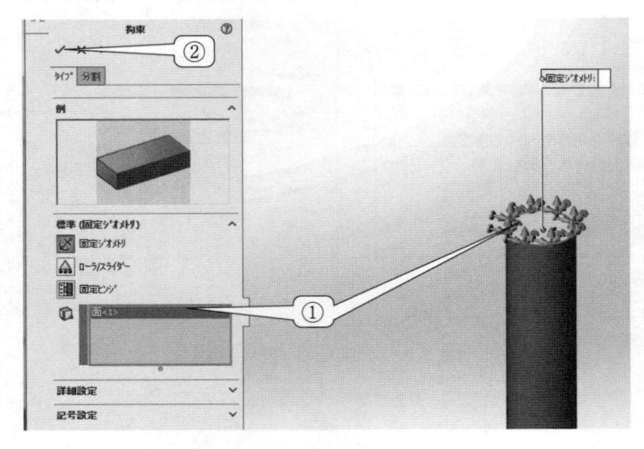

図 9.11　拘束（固定ジオメトリ）

【9.10】外部荷重の設定（▶【2.12】）（図 9.12）

○「外部荷重」を右クリック→「力」をクリック→①分銅の下面を選択→②「力」を 1.0 N に設定→③「方向を反転」にチェック→④「カーブ」にチェック→⑤「編集」をクリック→⑥左端の番号をクリックし，数値を入力するボックスを追加．番号（例えば「1」）をクリックし，「1」から「5」の入力ボックスを作成→⑦数値を入力→⑧「OK」を押す→⑨力/トルクの設定画面を終了するため「✔」をクリック

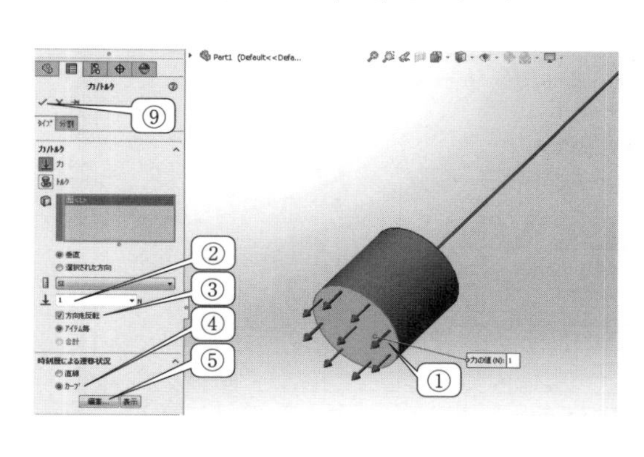

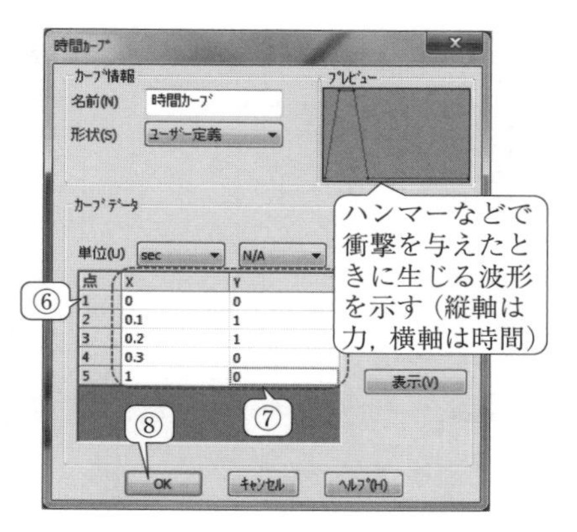

点	X	Y
1	0	0
2	0.1	1
3	0.2	1
4	0.3	0
5	1	0

図 9.12 外部荷重と時間カーブ

【9.11】メッシュ作成（▶【2.15】）

①スライダーバーのつまみを「細い」へ移動させます．→②「✔」をクリック

【9.12】解析時間の設定（図 9.13〜図 9.14）

①「動解析 1」を右クリック→②「プロパティ」をクリック

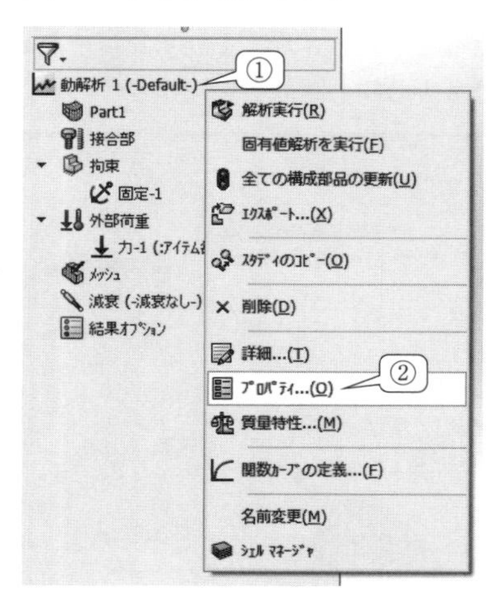

図 9.13 プロパティ

③「動解析オプション」のタブをクリック→④「終了時間」のボックスに 1 を入力→⑤「OK」をクリック

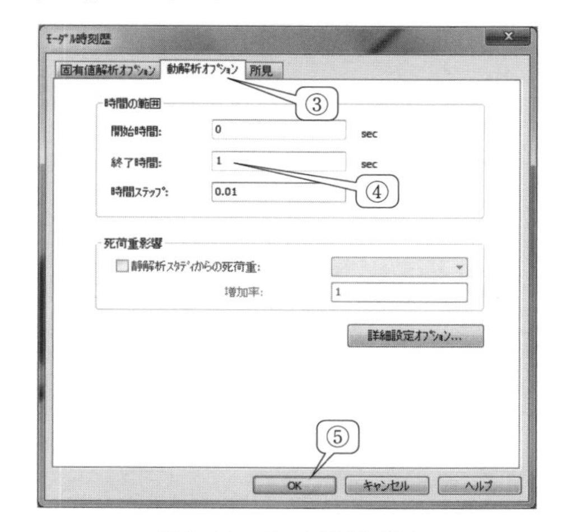

図 9.14 モーダル時刻歴

【9.13】解析実行（▶【2.16】）

【9.14】ソルバのメッセージ（▶【2.17】）

○節点数，要素数，および総解析時間を書き留めます（課題 2）

【9.15】質量特性（▶【2.18】）（課題 2）

○「動解析」を右クリック→「質量特性」をクリック→分銅の質量を表に書き留めます．（注）表示の質量について，分銅と針金の合計の質量を示すため，厳密には針金の質量を差し引く必要があります．

【9.16】変位図プロット定義の編集（図 9.15～図 9.17）

①「結果」を右クリック→②「変位図プロット定義」を選択

③表示の「UY：Y 方向変位」を選択→④単位を「m」に変更 →⑤「✔」をクリック

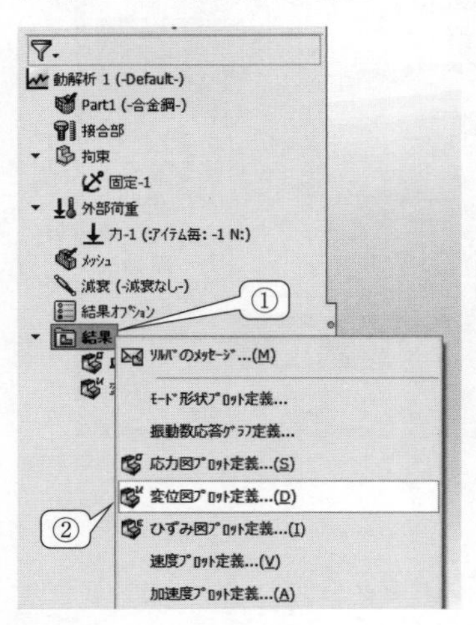

図 9.15　変位図プロット定義

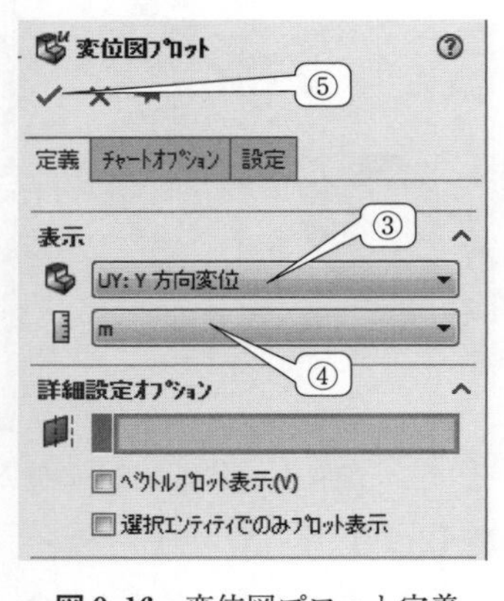

図 9.16　変位図プロット定義

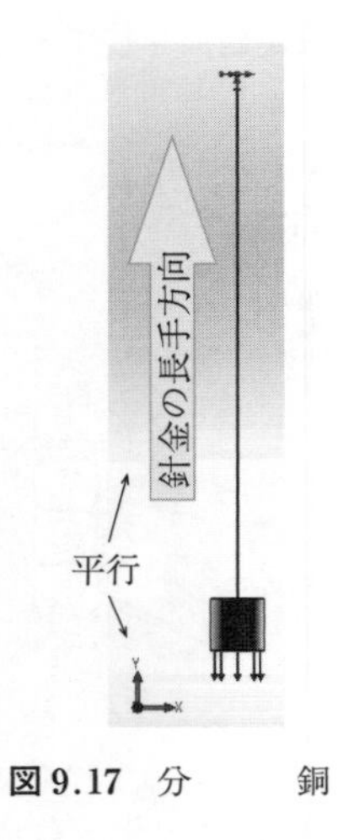

図 9.17　分　　銅

【9.17】　時刻歴応答作成　（図 9.18～図 9.19）

①結果の「変位（-Y 変位-）」を右クリック→②「問い合わせ」を選択→③解析モデルの分銅の側面をクリック．結果のボックスにクリックした節点番号が表示されます→④レポートオプションの「応答」をクリック（データが出力されるまで多少の待ち時間必要）

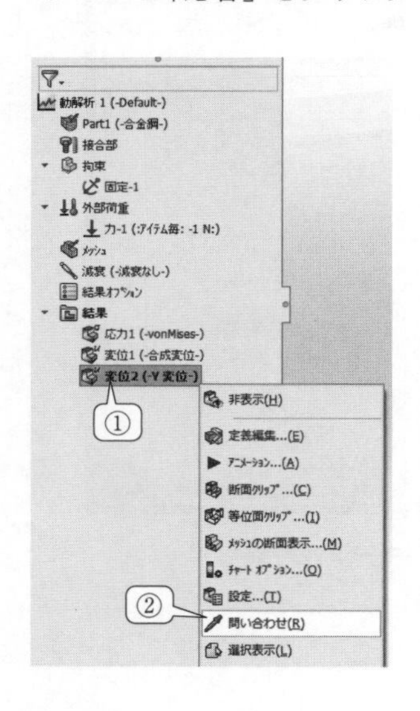

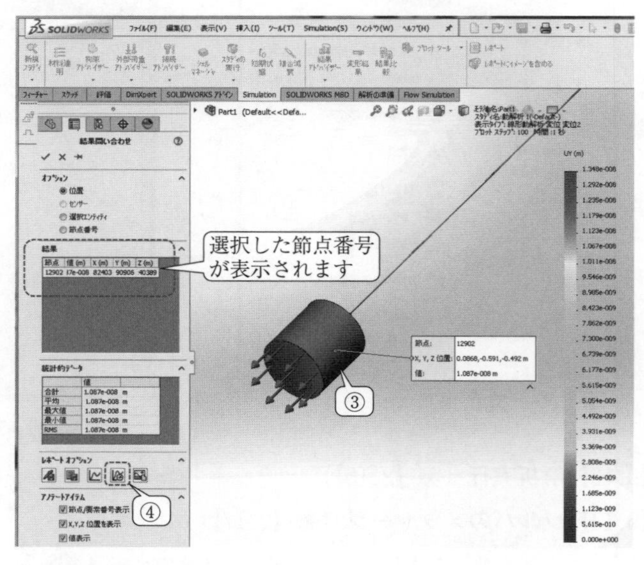

図 9.18　問い合わせ

⑤「応答グラフ」が画面上に表示されます.「File」をクリック→⑥「Save As」をクリック

図 9.19　応答グラフ

○操作手順【9.16】を補足説明します. 分銅の変位を (x,y,z) とします. 合成変位 D の値は次のようになります.

$$D=\sqrt{x^2+y^2+z^2} \tag{9.25}$$

合成変位の値には ± の符号はありません. 合成変位は絶対値です. 本章では分銅の変位を, ± の符号を含め, 数値として変位を出力することを考えています. そのため, 合成変位を選択しないでください. 針金の長手方向と平行になる座標軸を選択してください. 本書のケースでは, y 方向の変位を選択します.

【9.18】CSV ファイルの出力（▶【2.21】）

【9.19】グラフ化の作業（**図 9.20～図 9.24**）

○保存したファイルを開く→CSV ファイルにファイルの作成日時などの情報が出力されていることを確認→①グラフにしたい対象データの範囲（図の点線枠）をドラッグ操作（マウス左ボタンを押しながら範囲を選択する操作）で選択する（点線枠は, B 列 10 行目および C 列 10 行目から最後の行までの数値を示す）. ②挿入タブを選択 → ③アイコン「 」をクリック→④散布図「 」を選択. ⑤グラフにポインタを合わせ, ダブルクリックします.

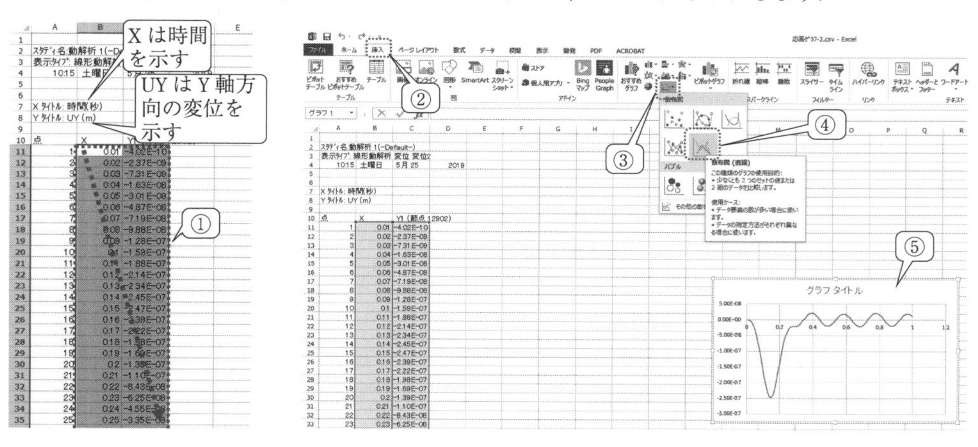

図 9.20　範 囲 指 定　　　**図 9.21**　グラフ挿入

画面右端にグラフエリアの書式設定が表示されます→⑥「グラフのオプション」の「▼」をクリック→⑦「横（値）軸」を選択 →⑧「軸のオプション」のアイコンをクリック→⑨「軸のオプション」の「▶」をクリックし，内容を展開→⑩境界値の「最小値」を 0.0，「最大値」を 1.0 と入力

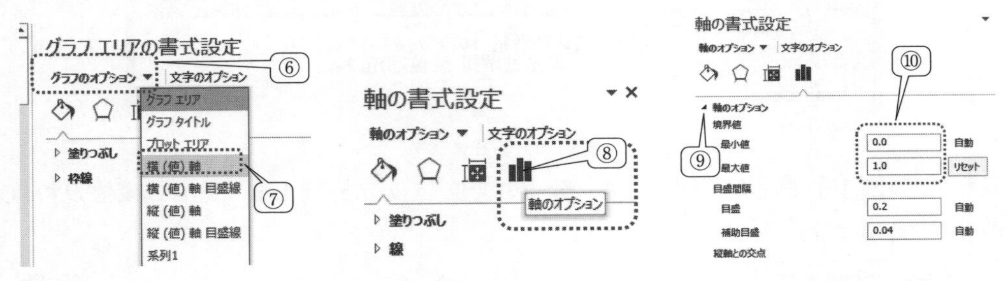

図 9.22　グラフエリア書式設定　　**図 9.23**　軸の書式設定　　**図 9.24**　軸の書式設定

○グラフの波の山と山の比から周期 T をグラフから読み取ることができます（図 9.30 参照）(SOLIDWORKS 解析値の周期を表 9.3 に記入（課題 3)).

【9.20】モード形状の確認（図 9.25〜図 9.27）

①「結果」を右クリック→②「モード形状プロット定義」をクリック→③確認するモード形状の次数を「▲」もしくは「▼」で選択→④「✔」をクリック→⑤結果の「モード形状」を右クリック→⑥「アニメーション」をクリック

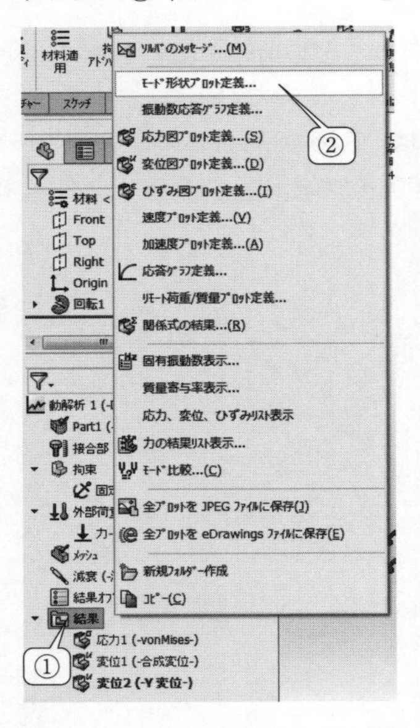

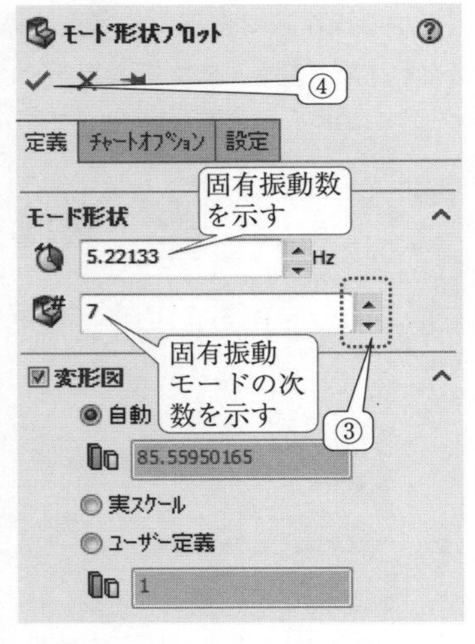

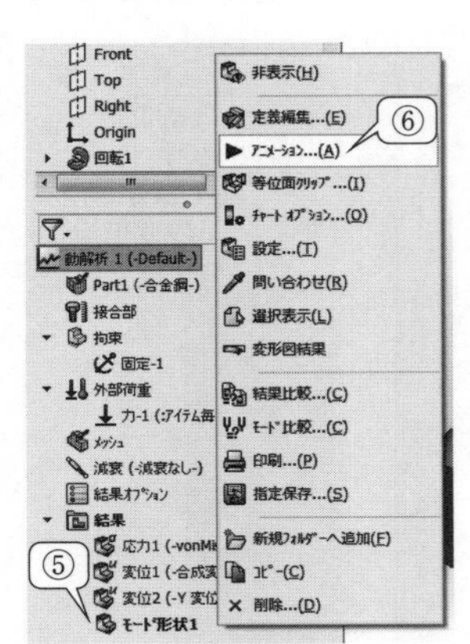

図 9.25　モード形状プロット定義　　**図 9.26**　モード形状プロット定義　　**図 9.27**　アニメーション

【9.21】固有振動モード（課題 3）

○**表 9.1** に固有振動モードの 1 次から 8 次を示します．アニメーションを確認することで分銅が上下に動く固有振動モードを探します．

表 9.1 分銅における固有振動数と固有振動モードの一覧

固有振動数など	固有振動モードの説明	固有振動モード
モデル名：Part1 スタディ名：動解析 1（-デフォルト-） 表示タイプ：線形動解析 モード形状 モード形状 1 モード形状：1 固有振動数＝0.080068 Hz 変形スケール：58.2772	分銅の拡大縮小	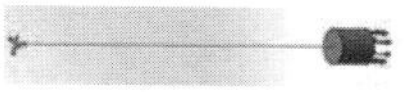
モデル名：Part1 スタディ名：動解析 1（-デフォルト-） 表示タイプ：線形動解析 モード形状 モード形状 1 モード形状：2 固有振動数＝0.17359 Hz 変形スケール：21.8194	回転運動	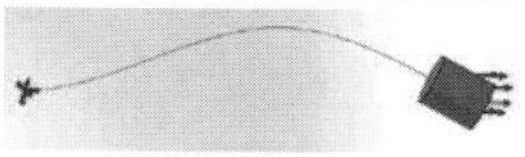 
モデル名：Part1 スタディ名：動解析 1（-デフォルト-） 表示タイプ：線形動解析 モード形状 モード形状 1 モード形状：3 固有振動数＝0.19033 Hz 変形スケール：81.9249	分銅が左右に運動（ふりこ）	 
モデル名：Part1 スタディ名：動解析 1（-デフォルト-） 表示タイプ：線形動解析 モード形状 モード形状 1 モード形状：4 固有振動数＝0.19205 Hz 変形スケール：81.9173	分銅が左右に運動（ふりこ）	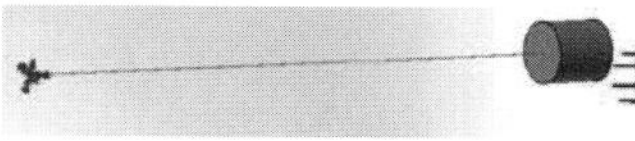 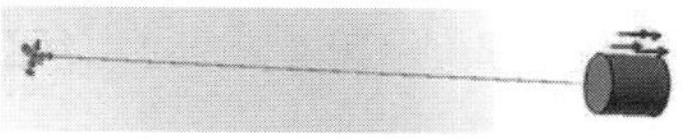
モデル名：Part1 スタディ名：動解析 1（-デフォルト-） 表示タイプ：線形動解析 モード形状 モード形状 1 モード形状：5 固有振動数＝1.0041 Hz 変形スケール：3.93777	分銅静止および針金のたわみ	 
モデル名：Part1 スタディ名：動解析 1（-デフォルト-） 表示タイプ：線形動解析 モード形状 モード形状 1 モード形状：6 固有振動数＝2.7199 Hz 変形スケール：3.55759	分銅静止および針金のたわみ	 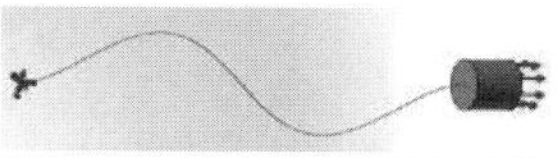
モデル名：Part1 スタディ名：動解析 1（-デフォルト-） 表示タイプ：線形動解析 モード形状 モード形状 1 モード形状：7 固有振動数＝2.7329 Hz 変形スケール：3.57165	分銅静止および針金のたわみ	 
モデル名：Part1 スタディ名：動解析 1（-デフォルト-） 表示タイプ：線形動解析 モード形状 モード形状 1 モード形状：8 固有振動数＝5.2202 Hz 変形スケール：85.5753	分銅が上下に運動	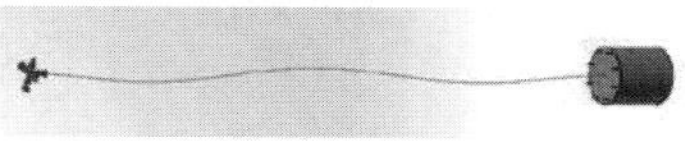 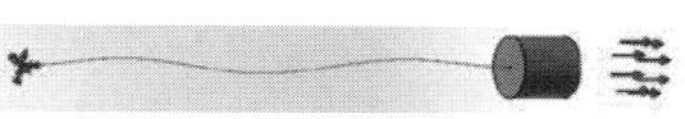

（注）分銅の解析モデルを打撃加振すると，なぜ複数の固有振動数が得られるのでしょうか？機械振動学で学ぶ一自由度系の振動モデルはばねおよび質量が1つしか与えられていない理想的な状態であるため，固有振動数は固有角振動数（式（9.3））を2πで割った式で得られ，1つしかありません．実際のものを考えると，このような理想的な状態は存在しません．例えば分銅の解析モデルには，針金があり，この針金をばねとみなしてばね定数を算出しています．実際は，この針金はばね定数のみならず，質量も存在します．また一方で，分銅を質量とみなして解析モデルを作成しましたが，実際は，分銅にもばね定数に対応する弾性率を設定しました．すなわち実際の分銅を，質量とばね定数とに完全に切り分けることはできません．また機械振動学で学ぶ一自由度系の振動モデルは2次元を対象にしていますが，分銅の解析モデルは3次元です．そのためSOLIDWORKSによる分銅の解析モデルは，機械振動学で学ぶ一自由度系の振動モデルの固有振動数を計算するとともに，他にも考えられる複数の固有振動数を計算してしまうことになります．

【9.22】減衰比の設定（課題4）（▶【2.14】）

○これまでの操作手順では，不減衰系の過渡応答について考えました．次に減衰が生じる過渡応答について考えます．○「減衰」を右クリック→「設定/編集」をクリック→「減衰比」0.1を入力→「✔」をクリック

【9.23】解析実行（▶【2.16】）

○以下，【9.14】～【9.21】の操作手順に従います．

9.9　課題解答例

（**課題1**）9.8節参照のこと

（**課題2**）解析情報を**表9.2**に示します．

表9.2　解析情報

項目	値
総解析時間	2分20秒
節点数	16415
要素数	10139
質量［kg］	6047.6
ばね定数［N/m］	6.60×10^6

分銅の高さ1.0 m，半径0.5 m，質量密度7700 kg/m^{3}より質量を次式から得ます．

$$1\times0.5^2\pi\times7700=6047.6\ \mathrm{kg} \tag{9.26}$$

針金の長さ10.0 m，半径0.01 m，弾性係数2.1×10^{11} Paおよび式（9.24）よりばね定数が次式のように得られます．

$$K=\frac{2.1\times10^{11}\times0.01^2\pi}{10}=6597344.6\ \mathrm{N/m}\quad=6.60\times10^6\ \mathrm{N/m} \tag{9.27}$$

（**課題3**）固有角振動数を式（9.3）より求めます．

$$\omega_n=\sqrt{\frac{6.60\times10^6}{6047.6}}=33.0\ \mathrm{rad/s} \tag{9.28}$$

固有振動数を次式で求めます．

$$f_n=\frac{\omega_n}{2\pi}=\frac{33.0}{2\times3.1415}=5.26\ \mathrm{Hz} \tag{9.29}$$

周期を式（9.4）より求めます．

$$T=\frac{2\pi}{33.03}=0.190\ \mathrm{s} \tag{9.30}$$

固有振動数の誤差は次式のようになります．

$$(\text{誤差})=\left|\frac{(\text{解析値})-(\text{理論値})}{(\text{理論値})}\right|\times100\%=\left|\frac{5.22-5.26}{5.26}\right|\times100\%=0.68\% \tag{9.31}$$

周期の誤差は次式のようになります．

$$(\text{誤差})=\left|\frac{(\text{解析値})-(\text{理論値})}{(\text{理論値})}\right|\times100\%=\left|\frac{0.192-0.190}{0.190}\right|\times100\%=0.68\% \tag{9.32}$$

機械振動学による理論値とSOLIDWORKSによる解析値の比較を**表9.3**に示し，横軸を時間，縦軸を変位としたときのグラフを**図9.28**に示します．

表9.3　機械振動学による理論値とSOLIDWORKSによる解析値の比較

	機械振動学による理論値	SOLIDWORKSによる解析値	誤差［%］
周期［s］	0.190	0.192	0.68
固有振動数［Hz］	5.26	5.22	0.68

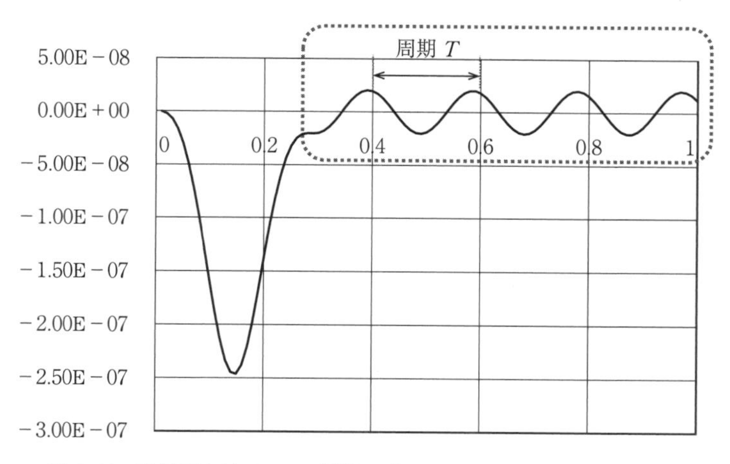

図9.28　時刻歴応答グラフ（縦軸：変位，横軸：時間，減衰なし）

（**課題4**）式（9.19）より，減衰比は次式のように求めることができます．

$$\zeta=-\frac{1}{2\pi}\ln\left(\frac{u_1}{u_0}\right)=-\frac{1}{2\pi}\ln\left(\frac{1.71\times10^{-5}}{3.28\times10^{-5}}\right)=0.10367 \tag{9.33}$$

誤差を次式のように求めます（設定値0.1については【9.22】参照）．

$$(\text{誤差})=\left|\frac{(\text{解析値})-(\text{設定値})}{(\text{設定値})}\right|\times100\%=\left|\frac{0.10367-0.1}{0.1}\right|\times100\%=3.67\% \tag{9.34}$$

一時的に加えられた外力の影響がある時間範囲を除外し，点線枠内（減衰系自由振動の波）の隣り合う 2 つの山の高さの比から，減衰比を求めてください（グラフを印刷し，紙面上に定規を当てて，2 つの山の高さを計測し，山の高さの比 u_1/u_0 を求めます）．

減衰比が 0.1 のときの機械振動学による理論値と SOLIDWORKS による解析値の比較を**表 9.4** に示し，横軸を時間，縦軸を変位としたときのグラフを**図 9.29** に示します．

表 9.4　機械振動学による理論値と SOLIDWORKS による解析値の比較

	機械振動学による理論値	SOLIDWORKS による解析値	誤差［%］
周期［s］	0.19	0.19	0.68
固有振動数［Hz］	5.26	5.22	0.68
減衰比	0.10（設定値）	1.04×10^{-1}	3.67

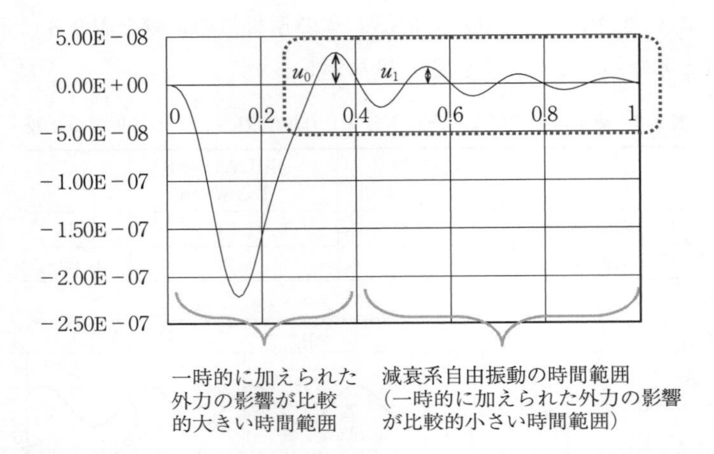

図 9.29　減衰比が 0.1 のときの時刻歴応答グラフ（縦軸：変位　横軸：時間）

○なぜ線形なのか

本章での解析モデルの固有振動モードを観察すると，そのモードには周期があり，ある時間間隔で必ず同じような変形を繰り返します．このことから，振動の周期を考えれば，数秒後の物体の変形の様子を予測することができます．過去で生じた振動による変形をもとに，ある時刻で生じた振動による変形を重ね合わせることで，これから生じるであろう振動による変形を予測することができます．予測できるので，本章で扱う解析は線形になります．

10章　一自由度系の振動（周波数応答解析）

10.1　周波数応答解析

振動解析には，よく行われる2つの解析タイプがあります．過渡応答解析（時刻歴応答解析）と周波数応答解析です．9章では，過渡応答解析について説明しました．本章では，周波数応答解析について説明します．

周波数応答解析では，横軸を角振動数 ω（もしくは振動数），縦軸を振幅としたグラフが得られます．角振動数 ω の単位はラジアン毎秒です．単振動を例に挙げると，角振動数が小さい場合は，質量が長い時間をかけて，緩やかに上下に振動します．角振動数が大きい場合は，質量が小刻みに上下に振動します．機械振動の角振動数とは，平たく言うと“もの”の揺さぶり方と言えるでしょう．

周波数応答解析によるグラフの曲線を眺めると，角振動数 ω の与え方で，鋭い山が生じることがわかります．すなわち構造物の揺さぶり方で，構造物が大きく揺さぶられることがあることを意味します．機械と呼ばれる大半の構造物には，なにかしらの動力源を用い，機械は運動します．その動力源は軸を必要とする回転機器であることが一般的です．このような回転機器の軸の回転数は，上記で述べた角振動数 ω と同じ意味であることが多く，そのため軸の回転数によって構造物の揺さぶり方が変化することになります．上記で述べた鋭い山（回転機器の固有振動数）と回転機器の軸の回転数がほぼ一致すると構造物は激しく振動することがあります．このような現象を**共振**と呼びます．このような共振は構造物の破損などを引き起こすため，設計の前段階で，事前に周波数応答解析より，構造物の振動を予測しておく必要があります．

10.2　一自由度系の減衰強制振動

図10.1に示す一自由度系の減衰がある強制振動を考えます．このとき，運動方程式は次式のように表すことができます．

$$M\ddot{u}+C\dot{u}+Ku=F\sin\omega t \tag{10.1}$$

式（10.1）の解を次式のように表すことができます．

$$\begin{aligned}u&=Y\sin(\omega t+\phi)=Y\{\sin(\omega t)\cos(\phi)+\sin(\phi)\cos(\omega t)\}\\&=Y\cos(\phi)\sin(\omega t)+Y\sin(\phi)\cos(\omega t)\end{aligned} \tag{10.2}$$

変数 ϕ は位相を示します．$\alpha=Y\cos\phi$，$\beta=Y\sin\phi$ とし，式（10.2）の解を次式のようにおきます．

$$u=\alpha\sin\omega t+\beta\cos\omega t \tag{10.3}$$

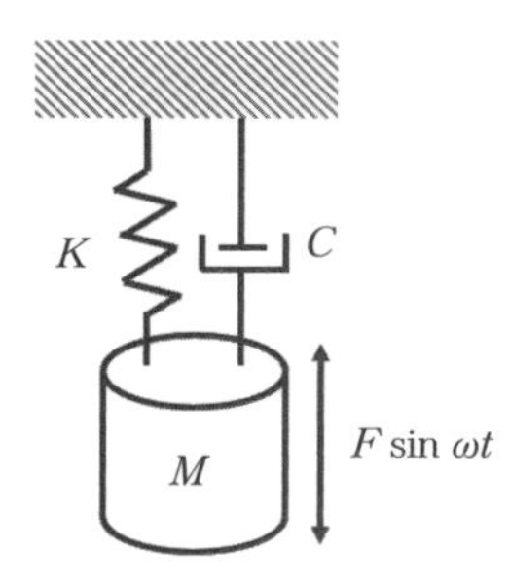

図10.1　一自由度系の強制振動

式（10.3）を時間で微分すると次式のようになります

$$\dot{u}=\alpha\omega\cos\omega t-\beta\omega\sin\omega t \tag{10.4}$$

式（10.4）をさらに時間で微分すると次式のようになります．

$$\ddot{u}=-\alpha\omega^2\sin\omega t-\beta\omega^2\cos\omega t \tag{10.5}$$

式（10.3）～式（10.5）を式（10.1）に代入すると次式が得られます．

$$\{(K-\omega^2M)\alpha-\omega C\beta\}\sin\omega t+\{\omega C\alpha+(K-\omega^2M)\beta\}\cos\omega t=F\sin\omega t \tag{10.6}$$

式（10.6）が $t=1\,\mathrm{s}$，$10\,\mathrm{s}$，$100\,\mathrm{s}$，…，どのような時間に対しても，常に方程式を満たすようにするためには，次式の条件が必要になります．

$$(K-\omega^2M)\alpha-\omega C\beta=F \tag{10.7}$$

$$\omega C\alpha+(K-\omega^2M)\beta=0 \tag{10.8}$$

式（10.7）と式（10.8）から α と β について解くと次式が導かれます．

$$\frac{\alpha}{\bar{u}}=\frac{1-\left(\dfrac{\omega}{\omega_n}\right)^2}{\left\{1-\left(\dfrac{\omega}{\omega_n}\right)^2\right\}^2+\left\{2\zeta\left(\dfrac{\omega}{\omega_n}\right)\right\}^2} \tag{10.9}$$

$$\frac{\beta}{\bar{u}}=\frac{-2\zeta\left(\dfrac{\omega}{\omega_n}\right)^2}{\left\{1-\left(\dfrac{\omega}{\omega_n}\right)^2\right\}^2+\left\{2\zeta\left(\dfrac{\omega}{\omega_n}\right)\right\}^2} \tag{10.10}$$

固有角振動数 ω_n（固有振動数 f_n），変位 $\bar{u}$，減衰比 ζ を次式のように定義します．

$$\omega_n=\sqrt{\frac{K}{M}}\ [\mathrm{rad/s}]\quad\left(f_n=\frac{1}{2\pi}\sqrt{\frac{K}{M}}\ [\mathrm{Hz}]\right) \tag{10.11}$$

$$\bar{u}=\frac{F}{K} \tag{10.12}$$

$$\zeta=\frac{C}{2M\omega_n} \tag{10.13}$$

式（10.2）の振幅 Y は次式で表されます．

$$Y=\sqrt{\alpha^2+\beta^2}=\frac{\bar{u}}{\sqrt{\left\{1-\left(\dfrac{\omega}{\omega_n}\right)^2\right\}^2+\left\{2\zeta\left(\dfrac{\omega}{\omega_n}\right)\right\}^2}}=\frac{\bar{u}}{\sqrt{\left\{1-\left(\dfrac{f}{f_n}\right)^2\right\}^2+\left\{2\zeta\left(\dfrac{f}{f_n}\right)\right\}^2}} \tag{10.14}$$

10.3　一自由度系の強制振動の減衰の求め方

式（10.14）の ω に ω_n を代入すると，次式が得られます．

$$Y_M=\frac{\bar{u}}{2\zeta} \tag{10.15}$$

固有角振動数 ω_n のとき，振幅の最大値は Y_M となります．次に $\zeta << 1$ の条件を仮定し，式（10.14）に次式の2つの値をそれぞれ代入します．

$$\frac{\omega}{\omega_n}=1+\zeta \quad \left(もしくは \frac{f}{f_n}=1+\zeta\right) \tag{10.16}$$

$$\frac{\omega}{\omega_n}=1-\zeta \quad \left(もしくは \frac{f}{f_n}=1-\zeta\right) \tag{10.17}$$

するとどちらからも，次式の関係が得られます．

$$Y \cong \frac{\bar{u}}{2\sqrt{2}\zeta}=\frac{Y_M}{\sqrt{2}} \cong 0.7Y_M \tag{10.18}$$

図10.2 に Y_M および ζ の関係を示すグラフを示します．縦軸は振幅 Y を示し，横軸は角振動数 ω を固有角振動数 ω_n で正規化した値 ω/ω_n を示します．最大振幅 Y_M の70%のところに一本の線を引きます．するとその線と曲線が交差する点が2点（図10.2のAおよびB）できます．2点を通るように，垂直な縦線2本も引きます．すると、この縦線と ω/ω_n 軸が交差する値が，式（10.16）および式（10.17）になります．したがって，この2本の縦線の間隔を 2ζ で表すことになります．この方法は半値幅法もしくはハーフパワー法などと呼ばれています．本章では，周波数応答の山の形から，この減衰比 ζ を求めます．

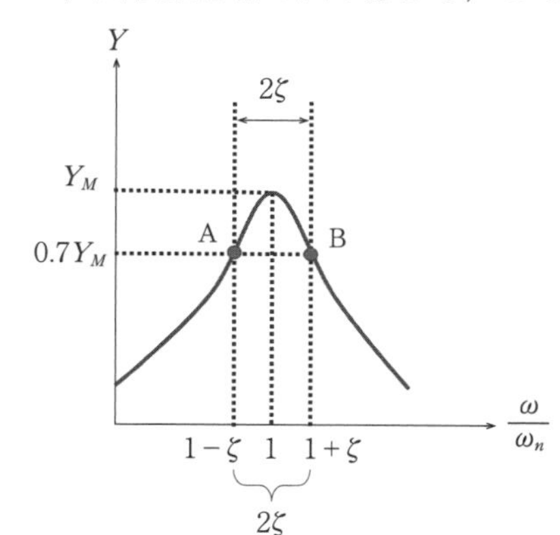

図10.2　最大振幅 Y_M と正規化された角振動数 ω/ω_n との関係（ζ は減衰比を示す）

10.4　一自由度系の周波数応答を解析してみましょう

（**課題1**）一自由度系の解析モデルを作成してみましょう．

針金付きの分銅の解析モデルを作成してみましょう．**図10.3** に示す針金付き分銅の針金の長さを10 m，半径を0.01 m とします．分銅の長手方向の長さを1.0 m，半径を0.5 m とします．材料を合金鋼に設定します．分銅の底面に荷重 $1.0\times\sin(\omega t)$ [N]を負荷します．針金の上面を変位拘束します．

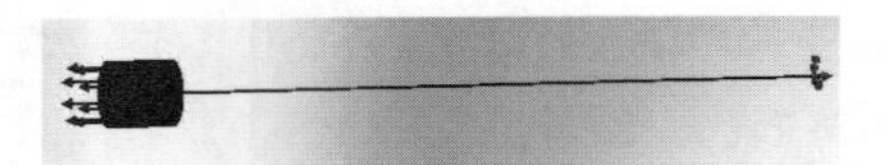

図 10.3　針金付き分銅

（課題 2）　総解析時間，節点数，要素数，質量，およびばね定数のデータを表（表 10.1（10.5 節））にまとめましょう．

（課題 3）　理論式を用いて周波数応答のグラフを作成してみましょう（図 10.30（10.5 節））．式（10.14）を用い，縦軸 Y を振幅，横軸 X を振動数 f とし，グラフを描いてみましょう．減衰比 ξ を 0.0 および 0.1 とします．

（課題 4）　SOLIDWORKS を用い，周波数応答のグラフを作成してみましょう．縦軸 Y を振幅，横軸 X を振動数 f とし，（課題 3）で作成したグラフに SOLIDWORKS の解析による周波数応答のグラフを追記します．減衰比を 0.1 とします．

（課題 5）　減衰を求めてみましょう．SOLIDWORKS の解析より得られた周波数応答のグラフから減衰比 ξ を計算してみましょう（（表 10.2（10.5 節））．次に減衰比の設定値 0.1 と SOLIDWORKS 解析値の誤差を求めてみましょう．

10.5　操作手順

【10.1】9 章と同様に分銅の解析モデルを作成する（▶【9.1】～【9.5】）

【10.2】解析の種類を選択（▶【2.9】）（**図 10.4**）

単位系の設定（その 2）（▶【2.3】）

①線形動解析をクリック→②調和解析をクリック→「✔」をクリック

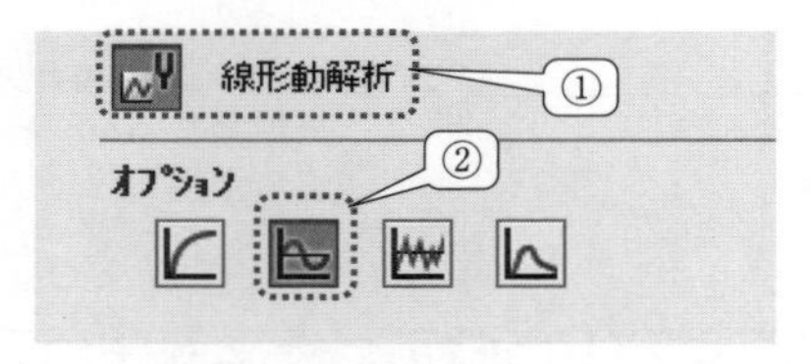

図 10.4　調 和 解 析

【10.3】材料設定（▶【9.8】もしくは【2.10】）

○「合金鋼」に設定

【10.4】拘束条件の設定（▶【9.9】もしくは【2.11】）（図 9.11）

○針金上面を固定

【10.5】外部荷重の設定（▶【9.10】もしくは【2.12】）（**図 10.5**）

○「外部荷重」を右クリック→「力」をクリック

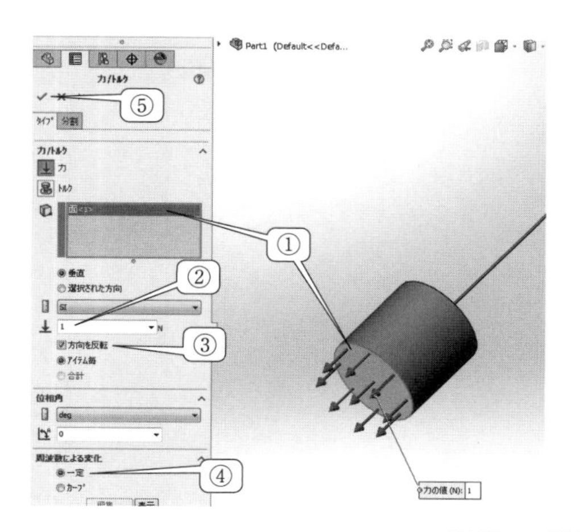

①銅の下面を選択→②力の大きさを 1.0 N に設定（調和解析を選択したので，外力は（設定値）×sin(ωt) となります．この場合では，外力は 1.0×sin(ωt)）→③「方向を反転」にチェック→④「周波数による変化」について「一定」をラジオボタンで選択→⑤「✔」をクリック

図 10.5　外部荷重設定

【10.6】解析条件の設定（図 10.6〜図 10.8）

①「動解析」を右クリック→②「プロパティ」をクリック→③「固有値解析オプション」のタブをクリック→④「計算する固有値数」をラジオボタンで選択し，ボックスに 15 と入力（9 章で，対象となる分銅が上下に運動する固有振動モードの次数は 8 でした．その次数以上の数を入力します）→⑤「調和性オプション」のタブをクリック →⑥上限のボックスに 20 を入力→⑦「OK」をクリック

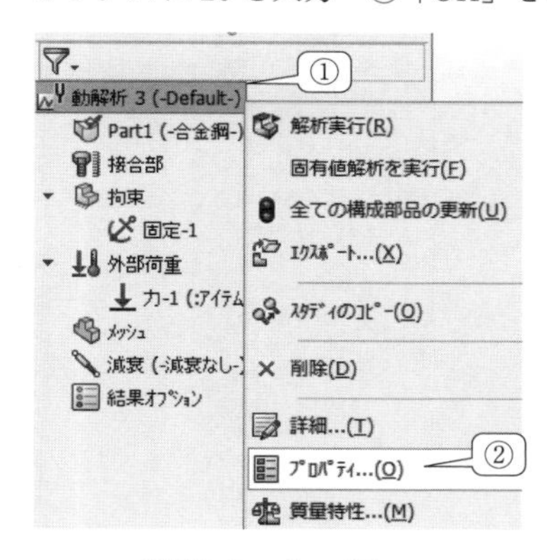

図 10.6　プロパティ

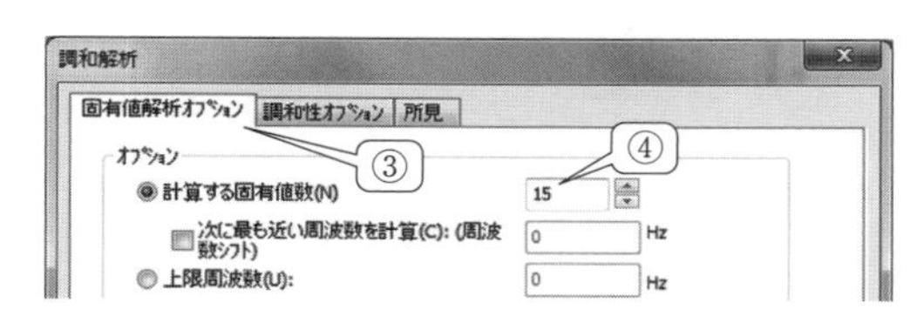

図 10.7　固有値解析オプション

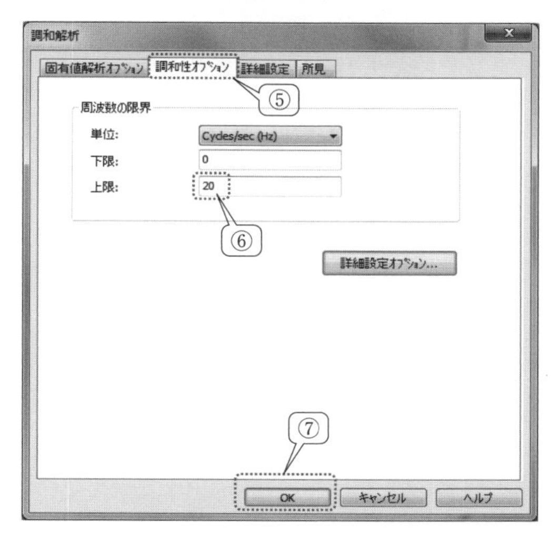

図 10.8　調和性オプション

【10.7】減衰比の設定（▶【2.14】）

○減衰比 0.1 を入力

【10.8】メッシュ作成（▶【2.15】）

【10.9】解析実行（▶【2.16】）

【10.10】ソルバのメッセージ（▶【2.17】）

○総時間数，節点数，要素数を調べ，**表 10.1** を作成します．

【10.11】質量の確認（▶【2.18】もしくは【9.15】）

○表 10.1 に質量を記入します（課題 2）

【10.12】結果の出力（▶【2.19】）（**図 10.9**）

○「変位 1」をダブルクリック →「変位 1」を右クリック→「問い合わせ」をクリック→①分銅の側面をクリック→②結果の表示欄に選択した節点番号が表示される．→③「レポートオプション」の応答のアイコン「[アイコン]」をクリック（データが出力されるまで多少の待ち時間があります）→「応答グラフ」が画面上に表示されます →「File」をクリック→「Save as」をクリック（▶【9.17】）

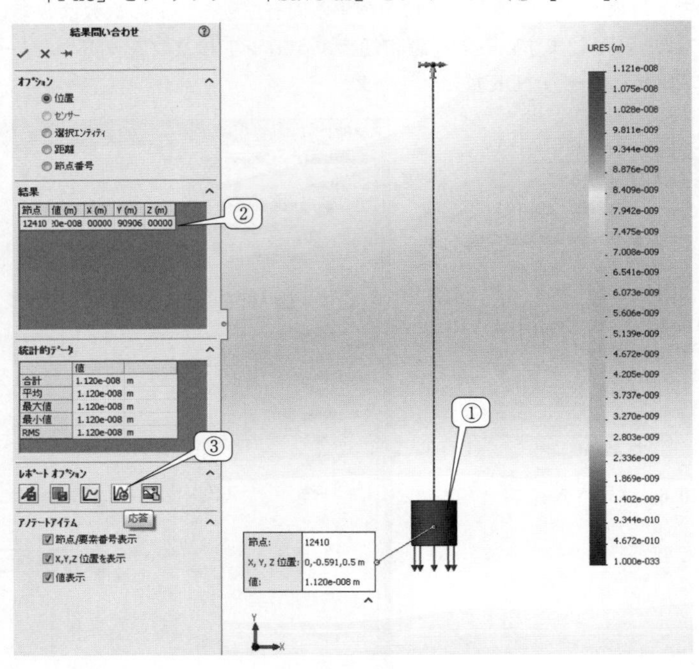

図 10.9　応 答 出 力

【10.13】CSV ファイルの出力（▶【2.21】）

【10.14】周波数応答のグラフ作成（▶【2.22】もしくは【9.19】）（**図 10.10**）

【10.15】横軸の範囲と表示形式（数値形式）の変更（▶【9.19】）（**図 10.11**）

①グラフにしたい対象データの範囲（図 10.10 の点線枠）をドラッグ操作で選択（点線枠は，B 列 11 行目，および C 列 11 行目から最後の行までの数値を示します）→「挿入」タブをクリック（図 9.21）→アイコン「⁝」をクリック→グラフの散布図（直線）のアイコン「⋈」をクリック

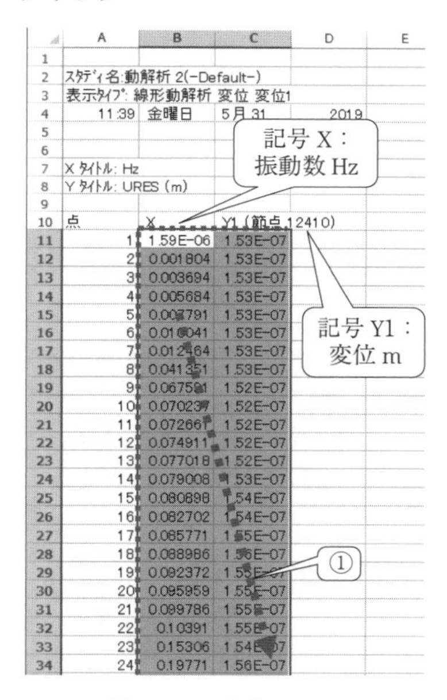

図 10.10　応答グラフ

○グラフをダブルクリック→グラフオプションの「▼」をクリック（図 9.22）→「横（値）軸」を選択→「軸のオプション」のアイコンをクリック（図 9.23）→①「軸のオプション」の「▶」をクリックし，内容を展開→②「最小値」を 0.0,「最大値」を 10.0 と入力→③「表示形式」のカテゴリについて「数値」を選択→④「小数点以下の桁数」のボックスに“1”を入力

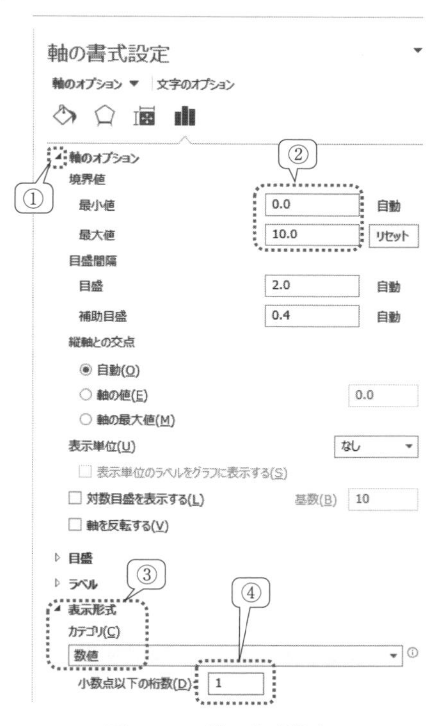

図 10.11　軸の書式設定

【10.16】補助線をグラフに追加（**図 10.12～図 10.18**）

○グラフから，振幅の最大値 Y_M は，おおよそ 5 Hz 前後にあることがわかります．CSV ファイルの B 列の 100 行目付近の 5.168 Hz が振幅の最大値に対応します．このとき C 列 100 行目付近の値を読み取ると $Y_M=7.71\times10^{-7}$ m であることがわかります→Y_M の 70%になるところに直線をグラフに追加する（式（10.18）参照）．

$$Y \cong 0.7\times Y_M=0.7\times7.71\times10^{-7}=5.39\times10^{-7}\ \mathrm{m} \qquad (10.19)$$

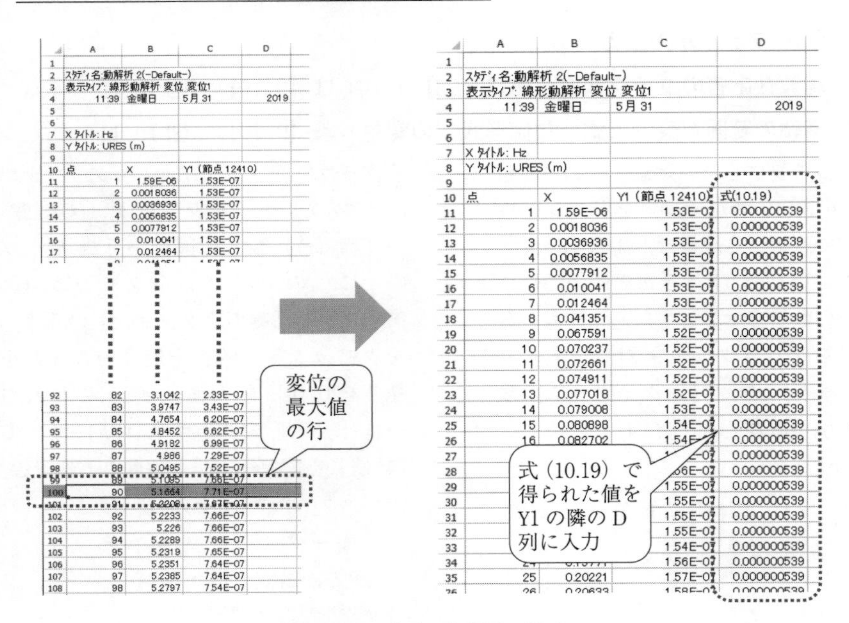

図 10.12　ピークを目視で検索

○グラフを右クリック→①「データの選択」をクリック→②「データソースの選択」の「追加」をクリック→③系列 X の値のデータ範囲を選択するため，アイコン「　」をクリック

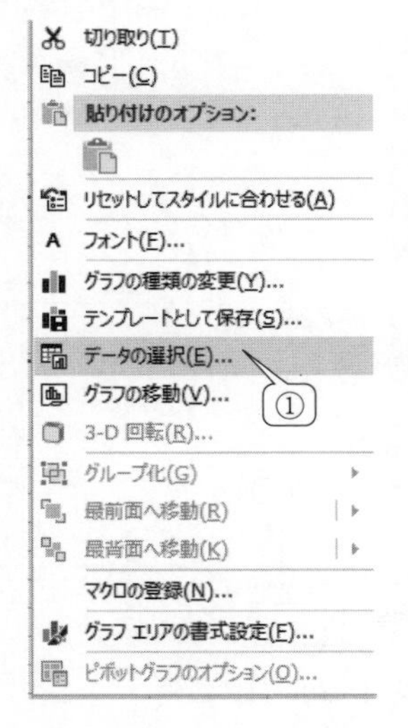

図 10.13　データの選択

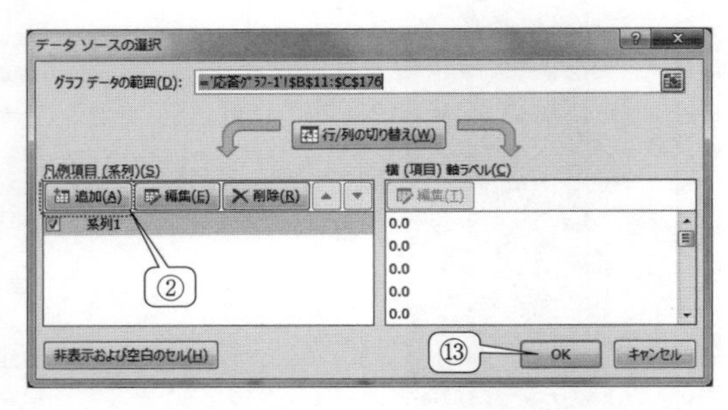

図 10.14　データソースの選択

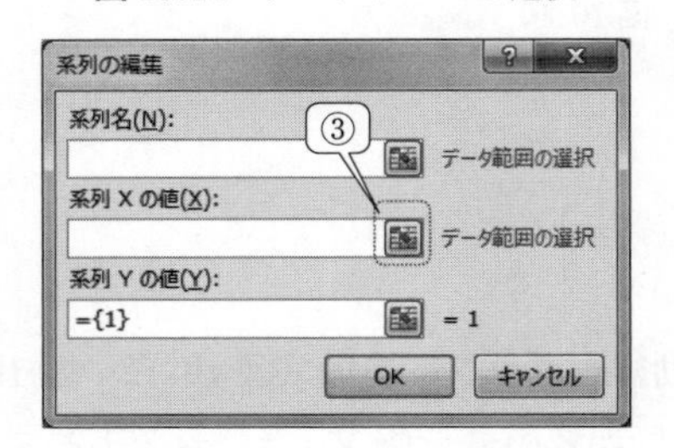

図 10.15　系列の編集

④B列をクリック（図ではB列11行目を選択）→⑤ドラッグ操作で選択→⑥アイコン「▣」をクリック

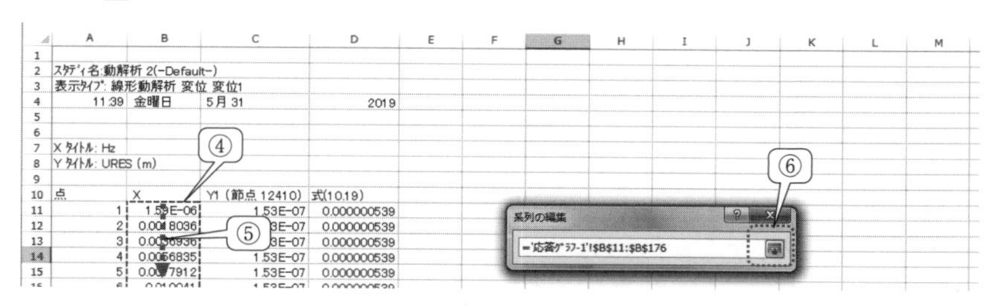

図 10.16　系列の編集

⑦系列Xの値にデータが入力されていることを確認→⑧系列Yの値を指定するため，アイコン「▣」をクリック

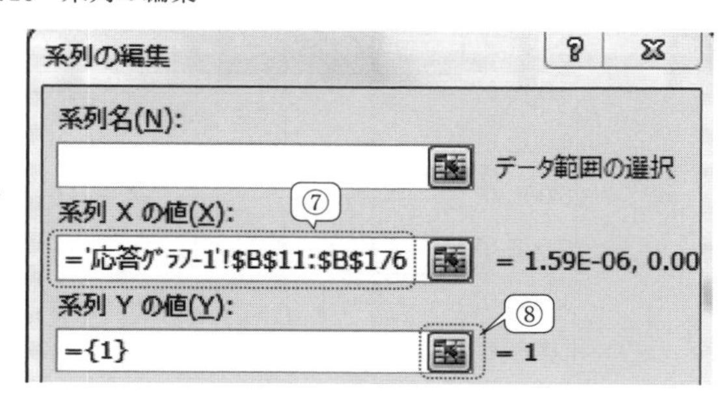

図 10.17　系列の編集

⑨D列を選択（図ではD列11行目を選択）→⑩ドラッグ操作で選択→⑪アイコン「▣」をクリック→⑫「系列1」（周波数応答）と「系列2」（補助線）がグラフに出力されていることを確認→⑬データソース編集画面（図10.14参照）の「OK」をクリック

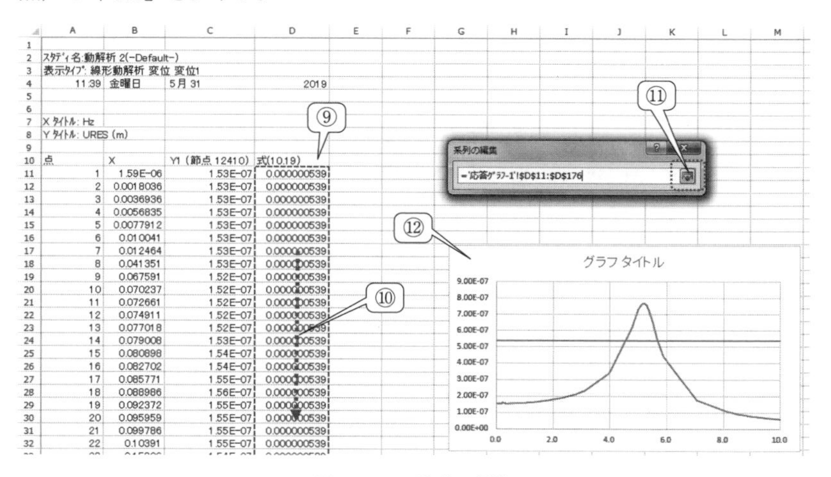

図 10.18　系列の編集

【10.17】SOLIDWORKS による周波数応答曲線から減衰比を計算（図 10.19）

○曲線と直線が交差する 2 点 A および B から X 軸へ垂線を下ろします．垂線と X 軸が交差する 2 点の X 座標を読み取ります．減衰比を次式で計算します．次式は，式（10.16）$(f=f_B)$，および式（10.17）$(f=f_A)$ より導出されます．

$$\zeta=\frac{f_B-f_A}{2f_n}=\frac{5.5-4.5}{2\times5.168}=0.096749 \tag{10.20}$$

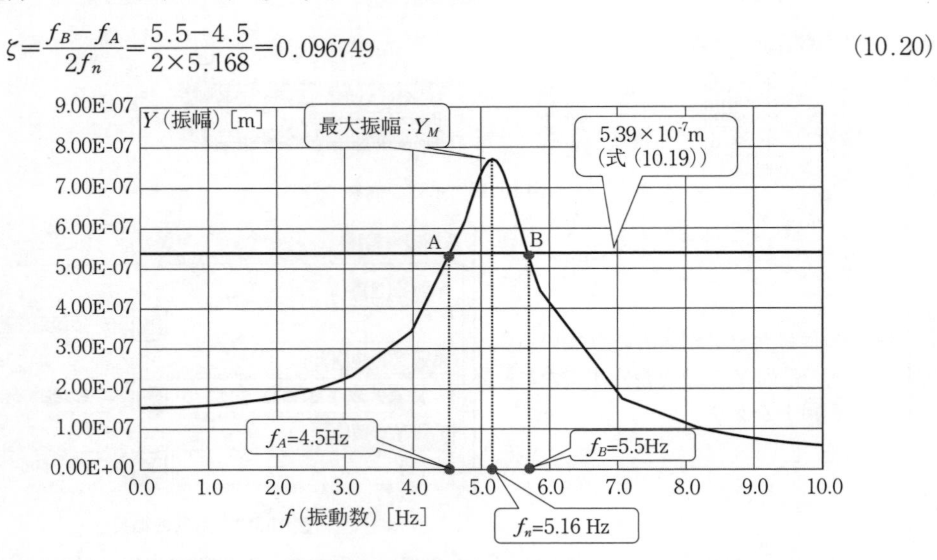

図 10.19　周波数応答（横軸：f [Hz]，縦軸：Y [m]）

【10.18】理論による周波数応答の数値データ作成（図 10.20〜図 10.26）

○課題 3 のグラフを作成します．式（10.14）を用い，Excel よりグラフを作成します．①B 列 9 行目に“SOLIDWORKS 解析値”と入力→②F 列 9 行目に“理論値”，F 列 10 行目に“振動数 f [Hz]”，G 列 10 行目に“振幅 Y [m]（減衰比 0.0）”，H 列 10 行目に“振幅 Y [m]（減衰比 0.1）”とセルに文字を入力．どの列の数値が何を意味するのか，わかりやすくしておきます．

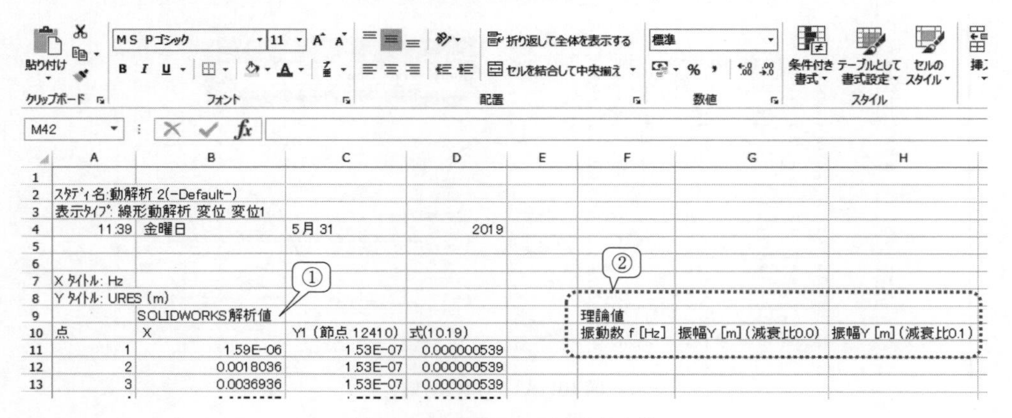

	A	B	C	D	E	F	G	H
1								
2	ｽﾀﾃﾞｨ名:動解析 2(-Default-)							
3	表示ﾀｲﾌﾟ: 線形動解析 変位 変位1							
4	11:39	金曜日	5月 31	2019				
5								
6								
7	X ﾀｲﾄﾙ: Hz							
8	Y ﾀｲﾄﾙ: URES (m)							
9		SOLIDWORKS解析値				理論値		
10	点	X	Y1 (節点 12410)	式(10.19)		振動数 f [Hz]	振幅Y [m] (減衰比0.0)	振幅Y [m] (減衰比0.1)
11	1	1.59E-06	1.53E-07	0.000000539				
12	2	0.0018036	1.53E-07	0.000000539				
13	3	0.0036936	1.53E-07	0.000000539				

図 10.20　理論による周波数応答

③振動数 f の値を入力する．0をF列11行のセルに入力→④F列12行のセルに“=0.1+F11”と入力

図 10.21　振動数の入力

⑤選択されたセルの右下にあるフィルハンドをマウス左ボタンで押しながら，F列の最後の行が150程度になるまでドラッグ

図 10.22　振動数の入力

⑥式（10.11）より固有振動数 f_n を求め，I列11行のセルにその値を入力します．質量 M の求め方については【9.15】，ばね定数 K の求め方については式（9.27）を参照します．

$$f_n=\frac{1}{2\pi}\sqrt{\frac{K}{M}}=\frac{1}{2\pi}\sqrt{\frac{6.59\times10^6}{6.07\times10^3}}=5.24\,[\mathrm{Hz}] \tag{10.21}$$

⑦式（10.12）より $\bar{u}$ の値をJ列11行のセルに入力します．F は【10.5】で設定した力の値を示します．

$$\bar{u}=\frac{F}{K}=\frac{1}{6.59\times10^6}=1.52\times10^{-7} \tag{10.22}$$

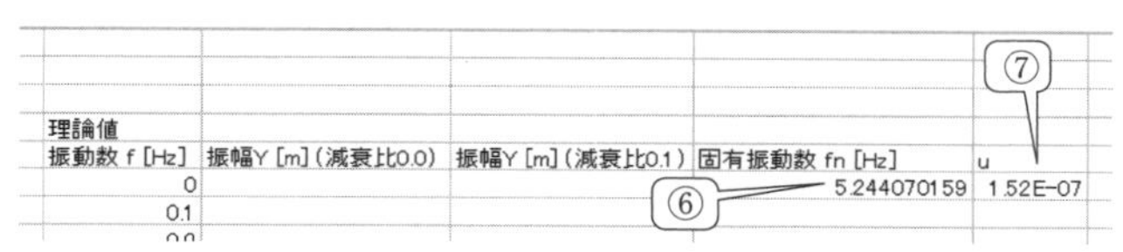

図 10.23　数値の入力

⑧減衰比0.0での振幅の数式（式（10.14））を入力する．G列11行のセルに次式のように入力します†

$$=\$J\$11/((1-(F11/\$I\$11)\hat{}2)\hat{}2+(2*0.0*(F11/\$I\$11))\hat{}2)\hat{}(1/2) \tag{10.23}$$

理論値				
振動数 f[Hz]	振幅Y [m] (減衰比0.0)	振幅Y [m] (減衰比0.1)	固有振動数 fn	u
0	=$J$11/((1-(F11/$I$11)^2)^2+(2*0*(F11/$I$11))^2)^(1/2)		5.244	1.52E-07
0.1				
0.2				
0.3				
0.4				
0.5				

⑧

図 10.24　振幅を計算する数式の入力（減衰比0.0）

⑨G列11行のセルのフィルハンドルにポインタを合わせ，ポインタが十字に変化したことを確認し，マウス左ボタンを押し下げ，G列150行程度までドラッグ

† $は絶対参照を表し，参照するセルを固定するときに用います．$JとはJ列を固定し，数式をコピーしたい場合に用います．$11とは11行を固定し，数式をコピーしたい場合に用います．$J$11とはJ列および11行を固定し，数式をコピーしたい場合に用います．

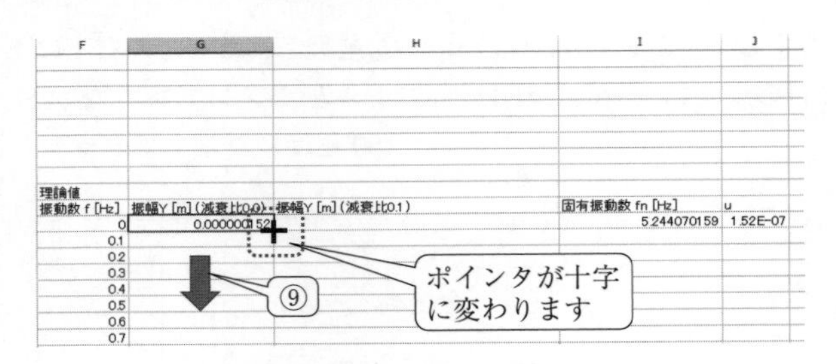

図 10.25　数式のコピー

⑩減衰比 0.1 での振幅の数式を入力します．H 列 11 行のセルに次式のように入力します．

＝$J$11/((1－(F11/$I$11)^2)^2＋(2*0.1*(F11/$I$11))^2)^(1/2)　　(10.24)

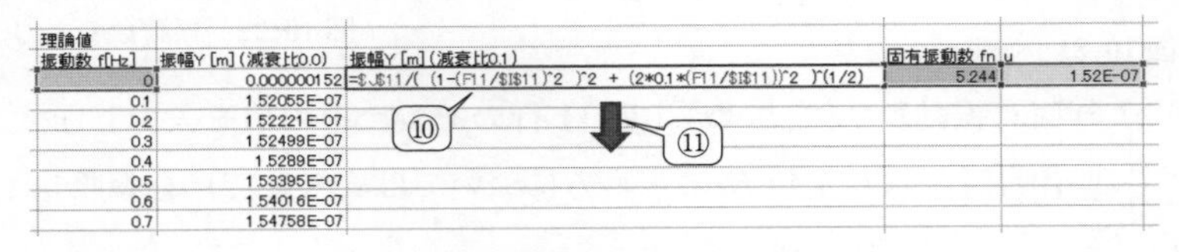

図 10.26　振幅を計算する数式の入力（減衰比 0.1）

⑪ H 列 11 行のセルのフィルハンドルにポインタを合わせ，ポインタが十字に変化したことを確認してからマウス左ボタンを押し下げ，H 列 150 行程度までドラッグします．

【10.19】減衰比 0.0 のときの曲線をグラフに追加（図 10.27～図 10.29）

①グラフにポインタを合わせ，マウスを右クリック→②「データの選択」をクリック

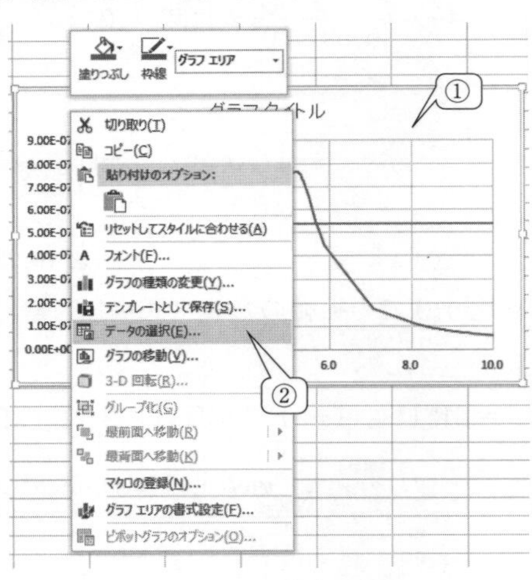

図 10.27　データの選択

○「追加」をクリック（図 10.14 参照）→系列の編集画面の「系列 X の値 (X)」のデータ範囲の選択のアイコン「▣」をクリック（図 10.15 参照）

③系列 X の値に，F 列の 11 行目から F 列の最後の行までをドラッグして選択→④系列の編集のアイコン「[icon]」をクリック

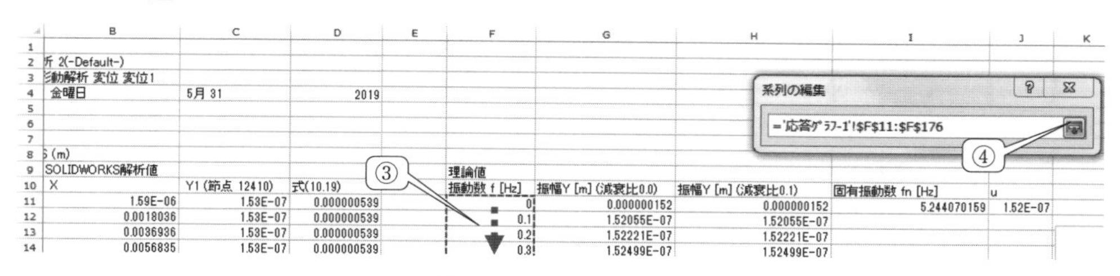

図 10.28　データの選択

○系列の編集画面の「系列 X の値 (X)」のデータ範囲の選択のアイコン「[icon]」をクリック→⑤系列 Y の値に G 列の 11 行目から G 列の最後の行までをドラッグで選択（▶【10.16】）→⑥系列の編集のアイコン「[icon]」をクリック

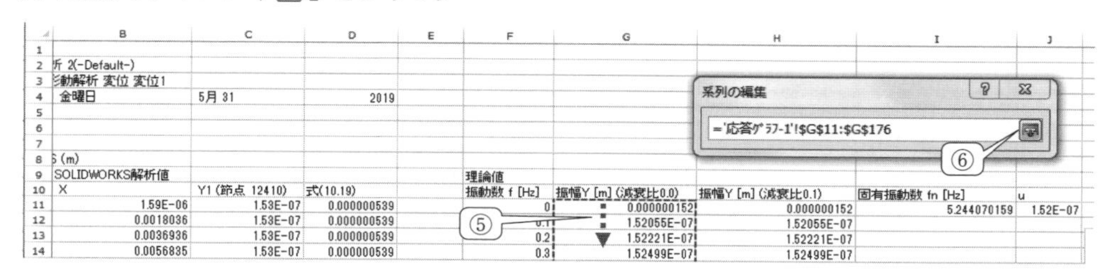

図 10.29　データの選択

【10.20】同様に，減衰比 0.1 のときの曲線をグラフに追加（系列 X の値に F 列を選択し，系列 Y の値に H 列を選択します）

10.6　課題解答例

（**課題 1**）9.8 節参照のこと

（**課題 2**）解析情報を**表 10.1** に示します．

表 10.1　解 析 情 報

項　目	値
総解析時間	5 分 9 秒
節点数	13239
要素数	8106
質量 [kg]	6.07×10^{3}
ばね定数 [N/m]	6.59×10^{6}

（**課題 3**），（**課題 4**）SOLIDWORKS 解析および理論による周波数応答を**図 10.30** に示します．

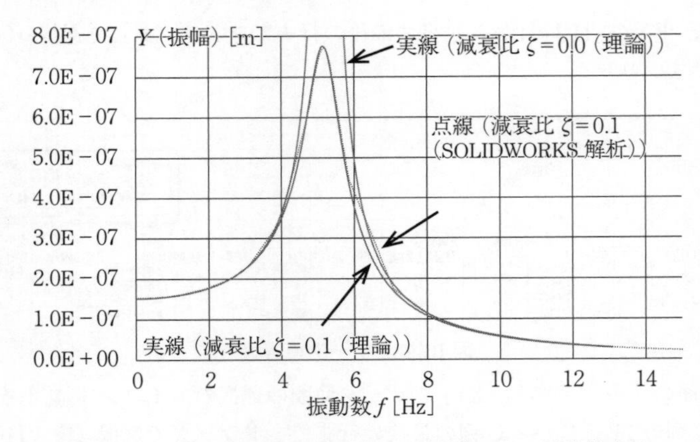

図 10.30　SOLIDWORKS 解析および理論による周波数応答

（**課題 5**）グラフから読み取ることで，SOLIDWORKS による減衰比を式（10.20）より計算し，次式を用いて誤差を計算します．設定値とは【10.7】で設定した減衰比 0.1 を示します．それらの結果を**表 10.2** に示します．

$$(\text{誤差})=\left|\frac{(\text{SOLIDWORKS 解析値})-(\text{設定値})}{(\text{設定値})}\right|\times 100=\left|\frac{0.096749-0.1}{0.1}\right|\times 100=3.25\ \% \qquad (10.25)$$

表 10.2　減衰比（ζ）の比較

設定値	SOLIDWORKS 解析値	誤差［%］
0.1	0.096749	3.25

11章　梁の振動（線形動解析）

11.1　梁の振動解析

10章では，振動解析の理解を促進するため，一自由度系の強制振動を例に過渡応答解析，および周波数応答解析を取り上げました．このようなモデルは，1つの質量に1つのばねを設置する簡易な形状であり，基本的な振動現象を理解するうえで大変重要になります．しかし，冷蔵庫，洗濯機，扇風機などの実際の“もの”の振動を考えると，このような一自由度系での解析モデルで，すべての“もの”の振動を分析することは困難です．

一自由度系の振動モデルとこれらの実際の“もの”の振動とは何が異なるのでしょうか？それは，一自由度系の解析モデルでは，分銅を1つの塊の質量（すなわち質点）とみなし，また円筒の棒（すなわち線）を1つのばねとみなしました．実際の“もの”の振動を解析するためには，質点が空間方向に連続的に分布するとみなし，それらの質点の間を線で結合します．それらの線をばねでモデル化します．

本章では，**図11.1**に示すような連続的に空間方向に分布する質量を近似的に表した**多自由度系解析モデル**を取り上げます．このタイプのモデルの中で固有振動数の理論解をもつ梁を例に取り上げます．

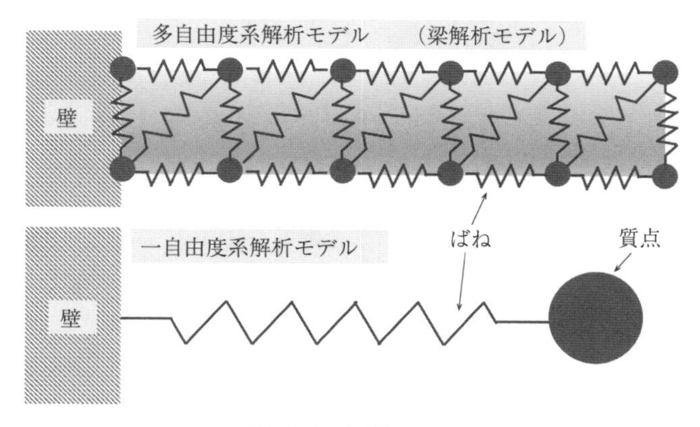

図11.1　解析モデル

11.2　梁の固有振動数

梁の固有角振動数 rad/s，および固有振動数 Hz（=1/s）を次式で計算します．

$$\omega=\frac{\lambda^2}{l^2}\sqrt{\frac{EI}{\rho A}} \tag{11.1}$$

$$f=\frac{\lambda^2}{2\pi l^2}\sqrt{\frac{EI}{\rho A}} \tag{11.2}$$

ρ は梁の密度，A は梁の断面積，l は梁の長さ，E は梁の弾性係数，I は梁の断面二次モーメントを示します．λ は次式を満たす値となります．

$$1+\cos\lambda\cosh\lambda=0 \tag{11.3}$$

電卓等で求めると，複数の解が得られます．その解の中で必要となる解を記述しておきます．

$$\lambda=1.875,4.964,7.855,\cdots \tag{11.4}$$

λ の値が小さいほうから，$n=1,2,3,\cdots$ と固有振動モードの次数を割り振ります．それぞれの固有振動モードは**図 11.2** のようになります．

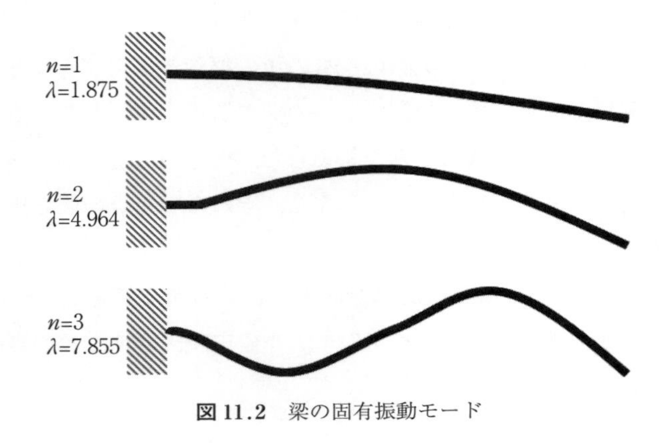

図 11.2　梁の固有振動モード

11.3　梁の振動を解析してみましょう

（**課題 1**）**図 11.3** に示す梁の解析モデルを作成してみましょう．梁の長さを 1.0 m，梁の断面を正方形とし，一辺を 0.01 m とします．梁の端部を固定し，もう一方の端部に $F=1.0$ N の荷重を負荷します．SOLIDWORKS の調和解析を選択すると，次式となります．

$$F\sin(\omega t)=1\cdot\sin(\omega t)=\sin(\omega t) \tag{11.5}$$

式（11.5）で外力を設定したことになります．ω は角振動数，t は時間を示します．減衰比を 0.001 に設定します．材料を合金鋼に設定します．

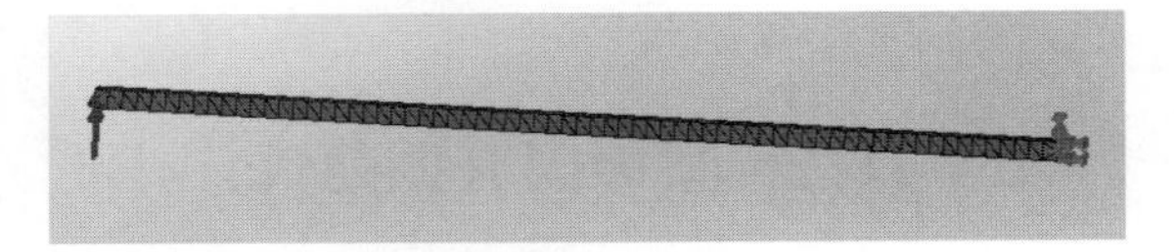

図 11.3　梁の解析モデル

（**課題 2**）総解析時間，節点数，要素数，密度，弾性係数および断面二次モーメント（式（5.4））のデータを表（表 11.2（11.5 節））にまとめましょう．

（**課題 3**）梁の固有振動数の理論値と SOLIDWORKS 解析値，および誤差（式（3.12））を表

（表11.3（11.5節））にまとめましょう．

（課題4） それぞれの固有振動数に対する固有振動モードを確認しましょう．

（課題5） 周波数応答のグラフを作成してみましょう．縦軸を変位m，横軸を振動数Hzとします．

11.4　操作手順

【11.1】SOLIDWORKSの起動と初期設定（▶【2.1】）

【11.2】単位系の設定（その1）（▶【2.2】）

【11.3】矩形のスケッチ（▶【2.6】）（**図11.4**）

○「矩形コーナー」をクリック→「Front」の面をポインタで選択→①原点にポインタを移動し，クリック→②ドラッグし，適当なところでクリック．適当な長方形をスケッチ→③点線の枠内に数値を入力（長さは縦0.01 m，横0.01 mです．図ではx軸およびy軸の負の方向に作図しています．）→④「✔」をクリック

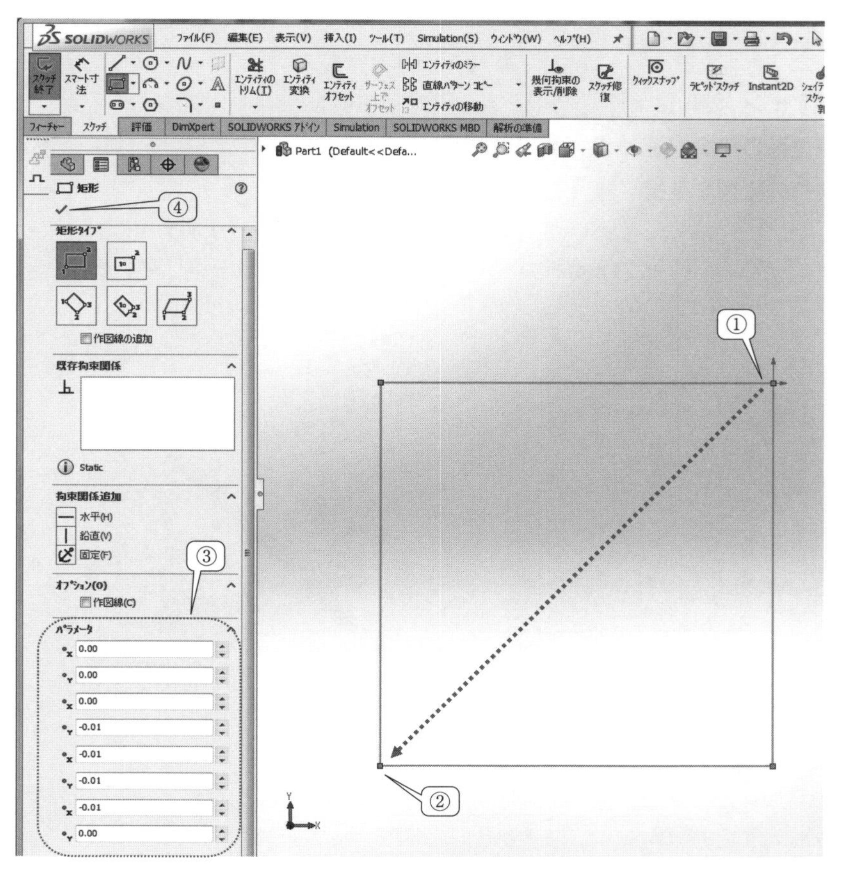

図11.4　矩形のスケッチ

【11.4】3次元矩形の作成（▶【2.7】）（図11.5）

○「フィーチャー」タブをクリック→「押し出しボス/ベース」をクリック→①点線の枠内に数値1.0mを入力→②「✔」をクリック

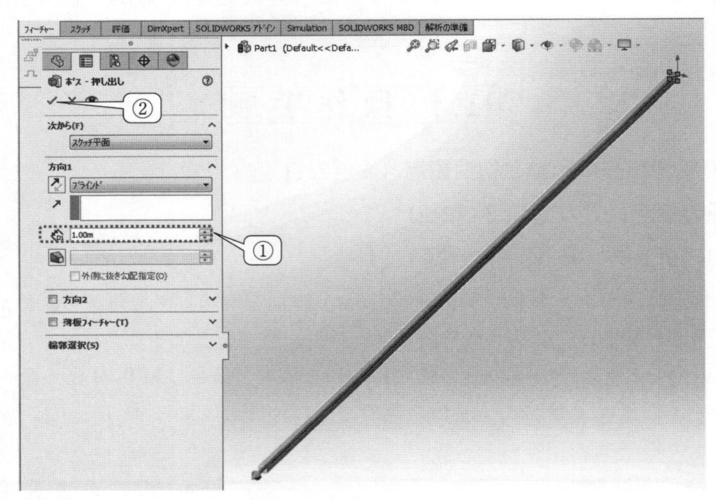

図11.5　3次元の梁

【11.5】アドイン（▶【2.8】）

【11.6】単位系の設定（その2）（▶【2.3】）

【11.7】解析の種類を選択（▶【2.9】）（図11.6）

①「スタディ」の中の「線形動解析」のアイコンをクリック→②「オプション」の調和解析のアイコン「▭」をクリック→③「✔」をクリック

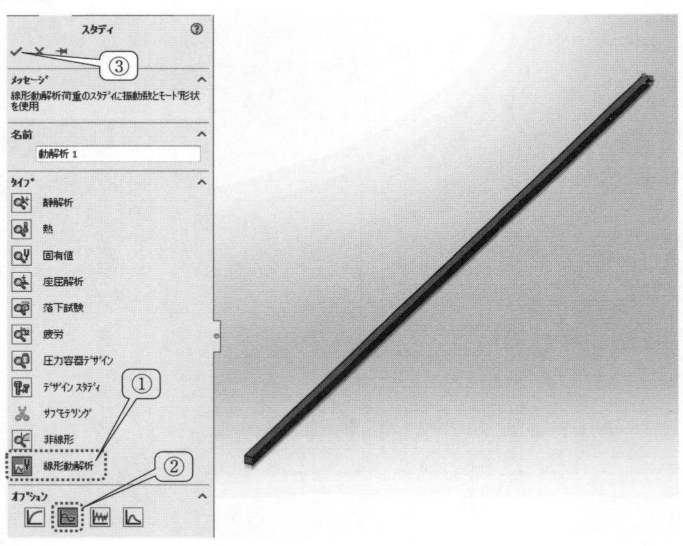

図11.6　解析タイプの選択

【11.8】材料設定（▶【2.10】）

○「Part1」を右クリック →「設定/編集　材料特性」をクリック→材料を「合金鋼」に設定

【11.9】拘束の設定（▶【2.11】）（**図 11.7**）

○「拘束」を右クリック → ①「固定ジオメトリ」をクリック→②梁の端面をポインタで選択→③「✔」をクリック

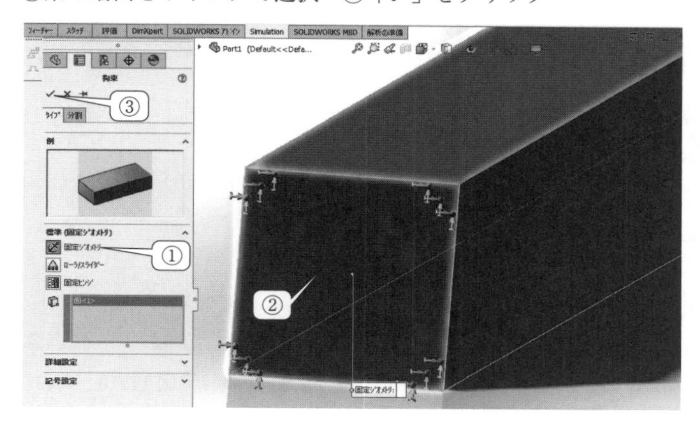

図 11.7　拘束の設定

【11.10】外部荷重の設定（▶【2.12】）（**図 11.8**）

○「外部荷重」を右クリック→「力」をクリック→①拘束面とは異なるもう一方の端面にポインタを合わせ，クリックで面を選択→②「選択された方向」にチェック→③端面のエッジを選択（4 辺のどれでもかまわない）→④「力」を 1.0 N に設定→⑤「✔」をクリック

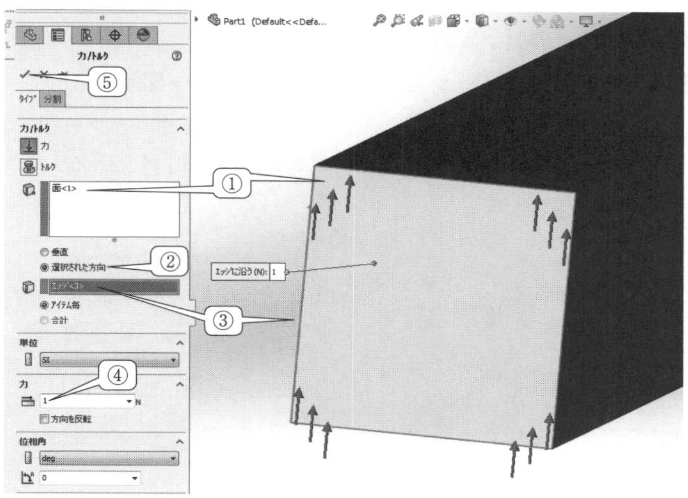

図 11.8　外部荷重の設定

【11.11】減衰比の設定（▶【2.14】）

○モーダル減衰を選択し，減衰比 0.001 を入力

【11.12】解析条件の設定（図 11.9〜図 11.10）

①「動解析 1」を右クリック→②「プロパティ」をクリック→③「調和性オプション」のタブをクリック→④「上限」1000 を入力→⑤単位を「Cycles/sec (Hz)」に変更→⑥「OK」をクリック

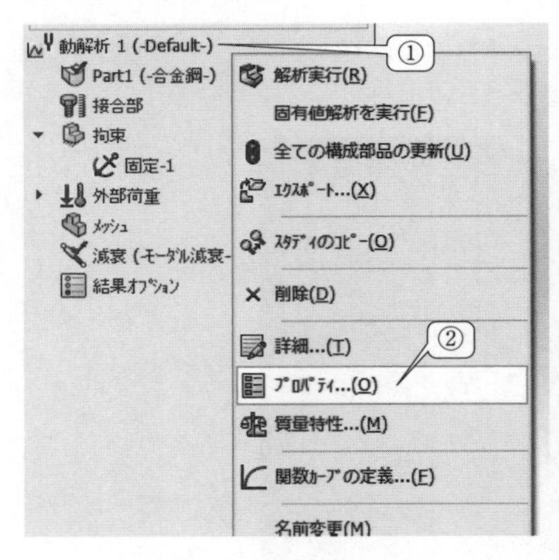

図 11.9　プロパティ

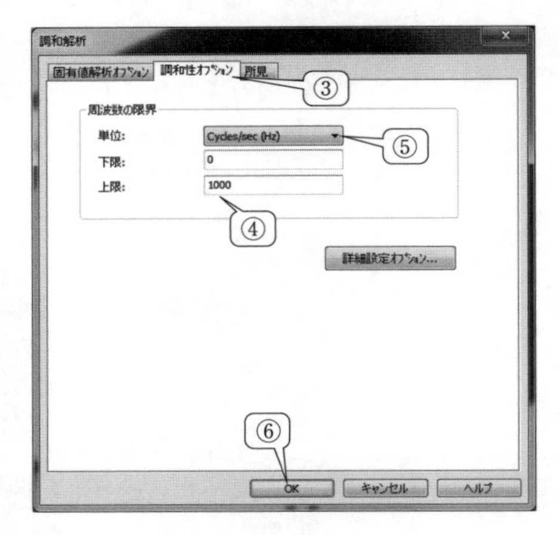

図 11.10　調和性オプション

【11.13】メッシュを作成する（▶【2.15】）

○メッシュ密度を「細い」に設定し，「✔」をクリック

【11.14】解析実行（▶【2.16】）

【11.15】ソルバのメッセージ（▶【2.17】）

○（課題 2）の表 11.2 に記入

【11.16】質量特性（▶【2.18】もしくは【9.15】）

【11.17】固有振動数表示（▶【2.20】）

【11.18】固有振動モードのアニメーションを表示（図 11.11〜図 11.13）

①「結果」を右クリック→②「モード形状プロット定義」をクリック→③「▼」もしくは「▲」をクリックし，固有振動モードの次数を選択→ ④「✔」をクリック

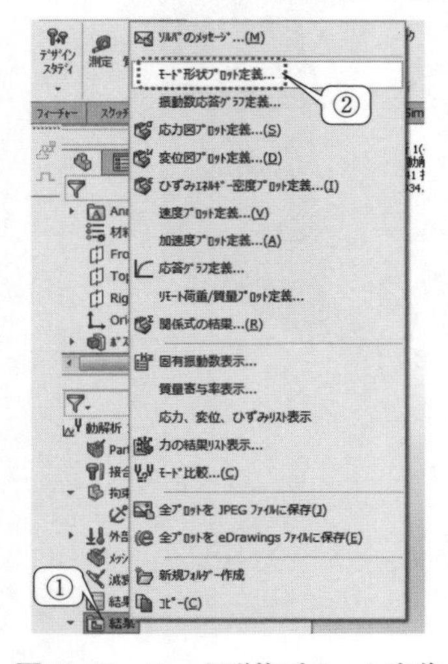

図 11.11　モード形状プロット定義

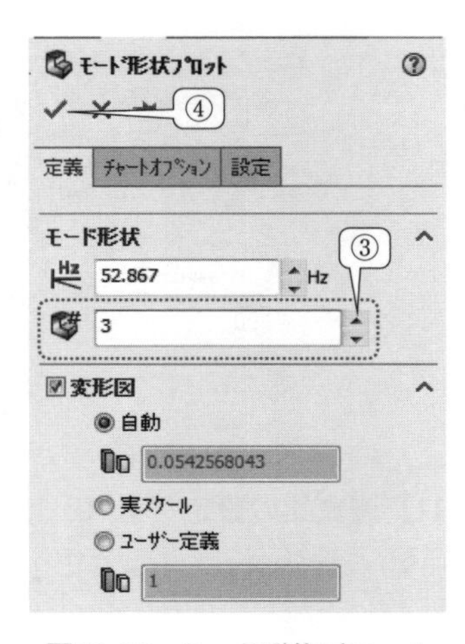

図 11.12　モード形状プロット

⑤「モード形状1」を右クリック→⑥「アニメーション」をクリック→固有振動モードの運動の様子を確認

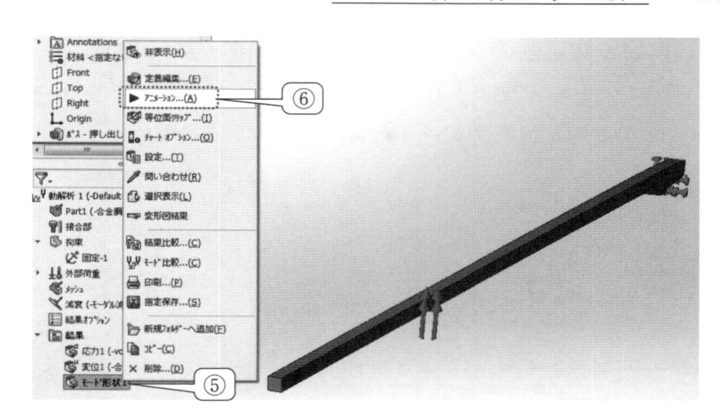

図 11.13　モード形状プロット

固有振動数と固有振動モードのリストを**表 11.1** に示します．近接する固有振動数が2つずつあることに気づきます．この理由は，梁の断面が上下左右対称である正方形に起因します．例えば1次の固有振動モードについて考えると，梁端部が左右に振動する固有振動数と梁端部が上下に振動する固有振動数は，ほぼ一致します．梁端部の左右運動を上下運動と比較すると，運動の方向が異なるだけで，振動の様子自体には区別がありません．断面を長方形にすると，左右運動および上下運動は，断面の幅と高さが異なるため，近接する固有振動数は2つの固有振動数へと分離します．梁の固有振動モードの図を確認しながら，どのモードと一致するか，アニメーションを見ながら注意深く識別してください．

表 11.1　固有振動数および固有振動モードのリスト

固有振動数	次数と λ	固有振動モード
モデル名：Part1 スタディ名：動解析 1（-デフォルト-） 表示タイプ：線形動解析 モード形状 モード形状 1 モード形状：1 固有振動数＝8.44 Hz 変形スケール：0.0471456	$n=1$ $\lambda=1.875$	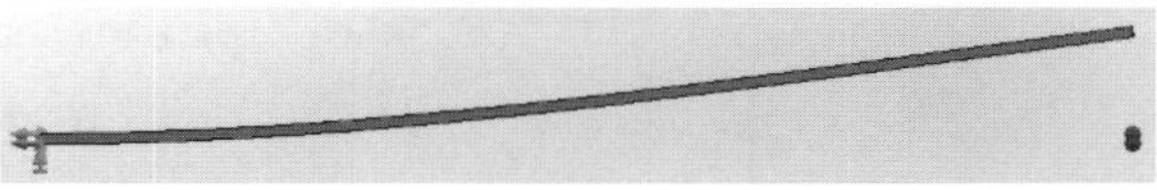
モデル名：Part1 スタディ名：動解析 1（-デフォルト-） 表示タイプ：線形動解析 モード形状 モード形状 1 モード形状：2 固有振動数＝8.44 Hz 変形スケール：0.0471456	$n=1$ $\lambda=1.875$	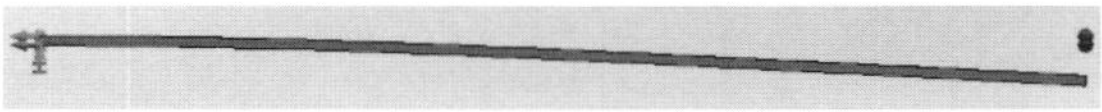
モデル名：Part1 スタディ名：動解析 1（-デフォルト-） 表示タイプ：線形動解析 モード形状 モード形状 1 モード形状：3 固有振動数＝52.867 Hz 変形スケール：0.0542658	$n=2$ $\lambda=4.964$	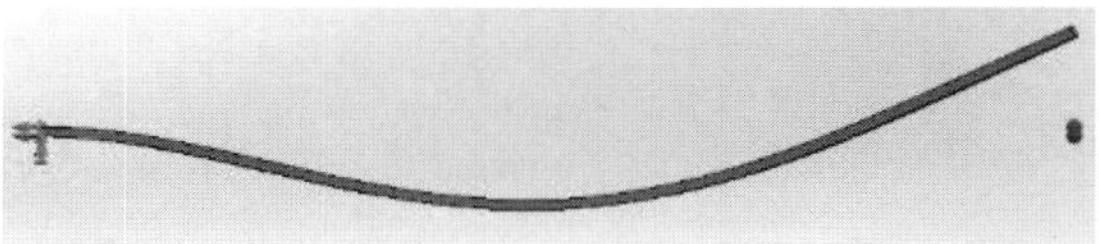
モデル名：Part1 スタディ名：動解析 1（-デフォルト-） 表示タイプ：線形動解析 モード形状 モード形状 1 モード形状：4 固有振動数＝52.867 Hz 変形スケール：0.0542658	$n=2$ $\lambda=4.964$	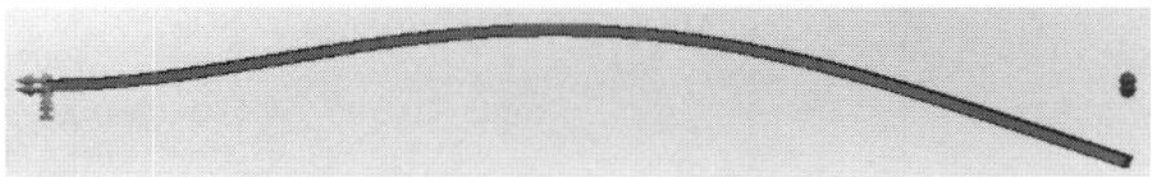
モデル名：Part1 スタディ名：動解析 1（-デフォルト-） 表示タイプ：線形動解析 モード形状 モード形状 1 モード形状：5 固有振動数＝147.92 Hz 変形スケール：0.058537	$n=3$ $\lambda=7.855$	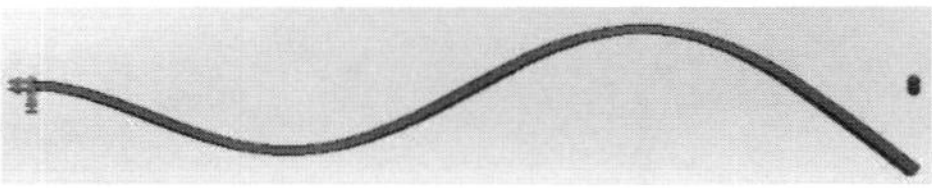
モデル名：Part1 スタディ名：動解析 1（-デフォルト-） 表示タイプ：線形動解析 モード形状 モード形状 1 モード形状：6 固有振動数＝147.92 Hz 変形スケール：0.0585365	$n=3$ $\lambda=7.855$	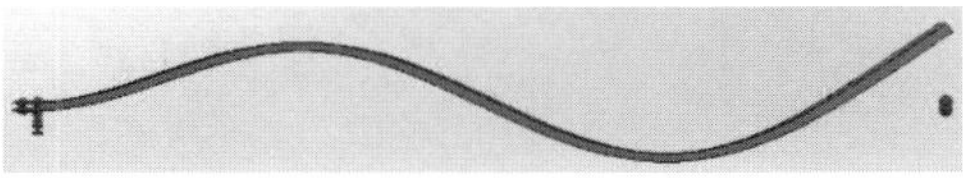
…	…	…

【11.19】周波数応答のグラフ作成（図 11.14～図 11.20）

○「変位 1」をダブルクリック→①「変位 1」を右クリック→②「問い合わせ」をクリック→③梁の先端位置を選択→④応答のアイコンをクリック

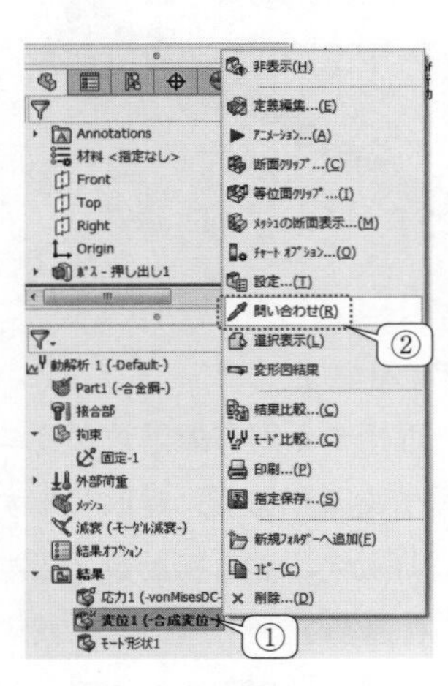

図 11.14　問い合わせ

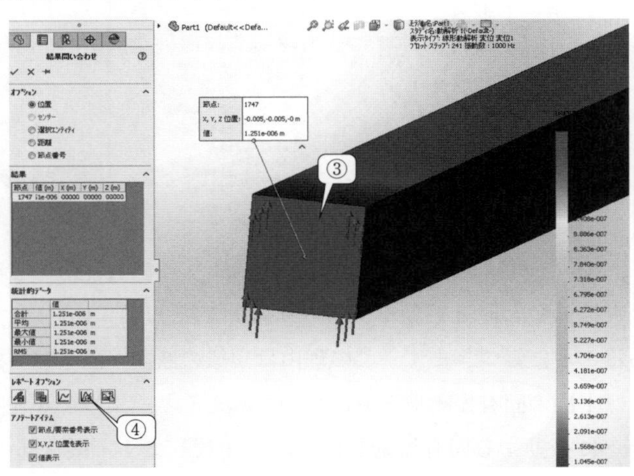

図 11.15　データ抽出

○グラフの曲線を確認するため，グラフの表示を両対数グラフに変更→⑤「Options」をクリック→⑥「Properties」をクリック

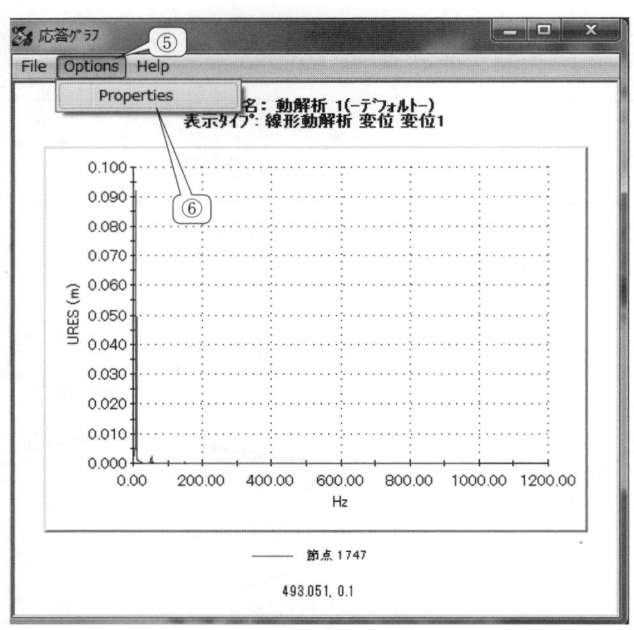

図 11.16　周波数応答

⑦「Axes」のタブをクリック→⑧「Axes」の「X」をクリック→⑨「IsLogarithmic」にチェック→⑩「適用」をクリック

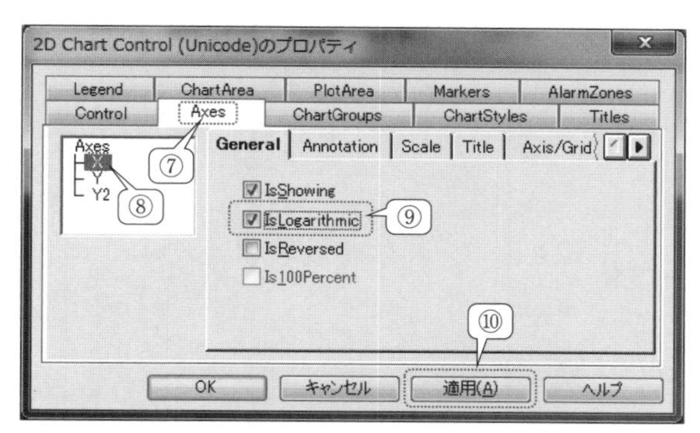

図 11.17 Chart Control

⑪「Scale」のタブをクリック→⑫「Min：」に 1 を入力→⑬「適用」をクリック

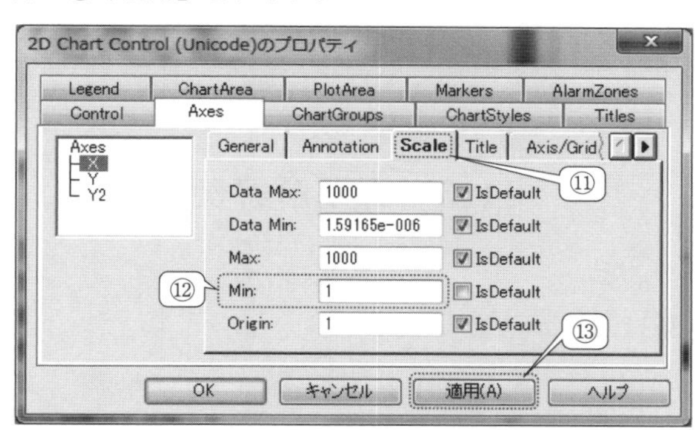

図 11.18 Chart Control

⑭「Axes」のタブをクリック→⑮「Y」をクリック→⑯「General」のタブをクリック→⑰「IsLogarithmic」にチェック→⑱「適用」をクリック→⑲「OK」をクリック

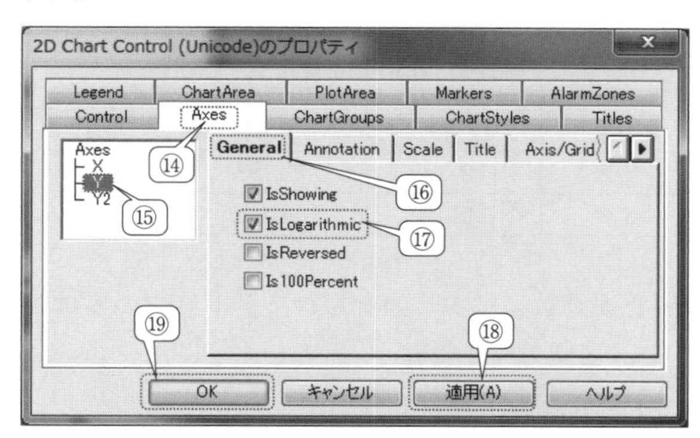

図 11.19 Chart Control

⑳周波数応答のグラフを表示（課題5）

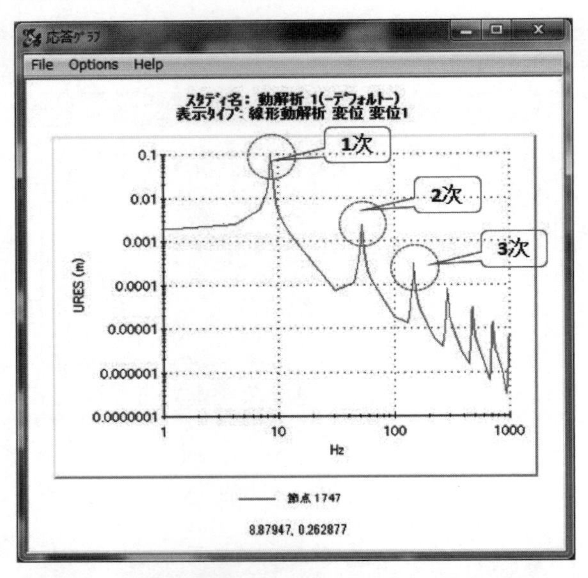

図 11.20　梁の周波数応答（横軸：振動数，縦軸：変位）

11.5　課題解答例

（**課題 1**）11.4 節参照のこと

（**課題 2**）解析情報を**表 11.2** に示します．

表 11.2　解 析 情 報

項目	総解析時間	節点数	要素数	密　度 [kg/m³]	弾性係数 [Pa]	断面二次モーメント（式（5.4）参照）[m⁴]
値	00：03：05	11058	5339	7700	2.1×10^{11}	8.33×10^{-10}

（**課題 3**）固有振動数の理論値と SOLIDWORKS 解析値の比較を**表 11.3** に示します．

表 11.3　固有振動数の理論値と SOLIDWORKS 解析値の比較

固有振動モード次数	理論値 [Hz]	SOLIDWORKS 解析値 [Hz]	誤差 [%]
1 次	8.43	8.44	0.12
2 次	59.12	52.87	10.57
3 次	148.04	147.92	0.08

（**課題 4**）それぞれの固有振動数に対する固有振動モードについては表 11.1 を参照してください．

（**課題 5**）【11.19】の図 11.20 参照のこと

12章　円環の振動（線形動解析）

12.1　円環の振動解析

11章では，振動解析の理解を促進するため，梁の解析モデルを取り上げ，固有振動数の理論値とSOLIDWORKSによる解析値を比較しました．本章では円環の解析モデルを取り上げ，前章と同様に固有振動数の理論値とSOLIDWORKSによる解析値を比較します．

12.2　円環の固有振動数

円環の固有角振動数ωおよび固有振動数fは次式となります．

$$\omega=\frac{n(n^2-1)}{\sqrt{n^2+1}}\sqrt{\frac{EI}{\rho A a^4}}\quad n=2,3,4\cdots \tag{12.1}$$

$$f=\frac{n(n^2-1)}{2\pi\sqrt{n^2+1}}\sqrt{\frac{EI}{\rho A a^4}}\quad n=2,3,4\cdots \tag{12.2}$$

ここで，aは円環の半径，Iは円環の断面二次モーメント，Aは円環の断面積です．このときの円環の固有振動モードを**図12.1**にまとめます．

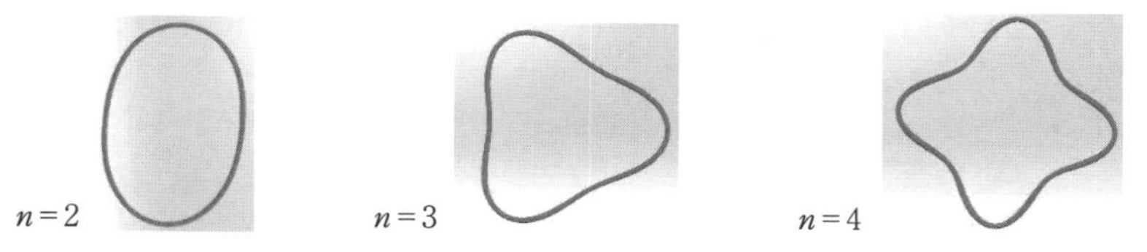

1次（四節円環振動モード）　2次（六節円環振動モード）　3次（八節円環振動モード）

図12.1　円環の固有振動モード

12.3　円環の振動を解析してみましょう

（**課題1**）**図12.2**に示す円環の解析モデルを作成してみましょう．円環の直径を0.2mとします．円環の断面は円であり，直径は0.003mとなります．周波数応答を計算するためには，拘束条件を必要とします．そのため円環に針金を取り付けます．円環は針金と一体であり，円環に取り付けた針金の長さを0.2mとします．針金の端部を変位固定し，材料を合金鋼に設定します．また，減衰比を0.001に設定します．

（**課題2**）総解析時間，節点数，要素数，密度，弾性係数および断面二次モーメントのデータを表（表12.1（12.5節））にまとめましょう．

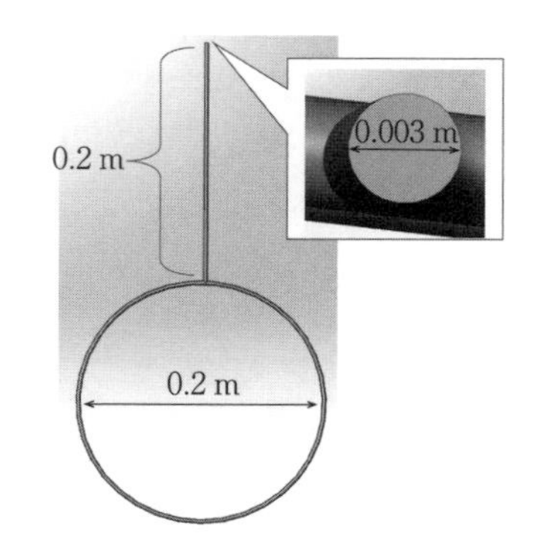

図12.2　円環の解析モデル

（**課題 3**）円環の固有振動数の理論値と SOLIDWORKS 解析値，および誤差（式（3.12））を表（表 12.2（12.5 節））にまとめましょう．

（**課題 4**）1 次から 3 次までの固有振動数に対する固有振動モードを表（表 12.3（12.5 節））にまとめましょう．

（**課題 5**）周波数応答のグラフを作成してみましょう．縦軸を変位 m，横軸を振動数 Hz とします．

12.4 操作手順

【12.1】SOLIDWORKS の起動と初期設定（▶【2.1】）

【12.2】単位系の設定（▶【2.2】）

【12.3】円のスケッチ（▶【2.4】）

○座標原点を円の中心とし，円をスケッチ→「✔」をクリック（半径は後ほど調整します）

【12.4】中心線の作成（**図 12.3**）

①「中心線」を選択→②「垂直」を選択→③適当な所に適当な長さの中心線を描きます．マウス左ボタンを押したまま，ドラッグ→④「直線プロパティ」を終了するため「✔」をクリック→「直線の挿入」を終了するため「✔」をクリック

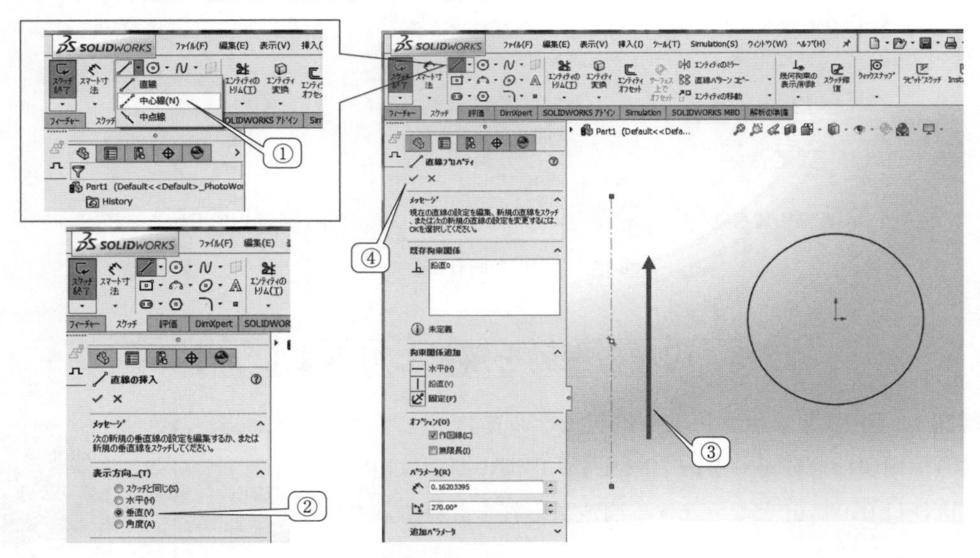

図 12.3　スケッチ

【12.5】寸法の調整（図 12.4～図 12.5）

○「スケッチ」タブをクリック→①「スマート寸法」をクリック→②円をクリック→③中心線をクリック→④円と中心線の中間（適当な位置）をクリック→⑤「変更」ボックスに 0.10 と入力→⑥「変更」ボックスの「✔」をクリック→⑦「寸法配置」の「✔」をクリック

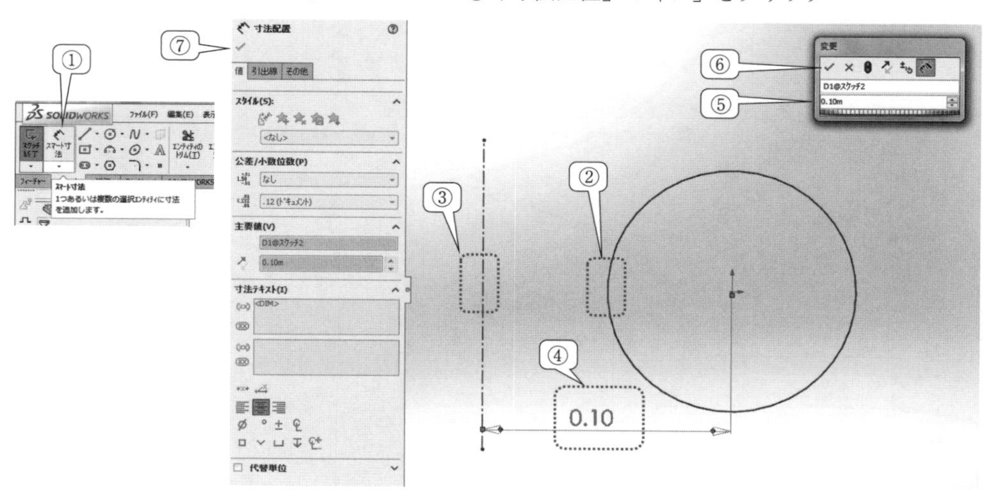

図 12.4 スマート寸法

○「スマート寸法」をクリック→①円をクリック→②適当な場所（図では円の上方）をクリック→③「変更」のボックス内に，0.003 と入力→④「変更」を終了するため，「✔」をクリック→⑤「寸法配置」を終了するため，「✔」をクリック

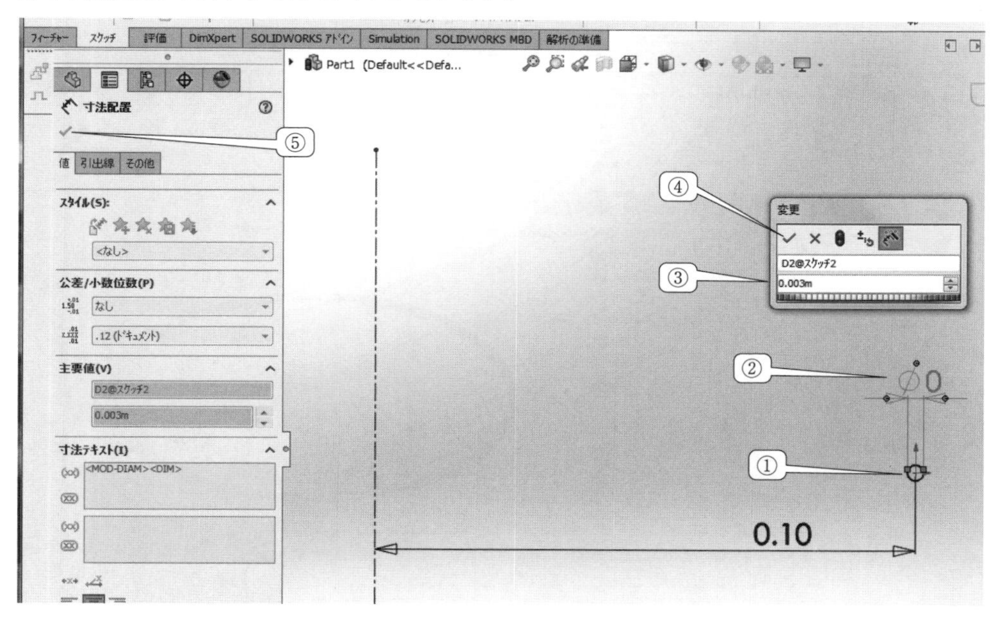

図 12.5 スマート寸法による円の直径入力

【12.6】円環の作成（図 12.6）

①「フィーチャー」タブをクリック→②「回転ボス/ベース」をクリック→③回転軸として中心線（【12.4】）をクリック→④「✔」をクリック

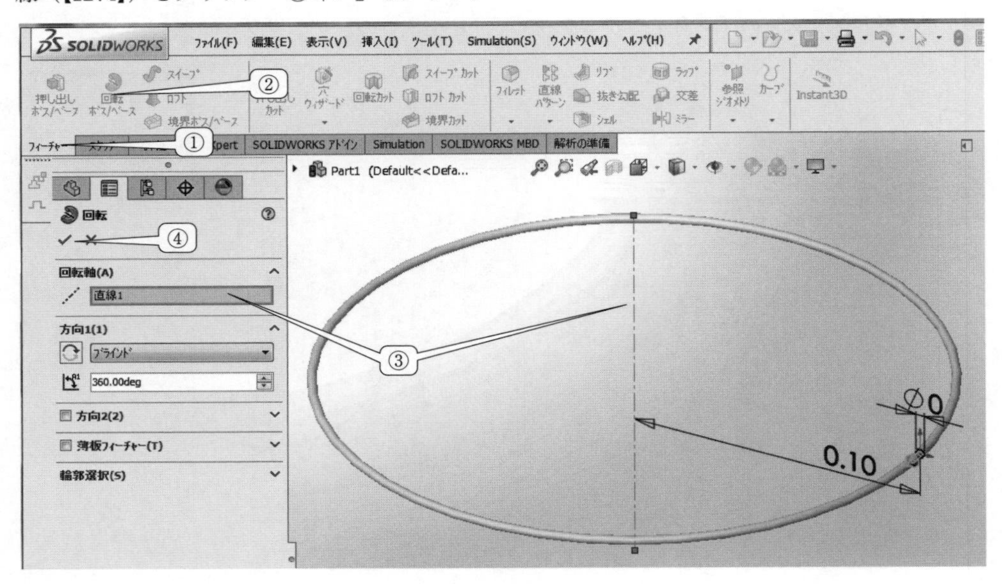

図 12.6　円環の作成

【12.7】円環を吊り下げる針金のスケッチ（図 12.7〜図 12.9）

①「スケッチ」タブをクリック→②円をクリック→③「▼」をクリックし，ツリーを展開→④「Right」の面をクリック

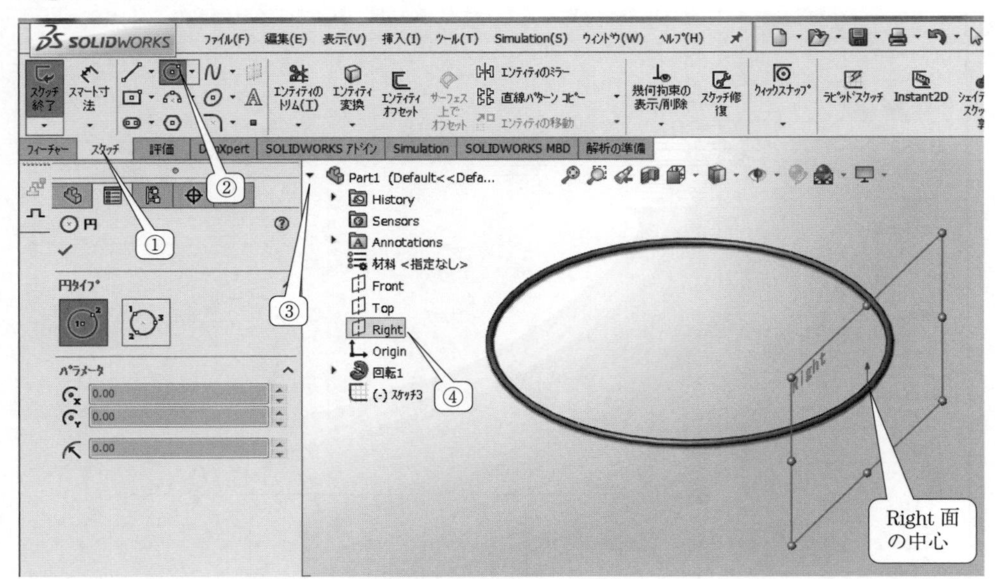

図 12.7　スマート寸法による円の直径入力

○「Right」の面の原点から半径1.5×10^{-3} m の円を描きます　⑤「Right」の面の中心をクリック→⑥中心から離れるようにドラックし，適当な位置でクリック→⑦ボックスに0.0015（針金断面の半径）と入力する．→⑧「✔」をクリック

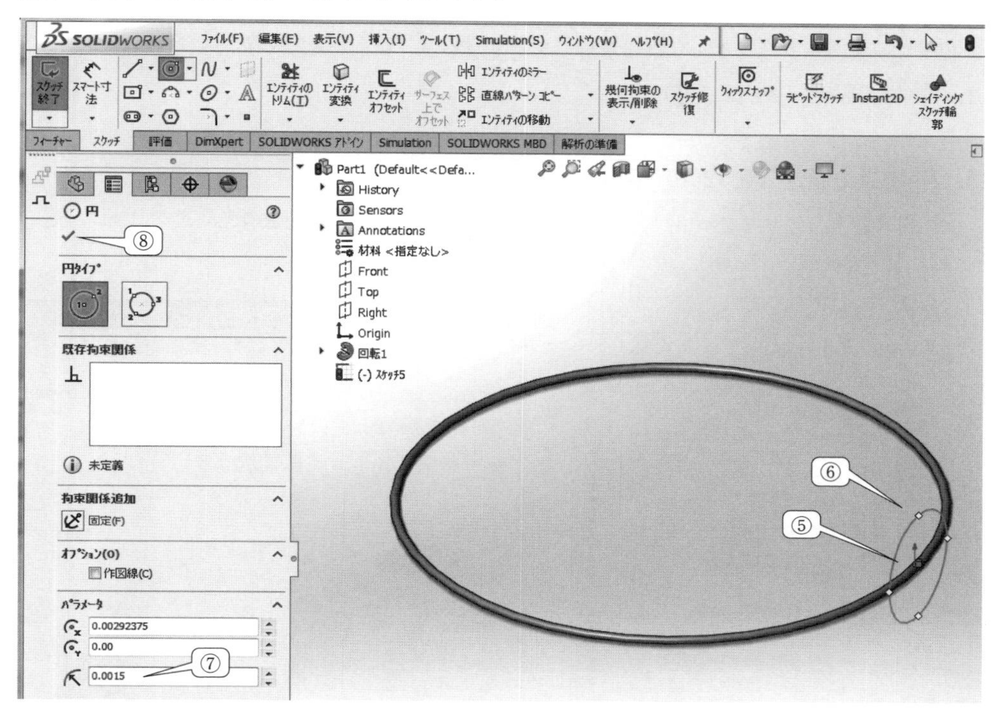

図 12.8　円のスケッチ

⑨「フィーチャー」タブをクリック→⑩「押し出しボス/ベース」をクリック→⑪ 0.2 をボックスに入力→ ⑫「✔」をクリック

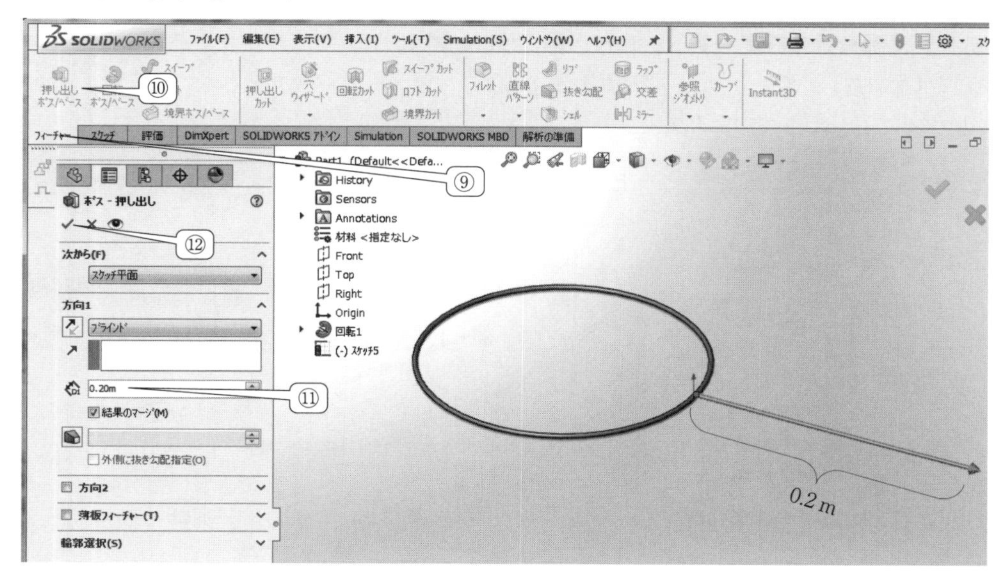

図 12.9　針金の作成

【12.8】アドイン（▶【2.8】）

【12.9】単位系の設定（その 2）（▶【2.3】）

【12.10】解析の種類を選択（▶【2.9】もしくは【11.7】）

○「線形動解析」をクリック→「調和解析」をクリック→「✔」をクリック

【12.11】材料設定（▶【2.10】）

○「合金鋼」に設定

【12.12】拘束の設定（図 12.10〜図 12.11）（▶【2.11】）

①「拘束」を右クリック→②「固定ジオメトリ」をクリック→③針金の先端をクリック→④「✔」をクリック

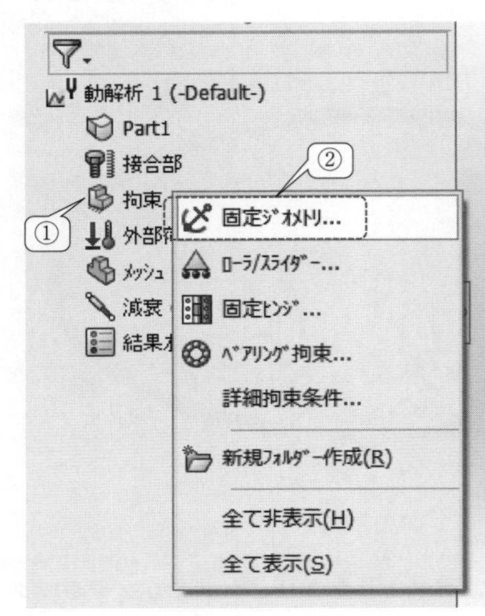

図 12.10　固定ジオメトリ

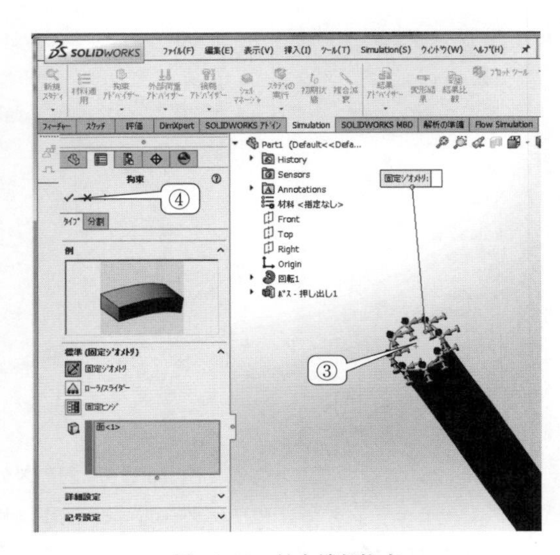

図 12.11　針金端部拘束

【12.13】外部荷重の設定（▶【2.12】）**（図 12.12〜図 12.15）**

①「外部荷重」を右クリック→②「一様地盤振動」をクリック→③ Part1 の左の「▼」をクリックし，「Part1」の内容を展開

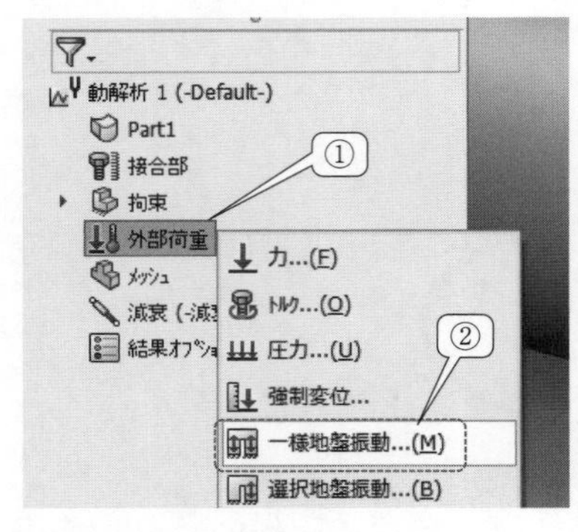

図 12.12　一様地盤振動

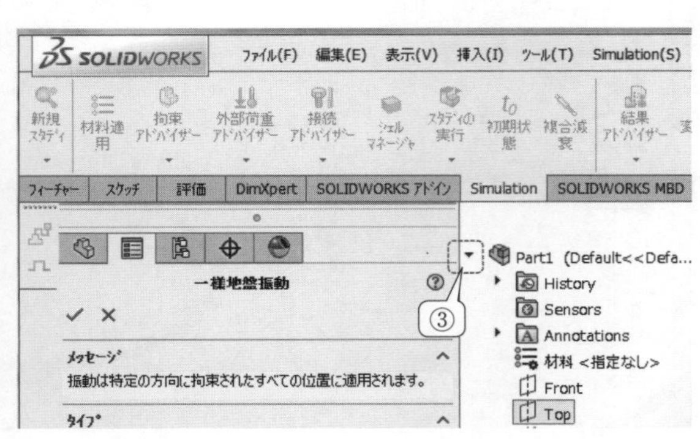

図 12.13　Part1 ツリー展開

④図に示すように，針金付き円環と平行になる面を選択．図では「Top」の面を選択

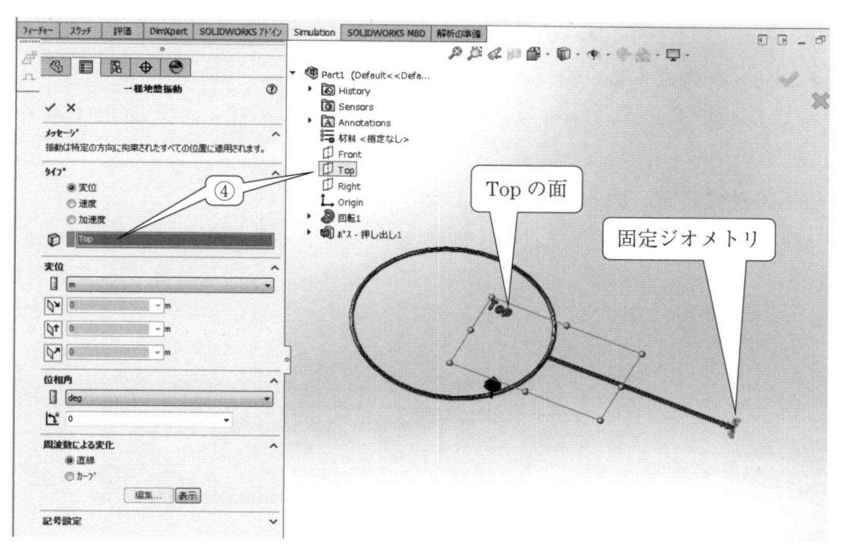

図 12.14　Top の面選択

○「Top」の面に対して垂直方向に，変位 1.0 m の振幅の正弦波を解析モデルに与えるように設定→⑤「変位」をクリック→⑥アイコン「 」をクリック→⑦ 1.0 を入力→⑧「✔」をクリック

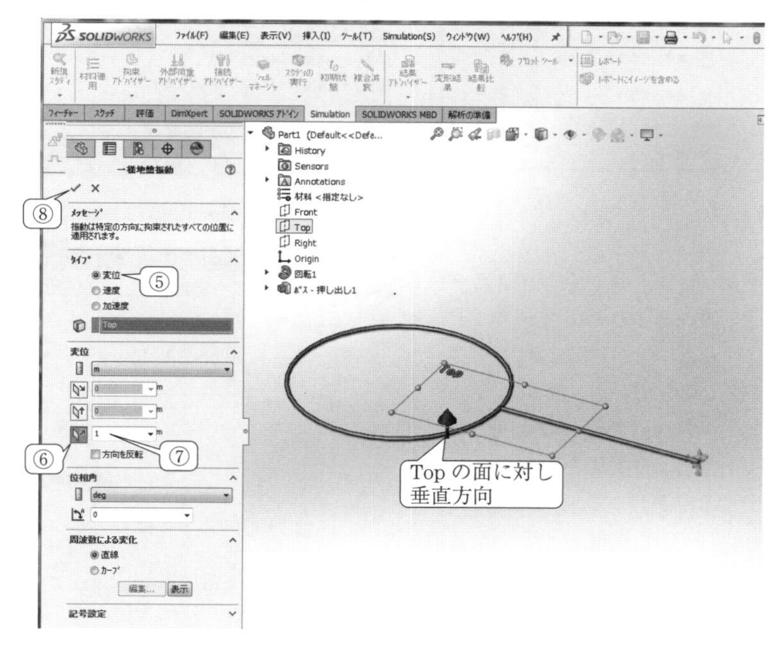

図 12.15　一様地盤振動の設定

【12.14】 減衰比の設定（▶【2.14】）

○「減衰」を右クリック→「設定/編集」をクリック→「モーダル減衰」をクリック→「最後のモード」に 30 を入力→「減衰比」に 0.001 を入力→「✔」をクリック

【12.15】 メッシュを作成する（▶【2.15】）

○「メッシュ」を右クリック→「メッシュ作成」をクリック →「メッシュ密度」を「細い」に設定→「✔」をクリック

【12.16】 解析条件の設定（図 12.16～図 12.18）

①「動解析」を右クリック→②「プロパティ」をクリック→③「固有値解析オプション」のタブをクリック→④「計算する固有値数」に 30 を入力.（注）「計算する固有値数」は【12.14】の「最後のモードの数」と一致させる必要があり，異なっていればエラーとなります.

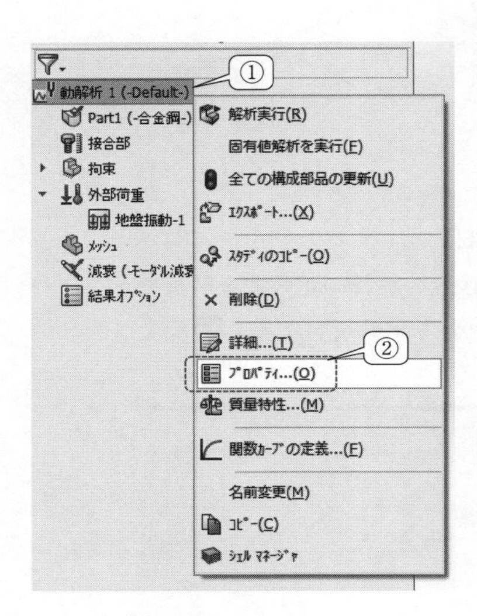

図 12.16　プロパティ

図 12.17　固有値解析オプション

⑤「調和性オプション」タブをクリック→⑥周波数の「下限」を 100 と入力→⑦「上限」を 1200 と入力→「OK」をクリック（事前に式（12.2）を用い，1 次から 3 次の固有振動モードの振動数がどの程度かを把握すると，下限および上限をおおよそどの程度に設定するかがわかる）

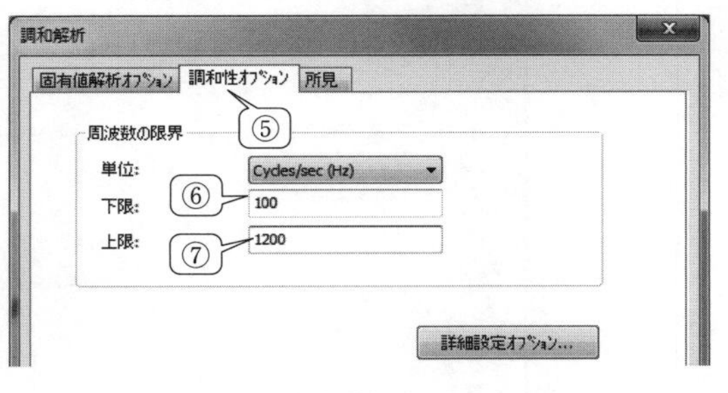

図 12.18　固有値解析オプション

【12.17】 解析実行（▶【2.16】）

○動解析を右クリック→解析実行

【12.18】 ソルバのメッセージ（▶【2.17】）

【12.19】質量特性（▶【2.18】）

○表 12.1 の質量密度を記入

【12.20】固有振動数表示（▶【2.20】）

○固有振動数をメモ

【12.21】固有振動モードのアニメーションを表示（**図 12.19～図 12.21**）

①「結果」を右クリック→②「モード形状プロット」の「定義」のタブをクリック→③「▼」もしくは「▲」のアイコンをクリックし，確認したいモード数を選択→④「✔」をクリック

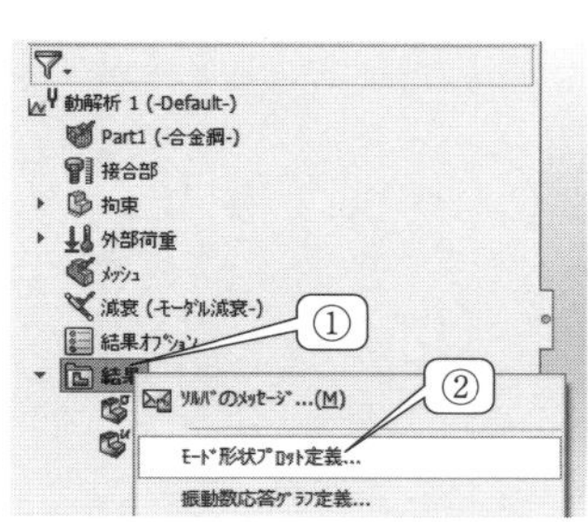
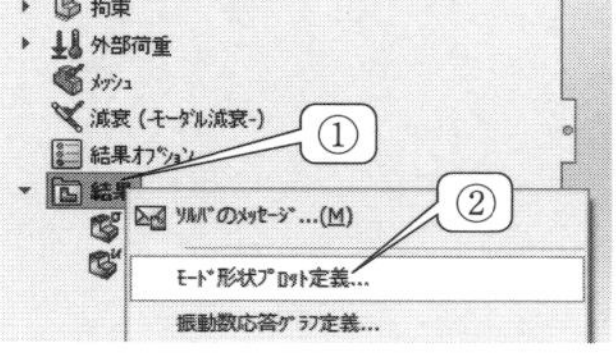

図 12.19 モード形状プロット定義

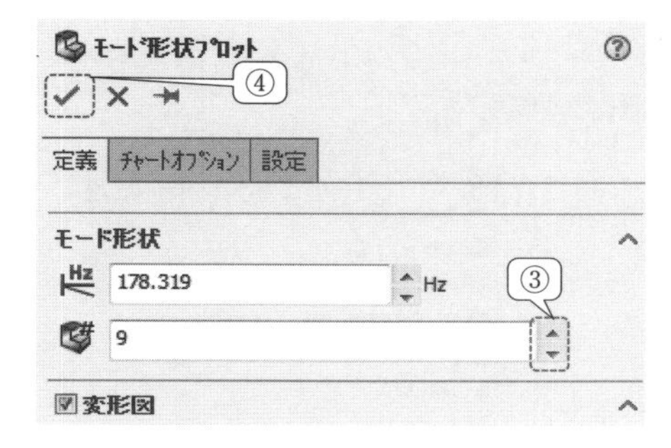

図 12.20 モード形状プロット

⑤「モード形状 1」を右クリック→ ⑥「アニメーション」をクリック→固有振動モードの様子を観察し，図 12.1 に示す円環振動モードを探します．対象となる固有振動モードの画像を PrintScreen のキーを用い，Word にコピーします）

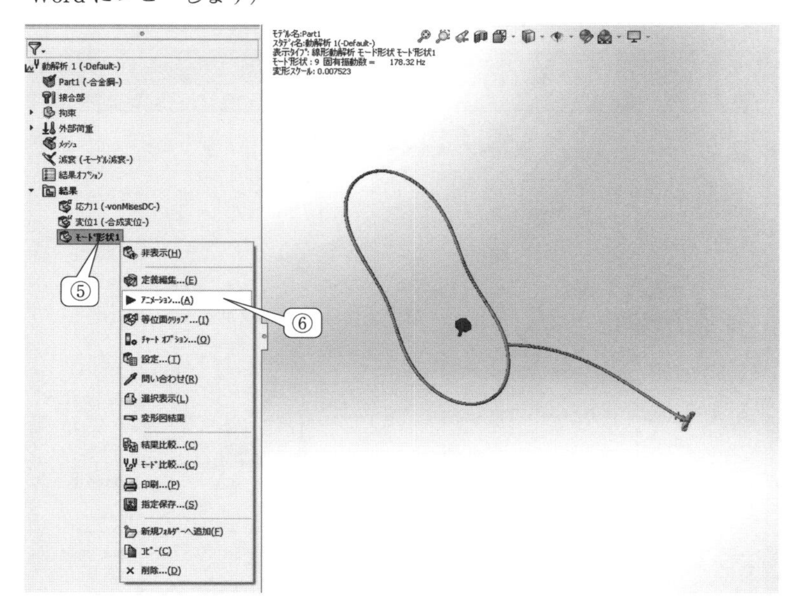

図 12.21 固有振動モード

【12.22】円環の周波数応答のグラフを作成（図 12.22～図 12.24）

①「変位」をダブルクリック→②「変位」を右クリック→③「問い合わせ」をクリック→④円環と針金の接続部分を始点に，円周に沿って，約 10 度の間隔で，円環四半円を順次クリックしていきます→⑤応答をクリック

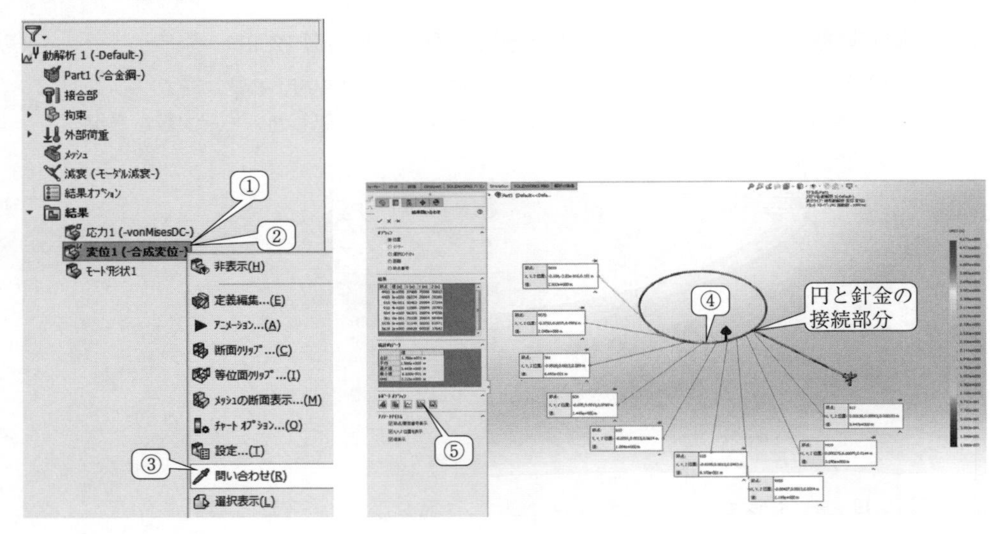

図 12.22　問い合わせ　　　　**図 12.23**　周波数応答の位置

⑥選択した 9 点の周波数応答のグラフが画面上に表示されます．各固有振動モードにおいて，腹（振幅が大きい位置）と節（振幅がない位置）になる位置が異なります．それぞれの固有振動モードに応じて，振幅が大きい応答点と小さい応答点があることに注意して下さい．

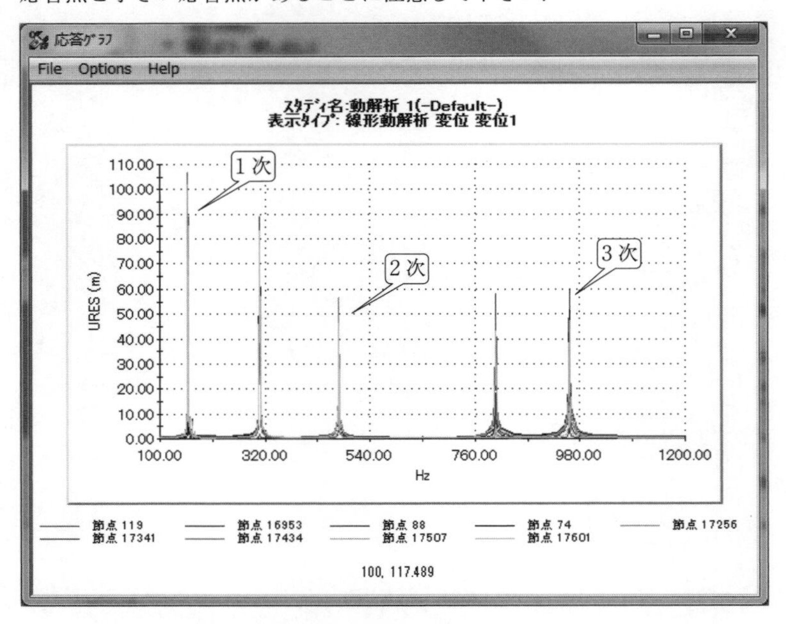

図 12.24　円環の周波数応答（横軸：振動数 Hz，縦軸：変位 m）

12.5　課題解答例

（**課題 1**） 12.4 節参照のこと

（**課題 2**） 解析情報を**表 12.1** に示します.

表 12.1　解 析 情 報

項　目	値
総解析時間	00：04：03
節点数	15169
要素数	7216
密度 [kg/m^3]	7700
弾性係数 [Pa]	2.1×10^{11}
断面二次モーメント [m^4]	3.98×10^{-12}

断面二次モーメントは次式より得られます.

$$I=\frac{\pi}{64}d^4=\frac{3.1415}{64}(0.003)^4=\frac{3.1415}{64}(0.003)^4=3.98\times10^{-12}\,\mathrm{m}^4 \tag{12.3}$$

（**課題 3**） 固有振動数の理論値と SOLIDWORKS 解析値の比較を**表 12.2** に示します.

表 12.2　固有振動数の理論値と SOLIDWORKS 解析値の比較

固有振動モード次数	理論値 [Hz]	SOLIDWORKS 解析値 [Hz]	誤差 [%]
1 次	167.27	178.3	3.59
2 次	473.10	510.0	4.67
3 次	907.14	1006.3	8.88

（**課題 4**） それぞれの固有振動数に対する固有振動モードを**表 12.3** に示します.

表 12.3　円環固有振動モード

1 次	2 次	3 次
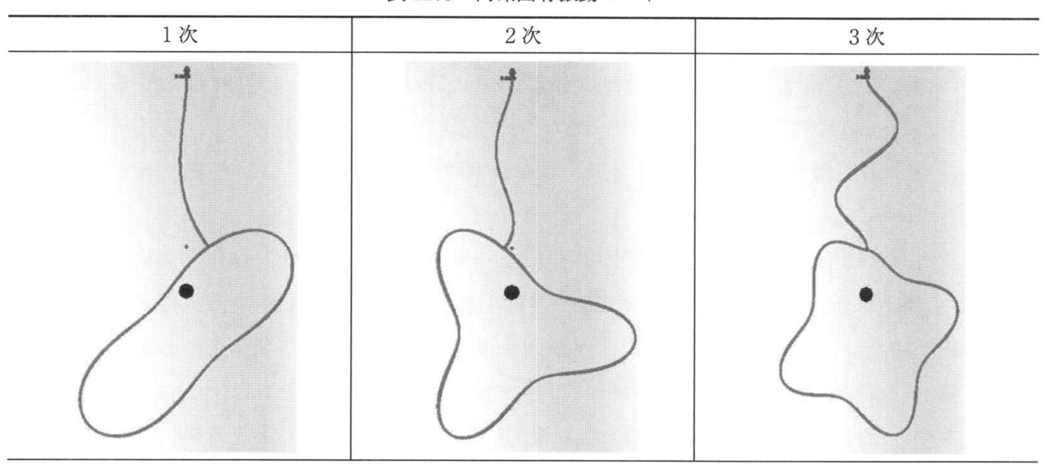		

（**課題 5**） 12.4 節の【12.22】の周波数応答のグラフ（図 12.24）を参照のこと.

13章　斜面を滑る物体の運動（非線形動解析）

13.1　非線形動解析

本章では**非線形動解析**について学習します．その演習として，斜面を滑る物体の運動の解析を取り上げます．非線形動解析による支配方程式は次式の構成になります．

$$\underbrace{\overset{\text{慣性項}}{[M]\{\ddot{u}\}}+\overset{\text{減衰項}}{[C]\{\dot{u}\}}}_{\text{動解析に必要な項}}+\underbrace{\overset{\text{剛性項}}{[K]\{u\}}=\overset{\substack{\text{外力項}\\\text{（もしくは境界条件）}}}{\{f(u)\}}}_{\text{静解析に必要な項}} \tag{13.1}$$

物体の外力によるベクトル $\{f(u)\}$ は摩擦力と重力からなります．接触部の時間変化の影響を考慮するためには，外力項を物体の変位 u によって時々刻々変化させていく必要があります．変位 u は，正確に言えば時間に依存する関数であるため $u(t)$ と記述することになります．

斜面を滑る物体の運動の解析を行うと，なぜ動解析なのでしょうか？ 物体が運動するためには，速度，加速度を計算する必要があります．これらを求めるためには慣性項，減衰項が支配方程式に必要になります．式（3.4）と式（13.1）を比較するとわかります．

では，なぜ非線形なのでしょうか？ なぜ線形動解析では，斜面を滑るような物体を解析できないのでしょうか？ 一言で述べると，4.3節でも説明しましたが，2つの状態を重ね合わせることで次の状態を予測するようなことができないからです．

例えば，外力項を例に考えてみましょう．線形動解析である式（9.2）と非線形動解析である式（13.1）を比較すると，外力項が時間に依存する $f(t)$（式（9.2））であるのか，もしくは変位に依存する $f(u)$（式（13.1））であるのかに関して違いがあります．線形動解析における外力項 $f(t)$ の関数として具体的によく考えられるのは $A\sin\omega t$ です（A：振幅，ω：角振動数）．この場合では2つの外力（例えば $A\sin\omega t$，$A\cos\omega t$ など）を重ね合わせることが可能であるため，線形解析になります．一方で，式（13.1）を確認すると $f(u)$ であるため，変位 u に依存する関数を示します．斜面上を物体が移動するため，すなわち変位 u が変化します．

また，斜面と物体の間には接触解析が必要になります．接触解析は，物体と斜面の接触情報（例えば，静止摩擦力から動摩擦力へ状態が遷移する摩擦力，接触する位置，接触する面積など）が時々刻々変化していきます．物体が斜面を滑るときは摩擦力が発生し，斜面上の物体に外力が発生しますが，物体が斜面から飛び出し，接触しない状態になれば，物体に負荷する外力は重力のみとなります．すなわち $f(u)$ は変位（移動量）によって決まる外力であり，上記のように解析してみないと，次の状態が予測できません．そのため，斜面をすべる物体の解析は非線形解析になります．なお境界条件，材料，幾何学的非線形性などを考慮しなければならないときも非線形動解析を必要とします.

13.2 斜面上を滑る物体の運動方程式

13.1節で述べた支配方程式は，物体の運動に加え，物体内部の応力やひずみが計算できる方程式です．13.2節で述べる運動方程式は，物体を質点系に置き換え，物体の運動のみに着目した簡易な方程式です．物体には重力 mg が発生します．斜面に対して垂直な抗力 N が発生します．その抗力 N に対して，物体が滑りだす方向とは逆向きに，摩擦力 f が生じます．斜面に対して水平方向の力の釣合いと，斜面に対して垂直方向の力の釣合いの式を考えます（**図13.1**）．まずは重力 mg を斜面に水平な方向と斜面に垂直な方向に分解します．

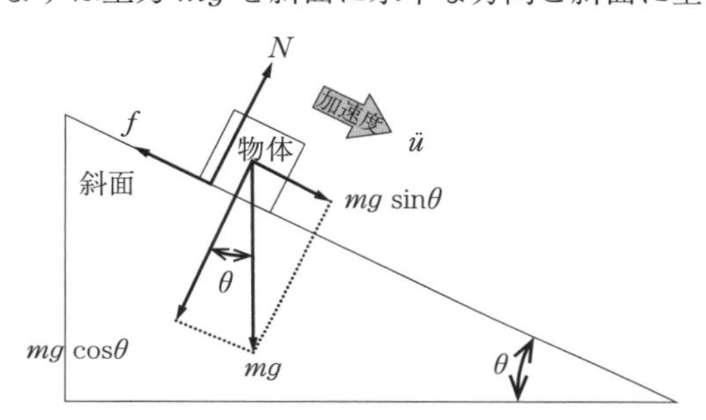

図13.1 斜面を滑る物体

（1）物体が静止している場合

斜面方向の力の釣合いは次式となります.

$$mg\sin\theta - f = 0 \tag{13.2}$$

f は摩擦力を示します．μ を摩擦係数とすると，次式のように表すことができます．

$$f = \mu N \tag{13.3}$$

斜面に対して垂直方向の力の釣合いは次式のようになります.

$$N - mg\cos\theta = 0 \tag{13.4}$$

（2）物体が斜面を運動する場合

物体が加速度 $\ddot{u}$ で斜面を滑り落ちる場合において，運動方程式を次式のように表すことができます．

$$m\ddot{u} = mg\sin\theta - f \tag{13.5}$$

斜面を滑り落ちる方向を加速度の正方向としています．式（13.5）は，式（13.3），式（13.4）から次式のようになります．

$$\ddot{u} = g\sin\theta - \mu g\cos\theta \tag{13.6}$$

式（13.6）を時間に対して積分すると次式のようになります.

$$\dot{u} = g(\sin\theta - \mu\cos\theta)t + C_1 \tag{13.7}$$

C_1 は積分定数を示します．式（13.7）をさらに時間で積分すると次式が得られます．

$$u = \frac{1}{2}g(\sin\theta - \mu\cos\theta)t^2 + C_1 t + C_2 \tag{13.8}$$

時間 $t=0$ のとき速度，および変位を $\dot{u}=0$，$u=0$ とすると $C_1=0$，$C_2=0$ となります．すなわち速度，および変位は次式となります．

$$\dot{u}=g(\sin\theta-\mu\cos\theta)t \tag{13.9}$$

$$u=\frac{1}{2}g(\sin\theta-\mu\cos\theta)t^2 \tag{13.10}$$

13.3　斜面を滑る物体の解析モデルを作成してみましょう

（**課題 1**）斜面を滑る物体の解析モデルを作成してみましょう．細長い長方形で斜面を作成します．その斜面の長さを 3 m とし，斜面の断面を幅 0.1 m×高さ 0.05 m とします（**図 13.2**）．材料を合金鋼に設定します．拘束として斜面の底面を変位固定します．斜面を滑る物体の形状を立方体とし，その一辺の長さを 0.1 m とします．物体と斜面に接触する条件を設定します．物体の側面および上面にはローラ/スライダーの拘束を設定します．斜面は重力に対して 30° の傾きがあるものとします．

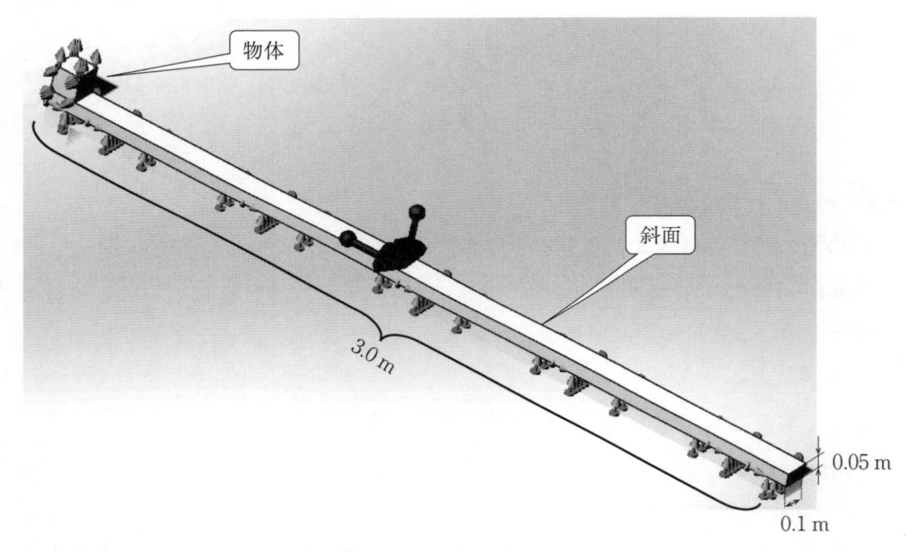

図 13.2　斜面と物体の解析モデル

（**課題 2**）総解析時間，節点数，要素数，移動物体の質量（正方形の質量）を調べ，表（表 13.1（13.5 節））を作成しましょう．

（**課題 3**）摩擦係数を 0 とし，斜面を 30° とする．SOLIDWORKS 解析による物体の加速度，速度，移動距離の時間変化をグラフ化しましょう（図 13.32～図 13.34（13.5 節））．理論による時間変化についても，同じグラフに記入し，比較してみましょう．

（**課題 4**）摩擦係数を 0.01 とし，斜面を 30° とする．このときの物体の加速度，速度，移動距離の時間変化をグラフ化しましょう（図 13.35～図 13.37（13.5 節））．理論による時間変化についても，同じグラフに記入し，比較してみましょう．

13.4 操作手順

【13.1】SOLIDWORKS の起動と初期設定（▶【2.1】）

【13.2】単位系の設定（その 1）（▶【2.2】）

【13.3】斜面断面のスケッチ（▶【2.6】）（図 13.3）

○「矩形コーナー」をクリック→①数値を入力します.「X」方向に 3.00 m,「Y」方向に 0.05 m となるように，4 つの頂点の座標を入力し，矩形を作成 → 画面左上の「✔」をクリック

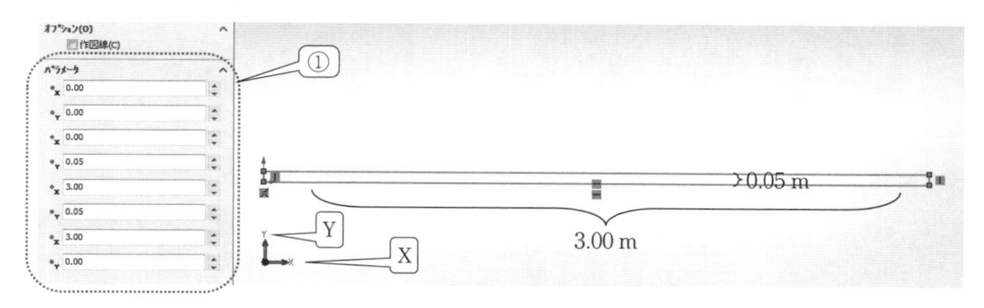

図 13.3　斜面のスケッチ

【13.4】斜面上の物体の断面のスケッチ（▶【2.6】）（図 13.4）

①「X」方向に 0.1 m,「Y」方向に 0.15 m となるように 4 つの座標を入力し，正方形を作成 → 画面左上の「✔」をクリック

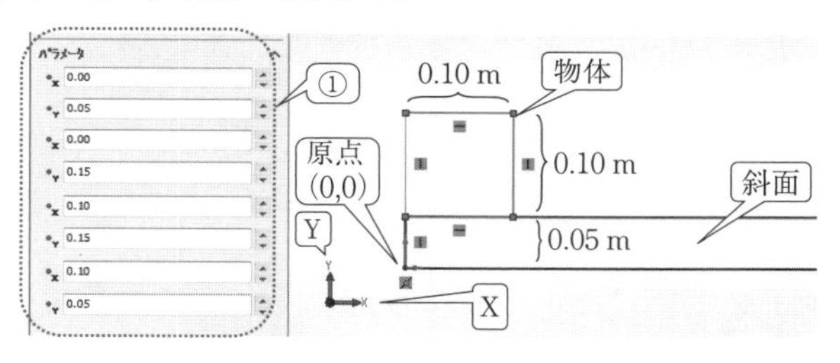

図 13.4　物体のスケッチ

【13.5】3 次元矩形の作成（▶【2.7】）（図 13.5～図 13.8）

○「フィーチャー」タブをクリック→「押し出しボス/ベース」をクリック→① 0.1 を入力→②斜面となる長方形をクリック→③「✔」をクリック（注意：長方形と正方形を同時に押し出すと，自動的にマージします（物体と斜面が一体の構造物になります））

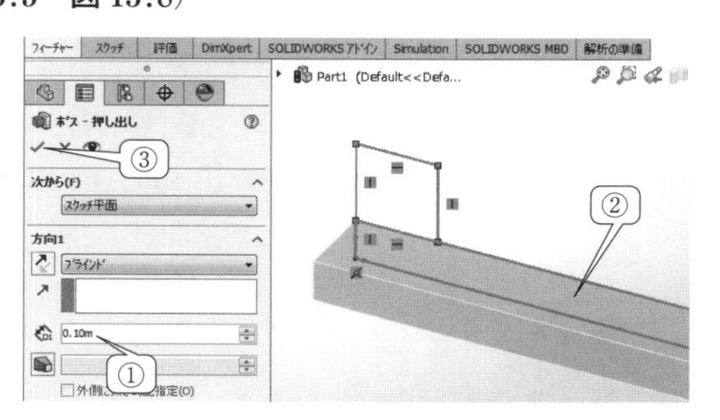

図 13.5　斜面の作成

④「ボス - 押し出し1」の「▶」をクリック→⑤「スケッチ1」をクリックし，反転させます．スケッチ1が選択されている状態になります．

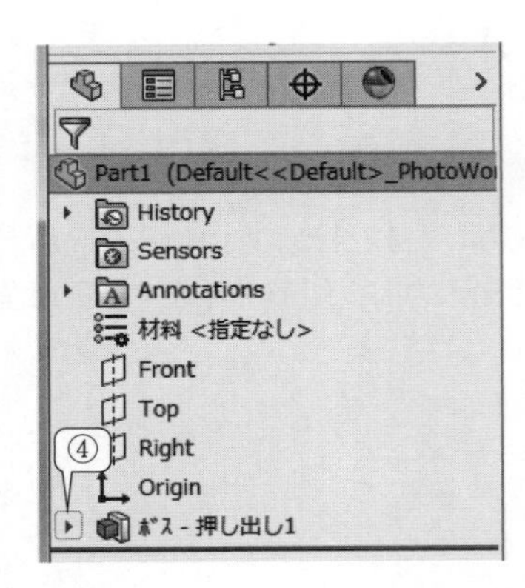

図 13.6　ボス-押し出しのツリー展開

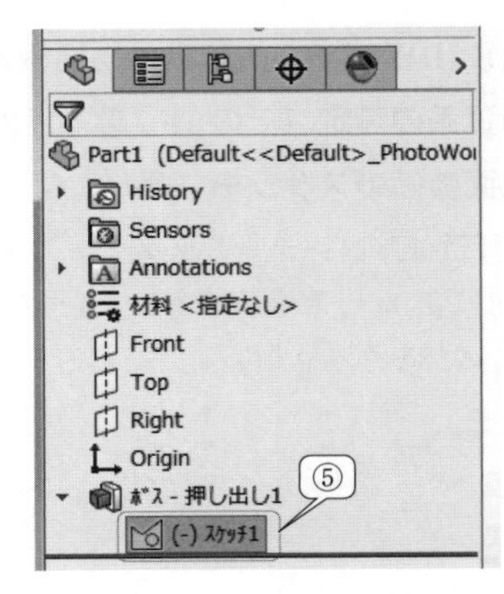

図 13.7　スケッチ選択

⑥「フィーチャー」のタブをクリック→「押し出しボス/ベース」をクリック→⑦0.1を入力→⑧「結果のマージ」のチェックをはずす→⑨正方形をクリック→⑩「✔」をクリック

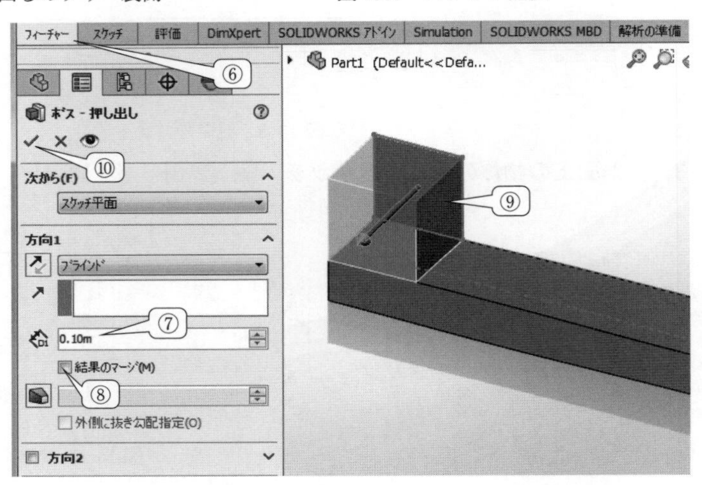

図 13.8　物体の押し出し

【13.6】アドイン（▶【2.8】）

【13.7】単位系の設定（その2）（▶【2.3】）

【13.8】解析の種類を選択（▶【2.9】）（図 13.9）

①「非線形」のアイコンをクリック→②動解析のアイコンをクリック→「✔」をクリック

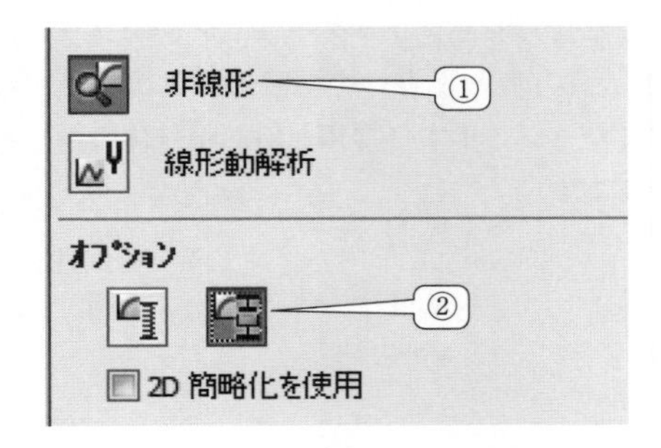

図 13.9　解析の種類の選択

【13.9】材料設定（▶【2.10】）（図 13.10）

①「Part1」を右クリック→②「全てのボディに材料を適用」をクリック→材料を合金鋼に設定

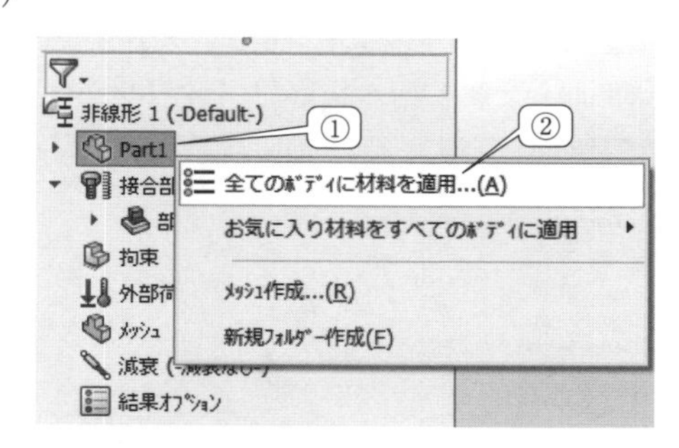

図 13.10　すべてのボディに材料を適用

【13.10】接合部の設定（▶【2.13】）（図 13.11～図 13.13）

①物体の底面を右クリック→②「順次選択」をクリック（物体の底面を直接，ポインタで選択できないため）

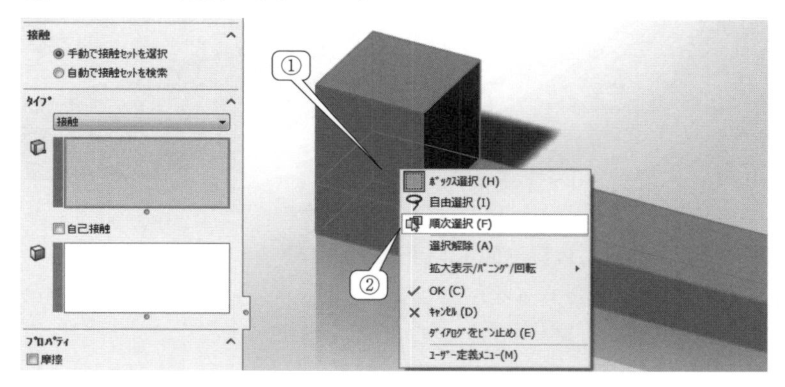

図 13.11　接合部の設定

③物体と斜面が接触する面を，図中の「順次選択」からポインタで選択．図では物体と斜面が接触する面「面@ボス-押出し 2@[Part1]」を選択

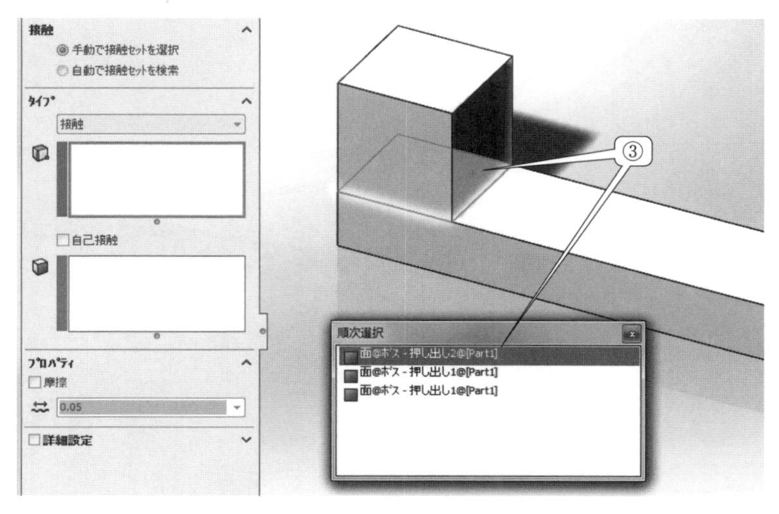

図 13.12　接合部の設定

④もう一方の接触面を選択し，ボックスをクリック→⑤斜面の物体との接触面をクリック→⑥「摩擦」にチェックを入れ，0.0と入力→⑦アイコン「∨」をクリックし，内容を展開→⑧「面-面」を選択　→⑨「✔」をクリック

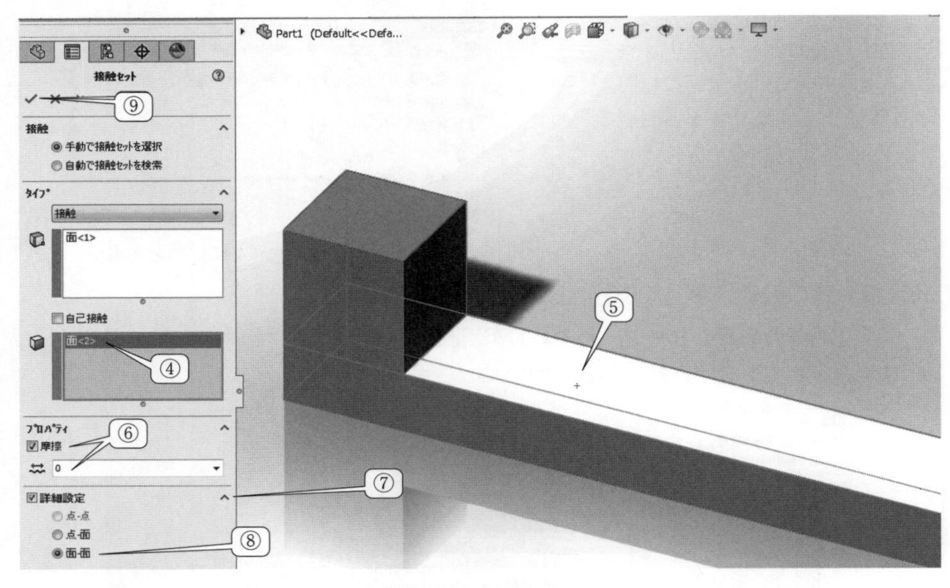

図 13.13　接合部の設定

【13.11】拘束の設定（▶【2.11】）（図 13.14〜図 13.15）

○「拘束」のアイコンを右クリックし，「固定ジオメトリ」をクリック→①斜面の底部の面でクリック→②選択後に，「✔」をクリック

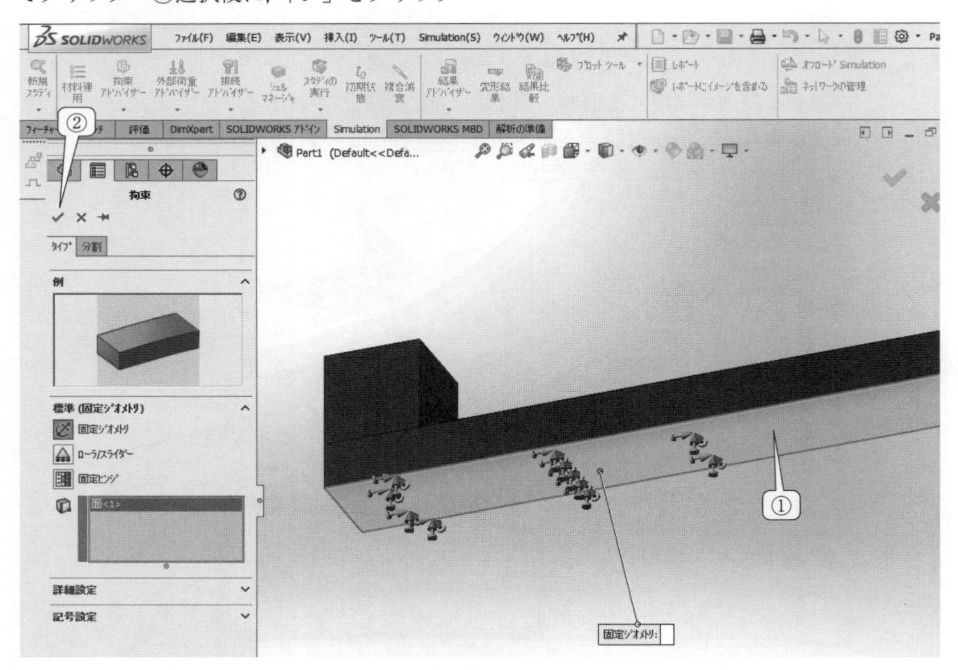

図 13.14　拘束の設定

○「拘束」を右クリックし，「ローラ/スライダー」をクリック→③物体が斜面から外れ，落下することを防ぐため，物体の側面および上面の2面をポインタで選択（ただし，物体が滑る方向に垂直な面を除く）→④「✔」をクリック

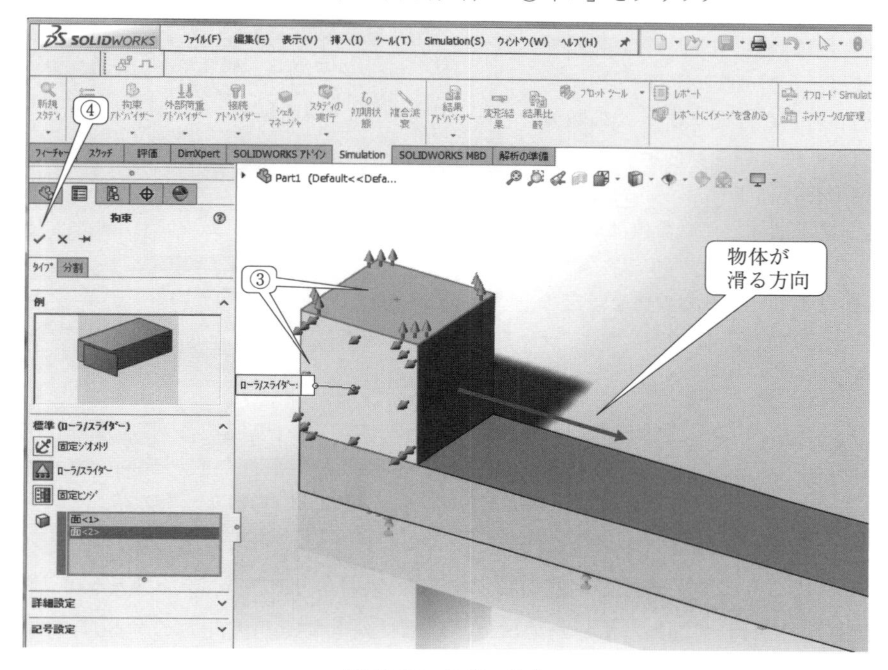

図 13.15　拘束の設定

【13.12】外部荷重の設定（▶【2.12】）（図 13.16〜図 13.18）

○「外部荷重」をクリック→①「重力」をクリック→②「参照面」のボックスに 8.49（式（13.11）参照）と入力→③「詳細設定」の「∨」をクリックし，内容を展開→④参照面の第一方向のアイコン「 」に 4.9（式（13.12）参照）と入力→⑤「カーブ」にチェックを入れ，「編集」をクリック

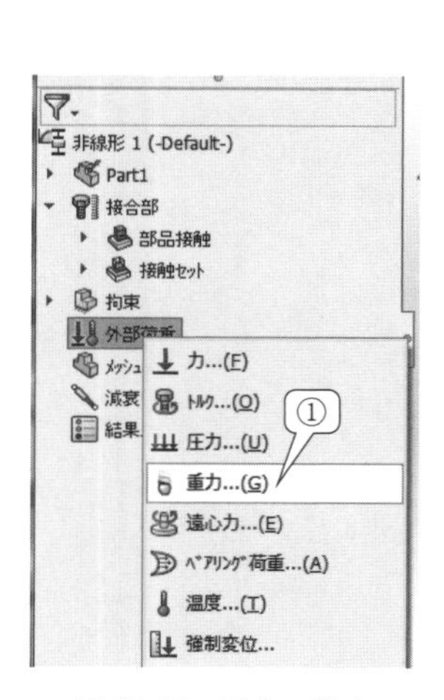

図 13.16　重力の設定

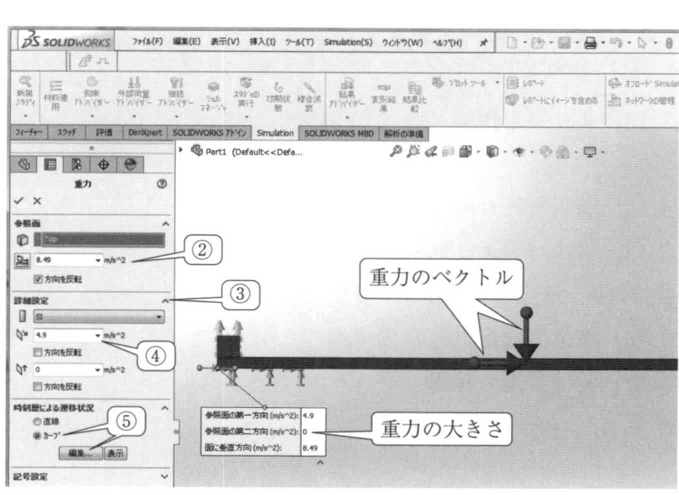

図 13.17　重力の設定

⑥「X」列は時間，「Y」列は重力を示します．「X」列1行目に0を，「X」列2行目に1を入力．この数値は時間0sおよび1sを示します．「Y」列1行目に1を，「Y」列2行目に1を入力します．この数値は重力に掛ける係数を示します．この係数に9.8を掛けることで重力の値を設定します．→⑦「OK」をクリック→「✔」をクリック

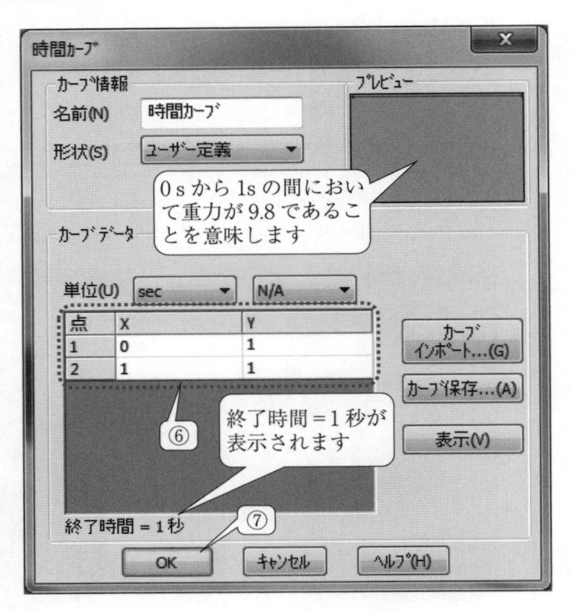

図13.18　時間カーブの設定

（補足） 斜面を座標系に対して平行に作成しているため，この斜面に重力を負荷すると傾きを持たない平面になります．斜面の状態を設定するためには，重力のベクトルを修正します．斜面の傾きを平面に対して30°にするためには，斜面に対して直角方向のベクトルの大きさを次式のように修正します．

$$g\cdot\cos 30°=9.8\cdot\frac{\sqrt{3}}{2}=8.49\ \mathrm{m/s^2} \tag{13.11}$$

斜面に対して平行のベクトルの大きさを次式のように修正します．

$$g\cdot\sin 30°=9.8\cdot\frac{1}{2}=4.9\ \mathrm{m/s^2} \tag{13.12}$$

このように重力の方向を修正することで斜面に30°の傾きがある状態と同様の状態となります．

【13.13】メッシュ作成（▶【2.15】）

○スライダーバーのつまみを「粗い」へ移動します．→「✔」をクリック

【13.14】解析実行（▶【2.16】）

【13.15】ソルバのメッセージ（▶【2.17】）

○総時間数，節点数，要素数を調べ，表を作成します（表13.1参照）．

【13.16】単位の設定（その2）（▶【2.3】）

【13.17】物体質量の確認（▶【2.18】）

【13.18】斜面を滑る物体の加速度の結果出力（▶【2.19】）（図 13.19～図 13.21）

①「結果」を右クリック→②「時刻歴プロット定義」をクリック→③物体（立方体）内の節点を指定します．目視で節点位置を確認→④ Y 軸の「▼」をクリックし，「並進加速度」を選択→⑤「▼」をクリックし，「AX：X 加速度」を選択（物体が斜面を滑る方向を選択）→⑥「▼」をクリックし，「m/s^2」を選択→⑦「✔」をクリック

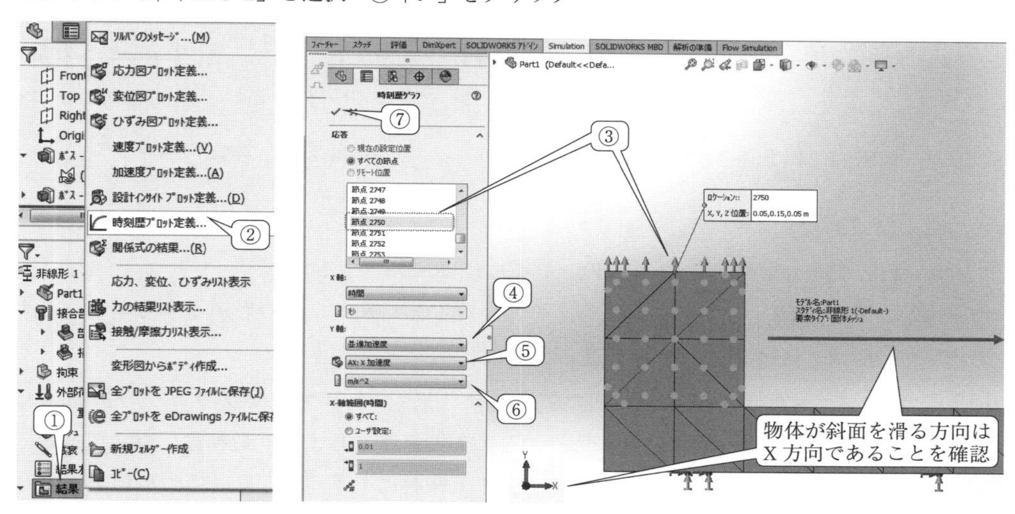

図 13.19　時刻歴プロット定義　　**図 13.20**　時刻歴プロット

○応答グラフが出力されます．⑧「File」をクリック → ⑨「Save As」をクリック

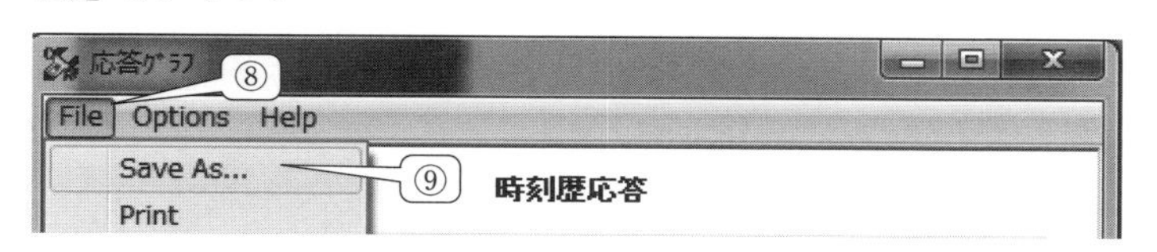

図 13.21　応答グラフ

【13.19】CSV ファイルの出力（▶【2.21】）

【13.20】加速度の時間変化のグラフの作成（▶【2.22】）（図 13.22～図 13.24）

○【13.19】で作成した CSV ファイルを開きます．

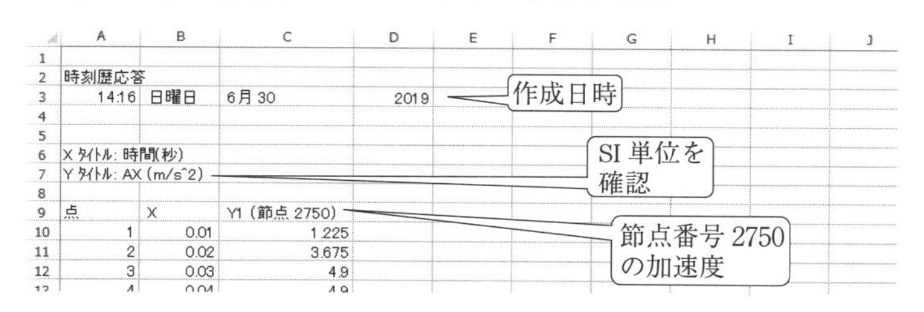

	A	B	C	D
1				
2	時刻歴応答			
3	14:16	日曜日	6月 30	2019
4				
5				
6	X ﾀｲﾄﾙ: 時間(秒)			
7	Y ﾀｲﾄﾙ: AX (m/s^2)			
8				
9	点	X	Y1 (節点 2750)	
10	1	0.01	1.225	
11	2	0.02	3.675	
12	3	0.03	4.9	
13	4	0.04	4.9	

図 13.22　加速度のデータ

○D 列 9 行に“理論による加速度”と入力する．D 列 10 行に 4.9 と入力する．式（13.6）で求める．（補足）斜面方向に運動する物体の加速度を，斜面の角度 30° および摩擦係数 0 より，

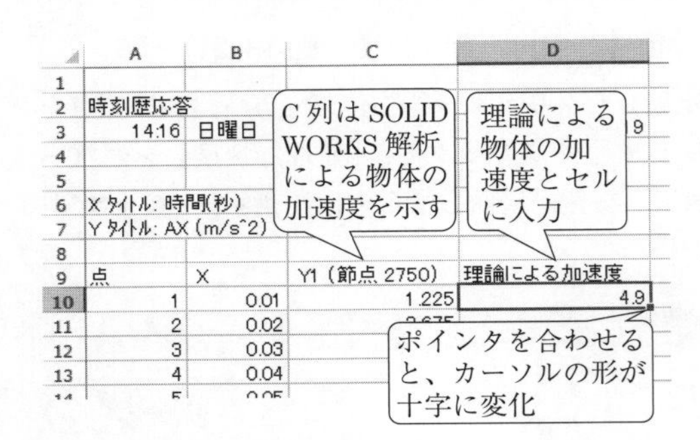

図 13.23　加速度のデータ

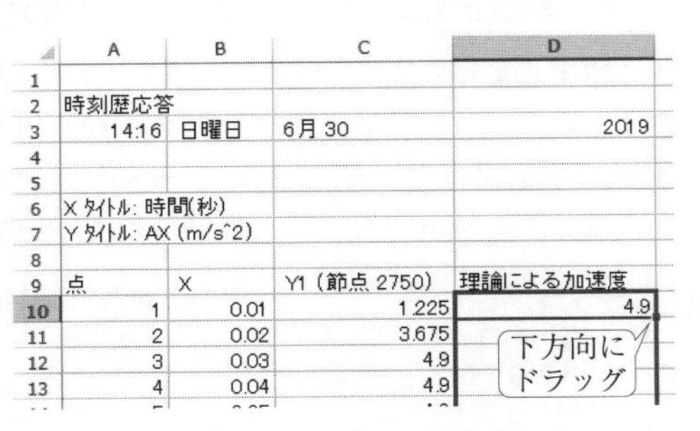

図 13.24　加速度のデータ

次式のように求める．

$$\ddot{u}=g\sin\theta-\mu g\cos\theta=9.8\times\sin 30^\circ-0\times 9.8\times\cos 30^\circ=4.9\ \mathrm{m/s^2} \tag{13.13}$$

○フィルハンドル「■」にマウスポインタを合わせると，カーソルの形が十字に変わります．この状態でマウス左ボタンを押したまま，下方向にドラッグします．

○挿入をクリック→グラフのカテゴリのアイコン「⁝⁝」の「▼」をクリック→散布図をクリック→横軸を時間とし，縦軸を加速度とするグラフを作成します．最初に，SOLIDWORKS 解析値による物体の加速度のグラフを作成します．横軸に B 列 10 行目以降の数値データ（時間の刻み幅）を指定し，縦軸に C 列 10 行目以降の数値データ（SOLIDWORKS 解析による物体の加速度）を指定します．次に理論による物体の加速度のグラフを作成します．同様に横軸に B 列 10 行目以降（時間の刻み幅）の数値データを指定し，縦軸に D 列 10 行目以降の数値データ（理論による物体の加速度）を指定します．縦軸を加速度，横軸を時間とするグラフを作成します（図 13.32 参照）．

【13.21】　斜面を滑る物体の速度の結果出力（▶【13.18】）

○「結果」をクリック→「時刻歴プロット定義」をクリック→物体（立方体）内の節点を指定します．目視で節点位置を確認→ Y 軸の「▼」をクリックし，「並進速度」を選択→「▼」をクリックし，「VX：X 速度」を選択（物体が斜面を滑る方向を選択）→「▼」をクリックし，「m/sec」を選択→「✔」をクリック→応答グラフが出力されます．→「File」をクリック →「Save As」をクリック

【13.22】 CSV ファイルの出力（▶【2.21】）

【13.23】 速度の時間変化のグラフの作成（▶【2.22】）（**図 13.25～図 13.26**）

○【13.22】で作成した CSV ファイルを開きます．→ D 列 9 行に“理論による速度”と入力．式（13.9）による数式（=4.9*B10）を D 列 10 行に入力．（補足）斜面方向に運動する物体の速度を，斜面の角度 30° および摩擦係数 0 より，次式のように求めることができます．

$$\dot{u}=g(\sin\theta-\mu\cos\theta)t=9.8\times(\sin 30^\circ-0\times\cos 30^\circ)t=4.9t \tag{13.14}$$

○フィルハンドル「■」にマウスポインタを合わせると，カーソルの形が十字に変わります．この状態でマウス左ボタンを押したまま，下方向にドラッグします．

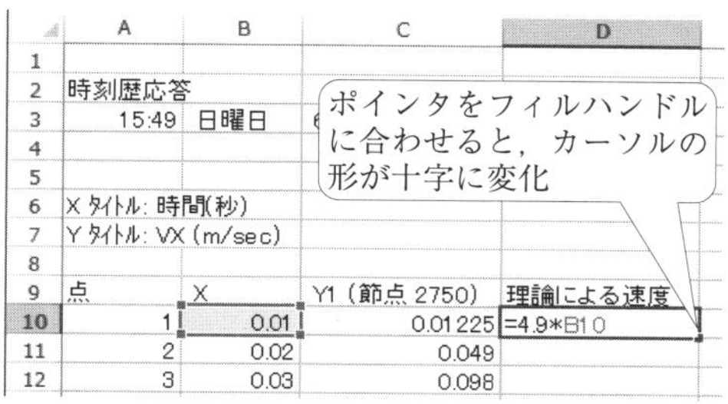

	A	B	C	D
1				
2	時刻歴応答			
3	15:49	日曜日		
4				
5				
6	X タイトル: 時間(秒)			
7	Y タイトル: VX (m/sec)			
8				
9	点	X	Y1 (節点 2750)	理論による速度
10	1	0.01	0.01225	=4.9*B10
11	2	0.02	0.049	
12	3	0.03	0.098	

ポインタをフィルハンドルに合わせると，カーソルの形が十字に変化

図 13.25　速度のデータ

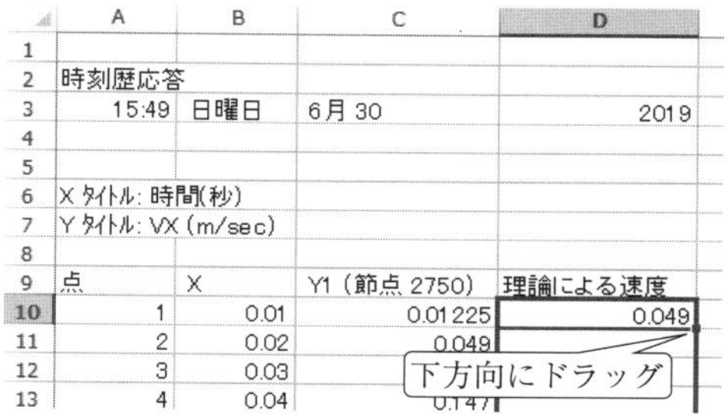

	A	B	C	D
1				
2	時刻歴応答			
3	15:49	日曜日	6月 30	2019
4				
5				
6	X タイトル: 時間(秒)			
7	Y タイトル: VX (m/sec)			
8				
9	点	X	Y1 (節点 2750)	理論による速度
10	1	0.01	0.01225	0.049
11	2	0.02	0.049	
12	3	0.03		
13	4	0.04	0.147	

下方向にドラッグ

図 13.26　速度のデータ

○横軸を時間軸とし，縦軸を速度とするグラフを作成する（13.5 節の**図 13.33** 参照のこと）

【13.24】斜面を滑る物体の変位の結果出力（▶【13.18】）

○「結果」をクリック→「時刻歴プロット定義」をクリック→物体（立方体）内の節点を指定する．目視で節点位置を確認→「▼」をクリックし，「変位」を選択→「▼」をクリックし，「UX：X 変位」を選択（物体が斜面を滑る方向を選択）→「▼」をクリックし，「m」を選択→「✔」をクリック→応答グラフが出力されます．→「File」をクリック→「Save As」をクリック

【13.25】CSV ファイルの出力（▶【2.21】）

【13.26】変位の時間変化についてのグラフの作成（▶【2.22】）（**図 13.27**～**図 13.28**）

○【13.25】で作成した CSV ファイルを開きます．→○ D 列 9 行に“理論による変位”と入力します．式（13.10）による数式（=2.45*B10^2）を D 列 10 行に入力します．（補足）斜面方向に運動する物体の変位を斜面の角度 30° および摩擦係数 0 より次式のように求めることができます．

$$u=\frac{1}{2}g(\sin\theta-\mu\cos\theta)t^2=\frac{1}{2}\times9.8\times(\sin 30°-0\times\cos 30°)t^2=2.45t^2 \qquad (13.15)$$

○フィルハンドル「■」にマウスポインタを合わせると，カーソルの形が十字に変わります．この状態でマウス左ボタンを押したまま，下方向にドラッグします．

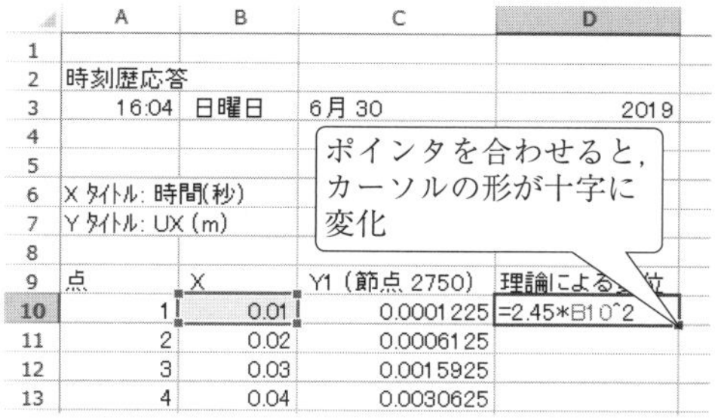

	A	B	C	D
1				
2	時刻歴応答			
3	16:04	日曜日	6月 30	2019
4				
5				
6	X タイトル: 時間(秒)			
7	Y タイトル: UX (m)			
8				
9	点	X	Y1 (節点 2750)	理論による変位
10	1	0.01	0.0001225	=2.45*B10^2
11	2	0.02	0.0006125	
12	3	0.03	0.0015925	
13	4	0.04	0.0030625	

ポインタを合わせると，カーソルの形が十字に変化

図 13.27　変位のデータ

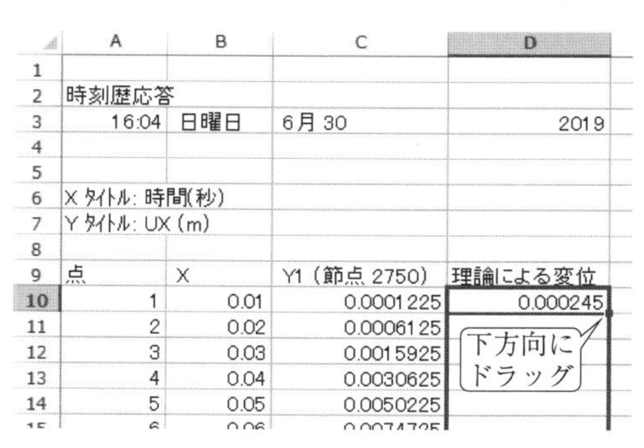

	A	B	C	D
1				
2	時刻歴応答			
3	16:04	日曜日	6月 30	2019
4				
5				
6	X タイトル: 時間(秒)			
7	Y タイトル: UX (m)			
8				
9	点	X	Y1 (節点 2750)	理論による変位
10	1	0.01	0.0001225	0.000245
11	2	0.02	0.0006125	
12	3	0.03	0.0015925	
13	4	0.04	0.0030625	
14	5	0.05	0.0050225	

図 13.28　変位のデータ

○横軸を時間とし，縦軸を変位とするグラフを作成します（【2.22】）（13.5 節の図 13.5 を参照）.

【13.27】斜面と物体間の摩擦係数を設定（【2.13】）（図 13.29〜図 13.31）

○これまでの解析結果は，摩擦係数を 0.0，すなわち摩擦力がないものとし，解析を行います．摩擦係数を 0.01 とし，再計算を実施します．

①「接触セット」の「▼」をクリックし，内容を展開→②「接触セット-1」を右クリック

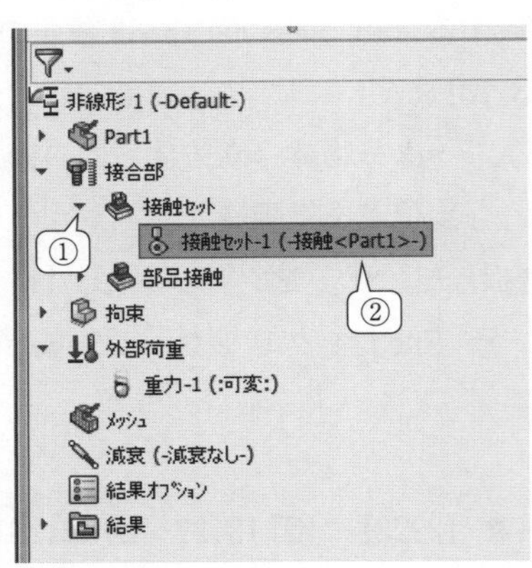

図 13.29　接触セット

③「定義編集」をクリック

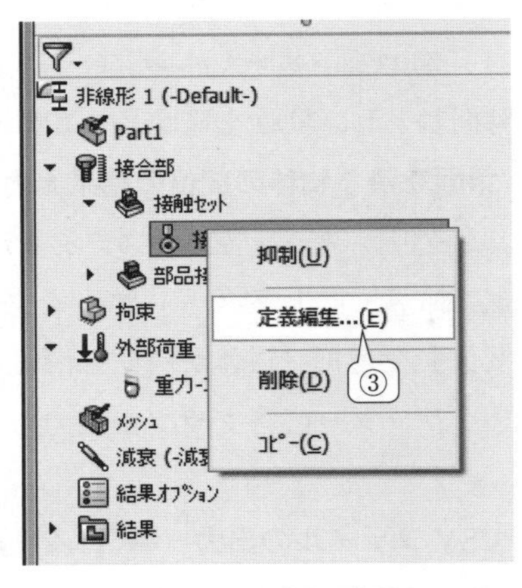

図 13.30　定 義 編 集

④「摩擦」のボックスにチェック「✔」を入れます→⑤摩擦係数 0.01 を入力→⑥「✔」をクリック

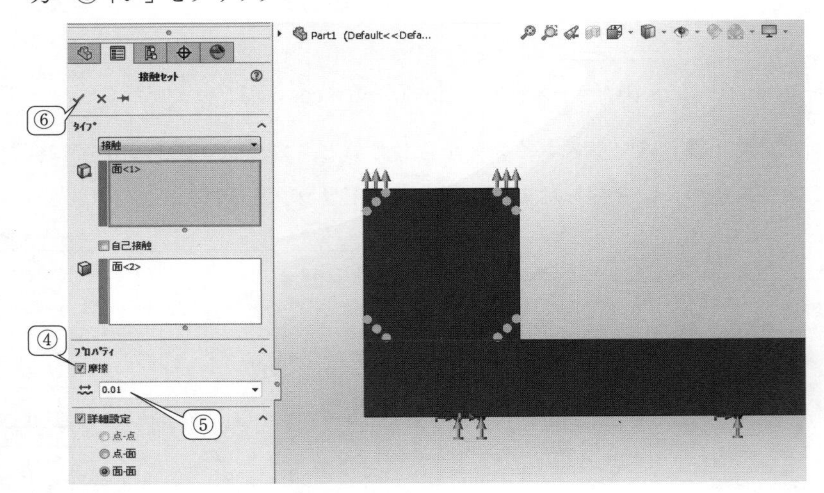

図 13.31　摩擦係数の設定

【13.28】メッシュ作成（▶【2.15】）

○スライダーバーのつまみを「粗い」へ移動→「✔」をクリック

【13.29】解析実行（▶【2.16】）

【13.30】摩擦係数 0.01 における加速度，速度，変位のグラフを同様に作成（課題 4）

13.5 課題解答例

（**課題 1**）13.4 節を参照のこと

（**課題 2**）解析情報を**表 13.1** に示します．

表 13.1 解 析 情 報

総解析時間	節点数	要素数	物体の質量（正方形の質量）[kg]
2 分 54 秒	2936	1516	7.7

（**課題 3**）摩擦係数が 0 のときの物体の加速度，速度，および変位の時間変化は，**図 13.32**～**図 13.34** のようになります．

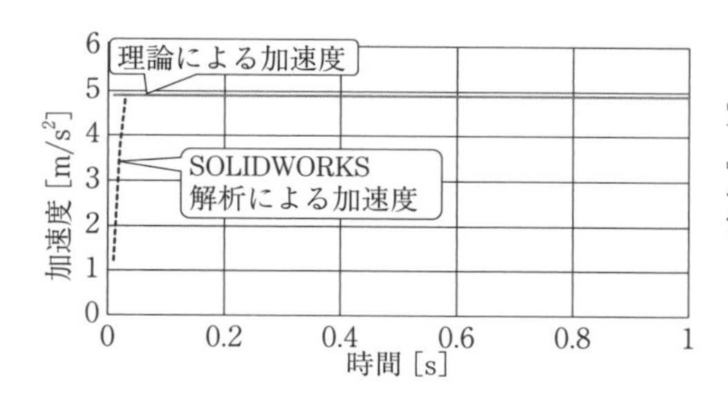

図 13.32 斜面を滑る物体の加速度の時間変化（摩擦係数：0.0）

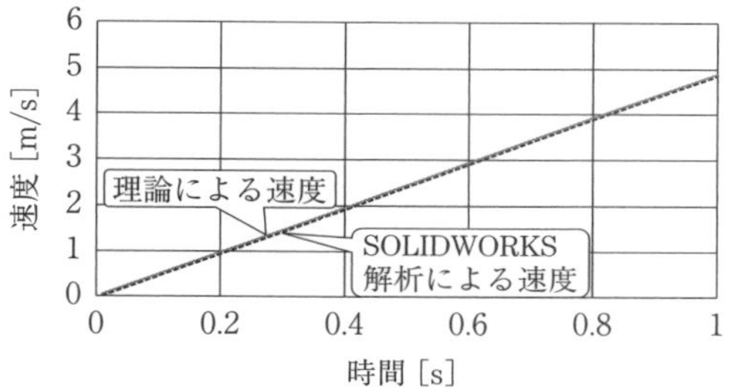

図 13.33 斜面を滑る物体の速度の時間変化（摩擦係数：0.0）

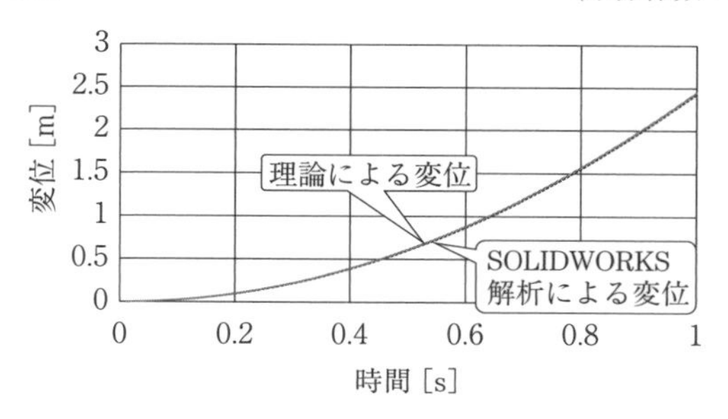

図 13.34 斜面を滑る物体の変位の時間変化（摩擦係数：0.0）

（**課題 4**）理論による加速度は，式（13.6）より得られます．

$$\ddot{u} = g(\sin\theta - \mu\cos\theta) = 9.8\times(\sin 30° - 0.01\times\cos 30°) = 4.82 \tag{13.16}$$

理論による速度は，式（13.9）より得られます．

$$\dot{u}=g(\sin\theta-\mu\cos\theta)t=9.8\times(\sin 30°-0.01\times\cos 30°)t=4.82t \tag{13.17}$$

理論による変位は，式（13.10）より得られます．

$$u=\frac{1}{2}g(\sin\theta-\mu\cos\theta)t^2=\frac{1}{2}\times9.8\times(\sin 30°-0.01\times\cos 30°)t^2=2.41t^2 \tag{13.18}$$

摩擦係数が 0.01 のときの物体の加速度，速度および変位の時間変化は**図 13.35〜図 13.37** のようになります．

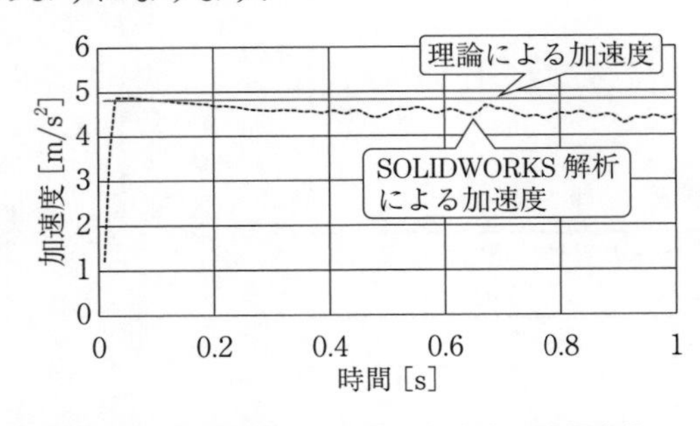

図 13.35　斜面を滑る物体の加速度の時間変化（摩擦係数：0.01）

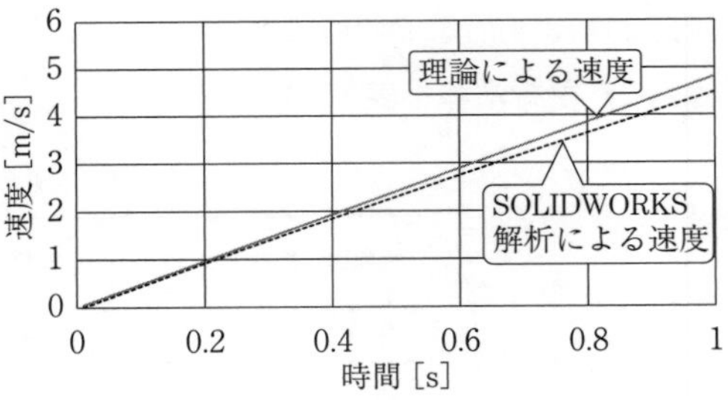

図 13.36　斜面を滑る物体の速度の時間変化（摩擦係数：0.01）

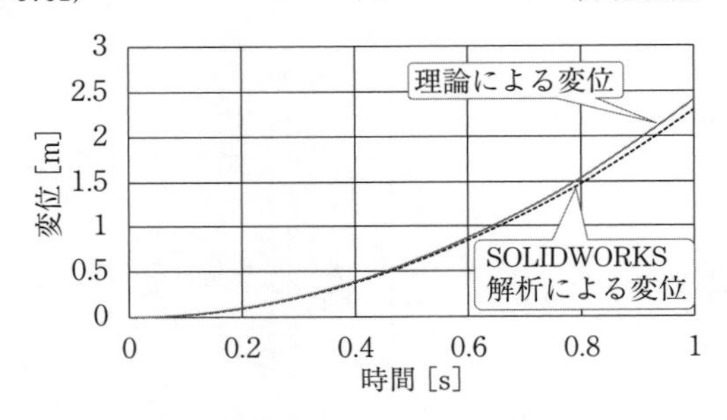

図 13.37　斜面を滑る物体の変位の時間変化（摩擦係数：0.01）

14章　熱の伝わり方（伝熱解析）

14.1　伝熱解析

熱が伝わる現象は3つに分類されます．（1）金属などの媒体を通し，熱が移動する**熱伝導**，（2）水や空気などの流れを通して熱が伝わる**対流**，（3）媒体のない空間を熱が移動する**熱放射**があります．本章で扱う現象は（1）熱伝導になります．また解析モデルの境界条件として（2）対流についても取り扱います．

14.2　3次元伝熱解析における支配方程式

熱伝導の支配方程式は次式となります．

$$\rho c\frac{\partial T}{\partial t}=\lambda\left(\frac{\partial^2 T}{\partial x^2}+\frac{\partial^2 T}{\partial y^2}+\frac{\partial^2 T}{\partial z^2}\right) \tag{14.1}$$

変数 t は時間，ρ は密度，c は比熱，T は温度（もしくは温度の分布），λ は熱伝導率，x，y および z は座標を示します．特に温度 T は時間および空間座標に依存する関数です．式（14.1）を熱流入，熱流出，断熱などの境界条件をもとに，支配方程式を温度 T について解くことになります．この本では，重ね合わせが成り立つかどうかで，線形か？非線形か？を議論してきました．同じように式（14.1）の支配方程式が線形か？非線形か？についても議論してみましょう．金属板の温度の分布が T_1 であったとします．すると式（14.1）より次式が得られます．

$$\rho c\frac{\partial T_1}{\partial t}=\lambda\left(\frac{\partial^2 T_1}{\partial x^2}+\frac{\partial^2 T_1}{\partial y^2}+\frac{\partial^2 T_1}{\partial z^2}\right) \tag{14.2}$$

金属板の温度の分布が T_2 であったとします．すると式（14.1）より次式が得られます．

$$\rho c\frac{\partial T_2}{\partial t}=\lambda\left(\frac{\partial^2 T_2}{\partial x^2}+\frac{\partial^2 T_2}{\partial y^2}+\frac{\partial^2 T_2}{\partial z^2}\right) \tag{14.3}$$

一方で，下付き添え字なしの温度の分布 T は温度の分布 T_1 と温度の分布 T_2 の足し合わせであったとします．

$$T=T_1+T_2 \tag{14.4}$$

式（14.4）を式（14.1）に代入すると次式が得られます．

$$\rho c\frac{\partial (T_1+T_2)}{\partial t}=\lambda\left(\frac{\partial^2 (T_1+T_2)}{\partial x^2}+\frac{\partial^2 (T_1+T_2)}{\partial y^2}+\frac{\partial^2 (T_1+T_2)}{\partial z^2}\right) \tag{14.5}$$

$$\rho c\frac{\partial T_1}{\partial t}+\rho c\frac{\partial T_2}{\partial t}=\lambda\left(\frac{\partial^2 T_1}{\partial x^2}+\frac{\partial^2 T_1}{\partial y^2}+\frac{\partial^2 T_1}{\partial z^2}\right)+\lambda\left(\frac{\partial^2 T_2}{\partial x^2}+\frac{\partial^2 T_2}{\partial y^2}+\frac{\partial^2 T_2}{\partial z^2}\right) \tag{14.6}$$

式（14.2）および式（14.3）の足し合わせが式（14.6）になることがわかります．すなわち**伝熱解析**は重ね合わせの関係があるため線形となります．一般には熱伝導率 λ は定数ですが，不均質な材料の影響などより熱伝導率 λ が空間方向や時間方向に対して変化する場合では，重ね合わせの関係が成立しないため，非線形となるので注意しましょう．

14.3　熱伝導率（フーリエの法則）

熱伝導率とは，熱の伝わりやすさを表す物体に固有の値になります．熱伝導率が大きいと熱が伝わりやすく，熱伝導率が小さいと熱が伝わりにくいことを示します．具体例として，**図 14.1** に示すように，壁面の両側の温度が T_1 と T_2 に保持されている状態を考え，$T_1>T_2$ とします．x の正方向に移動するにつれて，温度は低下し，最終的に T_2 になります．

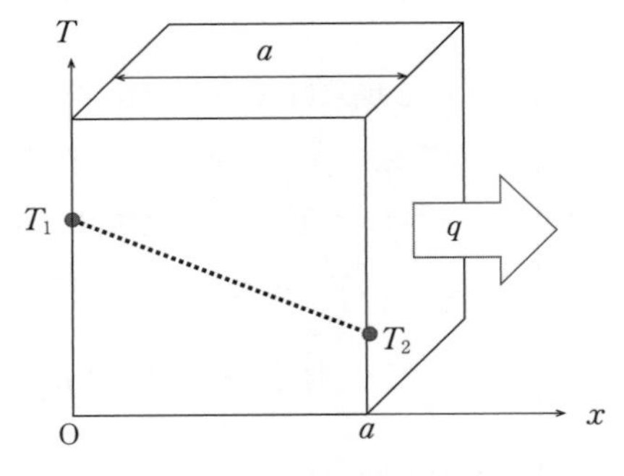

図 14.1　1 次元の熱伝導

図は，x 方向のみを考えています．また，時間が十分に経過し，温度 T の変化が生じない状態を考えています．すなわち $\partial T/\partial t=0$ です．このことから，式（14.1）は次式のようになります．

$$0=\lambda\frac{\partial^2 T}{\partial x^2} \tag{14.7}$$

式（14.7）の温度 T が変数 x にのみ依存する関数であると仮定すれば，偏微分の記号は微分の記号に置き換えることができます．

$$0=\lambda\frac{d^2 T}{dx^2} \tag{14.8}$$

式（14.8）の両辺を x で積分すると，次式のようになります．

$$0=\lambda\frac{dT}{dx}+C \tag{14.9}$$

ここで，C は積分定数です．この C をあらためて，q に置き換えると次式が導出されます．

$$q=-\lambda\frac{dT}{dx} \tag{14.10}$$

式（14.10）の q は単位時間，単位面積当りに通過する熱量を示しており，**熱流束**と呼びます．物体内に温度の差がある場合に，温度が高いほうから低いほうへ熱が移動します．このとき熱の流れに垂直な面を通過する熱の量 q は，温度勾配（dT/dx）と熱伝導率 λ に比例することを表しています．このような熱に関する自然現象の法則を**フーリエの法則**と呼んでいます．式（14.10）を方程式の左辺に温度 T に関係するものと右辺に座標 x に関係するものとに変数を分離します．

$$dT=-\frac{q}{\lambda}dx \tag{14.11}$$

式（14.11）を積分すると次式が得られます．

$$T=-\frac{q}{\lambda}x+C \tag{14.12}$$

ここで，C は積分定数です．$x=0$ のとき $T=T_1$ より C を決定します．

$$T=-\frac{q}{\lambda}x+T_1 \tag{14.13}$$

$X=a$ のとき $T=T_2$ より，熱流束 q は次式のように得られます．

$$q=\frac{\lambda}{a}(T_1-T_2) \tag{14.14}$$

ところで，熱力学温度の単位にはセルシウス温度，およびケルビンがあります．セルシウス温度を T_C [℃]，およびケルビンを T_K [K] とすると次式の関係があります．

$$T_K=T_C+273 \tag{14.15}$$

14.4　熱伝達率（ニュートンの冷却の法則）

キャンプやバーベキューなどのお供に，缶ビールなどを持っていくことがよくあります．缶ビールをおいしく飲みたいため，水冷ボックスの中にいれて冷却することが一般的です．しかし，いざ飲みたいと思い，水冷ボックスの中に手を入れてみると，氷が溶け，缶ビールのまわりがなまぬるくなっていることがあります．このようなとき近くの川などを利用し，川の中に缶ビールを置くと，スムーズに冷却できます．缶ビールのまわりの水の流れの影響で缶ビールが冷えるためです．この状況を**図 14.2** に示します．流れる水の温度を T_3，缶ビールの壁面の温度を T_2 とすると，次式のような関係が導かれます．

$$q=h_2(T_2-T_3) \tag{14.16}$$

式（14.16）は単位時間，単位面積当りに通過する熱量 q を示します．この q [W/m^2] が熱流束であり，h_2 [W/(m^{2}K)] は熱伝達率を示します．この h_2 は水などの媒質の性質や流れ方によって決まる定数になります．**熱伝達率**は，液体と固体の熱移動を定式化するための係数であり，**ニュートンの冷却の法則**を根拠としています．同じように，ビールの温度を T_0，缶ビールの壁面の温度を T_1 とすると，もう一方の壁についても次式が成り立ちます．

$$q=h_1(T_0-T_1) \tag{14.17}$$

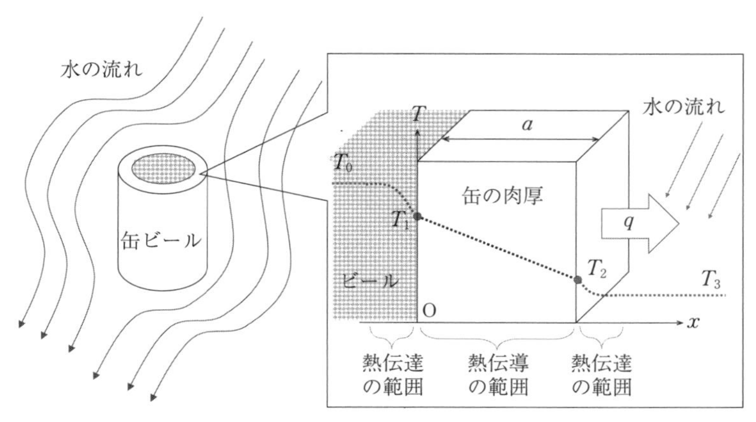

図 14.2　ビール缶の肉厚内の温度変化の様子

式（14.14），式（14.16）および式（14.17）の熱流束 q は同一の値となります．このことより，熱流束 q と温度 T_0 と T_3 の関係は次式のようになります．

$$q=\frac{1}{\frac{1}{h_1}+\frac{a}{\lambda}+\frac{1}{h_2}}(T_0-T_3)=k(T_0-T_3) \tag{14.18}$$

式（14.18）の右辺の係数 k [W/(m²K)] を**熱通過率**と呼びます．熱通過率は，熱伝達率の単位と同じで，固体壁で隔てられた2流体（この例ではビールと川の水）の熱の伝わりやすさを表しています．

熱伝導率とは，材料によって決まる物性値であり，材料が均質ならば，熱伝導率は常に一定です．一方で，熱伝達率は周辺の空気の挙動により決まる状態を示す値（状態値）であり，位置や場所などにより熱伝達率は変化します．SOLIDWORKS Simulation では，熱伝導率の設定が必要であることは当然ですが，熱伝達率も設定する必要があります．一方で，SOLIDWORKS Flow Simulation を用いれば，構造の伝熱とその周辺の熱流体を解析するため，熱伝達率の入力は不要になります．熱伝達率を解析結果として出力します．

14.5　窓ガラスの解析モデルを作成してみましょう

（**課題 1**）窓ガラスの温度について理論計算を行ってみましょう．**図 14.3** に窓ガラスを示します．冬の寒い時期，外の温度を測ると 5℃（278 K）でした．家の窓ガラスを閉じて，室内の温度を 30℃（303 K）に設定しました．窓ガラスの厚さは 0.004 m です．このとき窓ガラスを通して単位面積，単位時間当り，どの程度の熱が外へ逃げているかを考えてみましょう．また，窓ガラスの内側と外側の温度はいくらになるかを考えてみましょう．ただし，窓ガラスの熱伝導率を 0.75 W(m･K)，ガラスの内側および外側の熱伝達率をそれぞれ 10 W/(m²K) および 50 W/(m²K) とします．

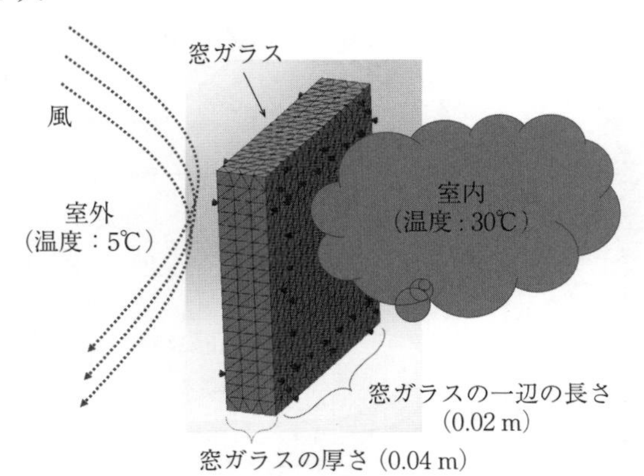

図 14.3　窓ガラスの解析モデル

（**課題 2**）窓ガラスの解析モデルを作成してみましょう．窓ガラスの解析モデルについて，窓ガラスを正方形とし，一辺の長さを 0.02 m とします．その壁面の幅を 0.004 m とします．材料の物性値をガラスとします．室内の温度（SOLIDWORKS では参照周囲温度と呼びます）を 30℃（303 K）とし，室外の温度を 5℃（278 K）とします．

（**課題 3**）総解析時間，節点数，要素数のデータを表（表 14.1（14.7 節））にまとめましょう．

（**課題 4**）コンター図を用い，窓ガラスの温度の分布と熱流束の分布を可視化してみましょう．

（**課題 5**）窓ガラス内側の温度と外側の温度および熱流束の理論値と SOLIDWORKS 解析値を表（表 14.2（14.7 節））にまとめましょう．またそれらの誤差についても表にまとめましょう．

14.6　操 作 手 順

【14.1】SOLIDWORKS の起動と初期設定（▶【2.1】）

【14.2】単位系の設定（その 1）（▶【2.2】）

【14.3】矩形のスケッチ（▶【2.6】）（**図 14.4**）

○一辺の長さが 0.02 m となるように「パラメータ」の数値を入力→「✔」をクリック

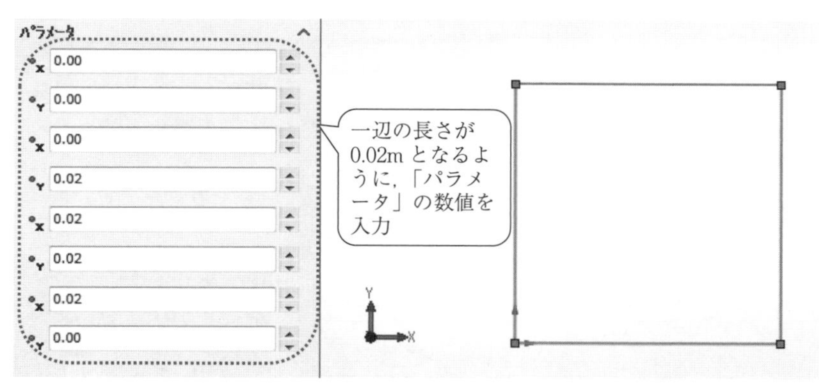

図 14.4　窓ガラス外形スケッチ

【14.4】3 次元矩形の作成（▶【2.7】）

○「フィーチャー」タブの「押し出しボス/ベース」をクリック→板厚 0.004 m と入力→「✔」をクリック

【14.5】アドイン（▶【2.8】）

【14.6】解析の種類を選択（▶【2.9】）

○「Simulation」をクリック→「スタディ」をクリック→「熱」のアイコンをクリック →「✔」をクリック

【14.7】単位系の設定（その 2）（▶【2.3】）

【14.8】熱荷重の設定（図 14.5，図 14.6）

①「熱荷重」にポインタを合わせ，右クリック→②「対流」をクリック

③片方の面をポインタでクリック→④室内のパラメータとして「熱伝達係数」10 W/(m^{2}K) および「参照周囲温度」303 K を入力→⑤「✔」をクリック

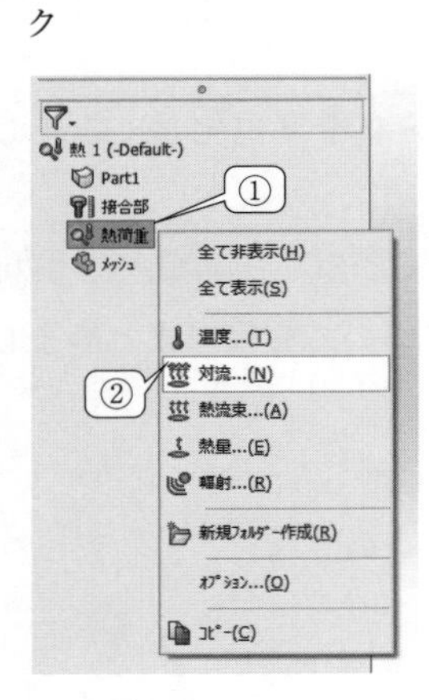

図 14.5　対　　流

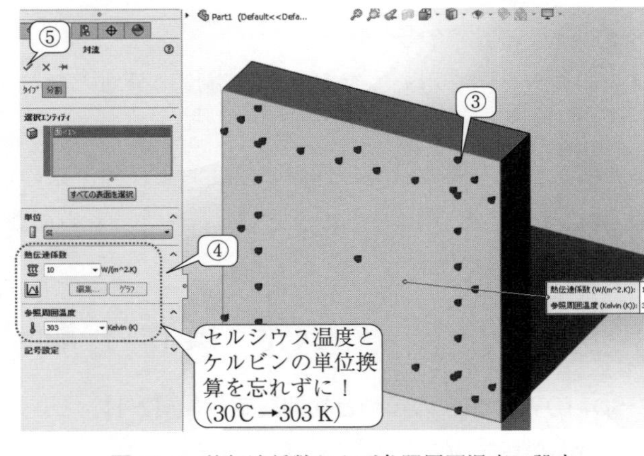

図 14.6　熱伝達係数および参照周囲温度の設定

○先ほど選択した面の反対側（もう一方の面）を選択→室外のパラメータとして熱伝達係数 50 W/(m^{2}K) と参照周囲温度 278 K を入力→「✔」をクリック

【14.9】　材料設定（▶【2.10】）（図 14.7）

①「金属以外のその他の材料」の内容を展開→②「ガラス」をクリック→③「適用」をクリック→④「閉じる」をクリック

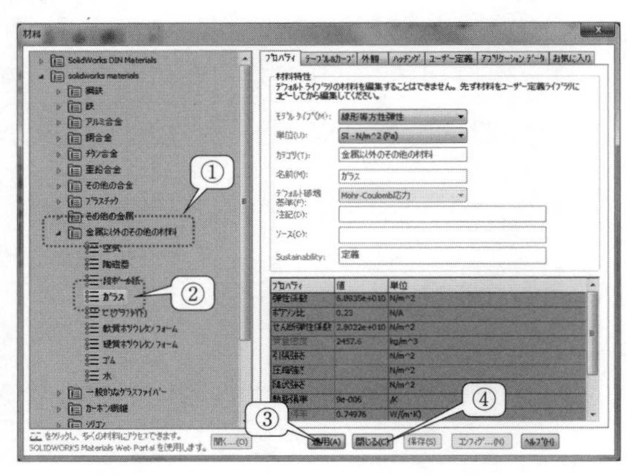

図 14.7　ガラスの設定

【14.10】メッシュを作成（▶【2.15】）

○スライダーバーのつまみを「細い」へ移動→「✔」をクリック

【14.11】解析実行（▶【2.16】）

【14.12】ソルバのメッセージ（▶【2.17】）

○課題 3 の表を作成（表 14.1 参照）

【14.13】温度分布可視化（▶【2.19】）（図 14.8，図 14.9）

①「熱 1」をダブルクリック

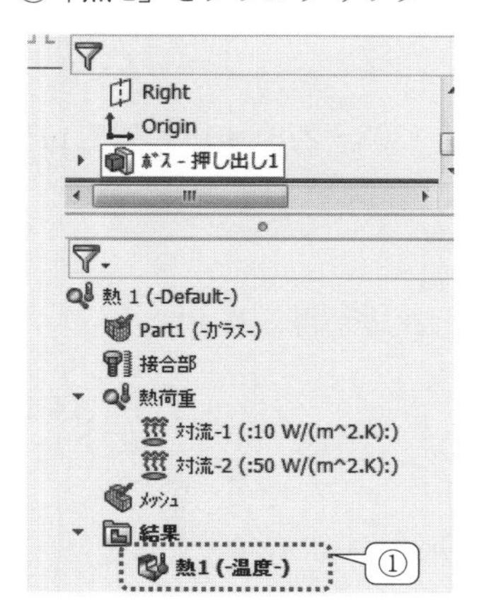

図 14.8　熱

②「定義」のタブをクリック→③表示の「Kelvin」を「Celsius」に変更→ PrintScreen より，温度分布のコンター図の画像をレポート（Word ファイル）に貼り付けます（課題 4 の作成）→④「✔」をクリック

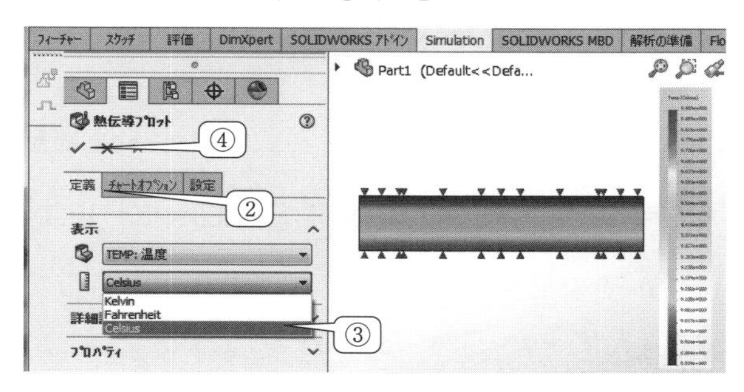

図 14.9　単位の変更

【14.14】熱流束可視化（▶【2.19】）（図 14.10，図 14.11）

○「熱 1」をダブルクリック（図 14.8 参照）→①表示を「TEMP：温度」から「HFLUXN：合成熱流束」に変更

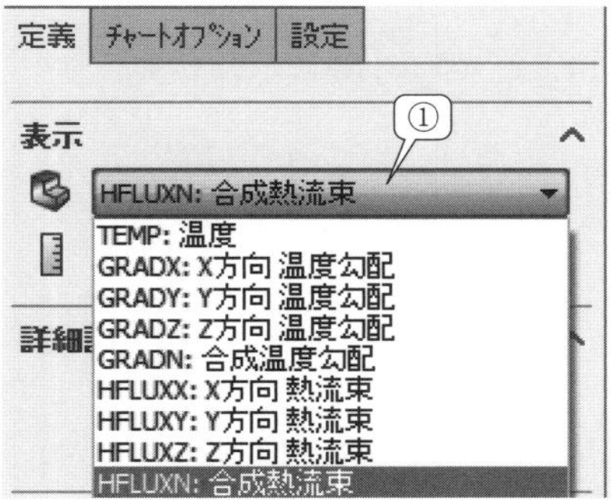

定義　チャートオプション　設定
表示
①
HFLUXN: 合成熱流束
TEMP: 温度
GRADX: X方向 温度勾配
GRADY: Y方向 温度勾配
GRADZ: Z方向 温度勾配
GRADN: 合成温度勾配
HFLUXX: X方向 熱流束
HFLUXY: Y方向 熱流束
HFLUXZ: Z方向 熱流束
HFLUXN: 合成熱流束

図 14.10　熱　流　束

②単位を「$(Cal/s)/cm^2$」→「W/m^2」に変更

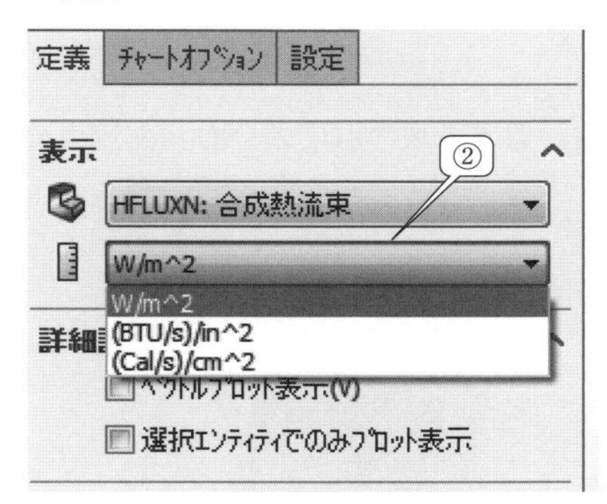

図 14.11　単位の変更

○ PrintScreen より熱流束のコンター図を Word ファイルに貼り付けます（課題 4）．またカラーバーより，SOLIDWORKS による熱流束の解析値を読み取り，表に記入（課題 5）

（注）SOLIDWORKS のコンター図のカラーバーは，コンター図の最大値と最小値より，色の配分を自動的に調整します．この解析モデルの熱流束の最大値は 199.46537（ワット毎平方メートル），最小値は 199.46534（ワット毎平方メートル）になりました．その差はわずか 0.00003 です．この差をもとに色の配分を自動的に調整したため，まだら模様のコンター図が作成されました．工学的には 199.46537（ワット毎平方メートル）の値も，199.46534（ワット毎平方メートル）の値も同一ですので，このような微小な差を追い求めても，意味がありません．そのため，図 14.13 を可視化する際はカラーバーの自動調整を止め，人為的にカラーバーの最大値と最小値をそれぞれ 200 と 199 に設定しました．理論上は，窓ガラス内の熱流束の値は一定であるため，SOLIDWORKS 解析による熱流束のコンター図と，整合性があることがわかります．

14.7　課題解答例

（**課題 1**）式（14.18）より，熱流束 q を求めます．

$$q=k(T_0-T_3)=\frac{1}{\dfrac{1}{h_1}+\dfrac{a}{\lambda}+\dfrac{1}{h_2}}(T_0-T_3)=\frac{1}{\dfrac{1}{10}+\dfrac{0.004}{0.75}+\dfrac{1}{50}}(303-278)=199.5\ \mathrm{W/m^2} \tag{14.19}$$

以上から，温度 T_1，T_2 を求めます．式（14.17）を変形すると次式が得られます．

$$T_1=\frac{h_1T_0-q}{h_1}=\frac{10\times 303-199.5}{10}=283.1\ \mathrm{K}=10.1\ ℃ \tag{14.20}$$

式（14.16）を変形すると次式が得られます．

$$T_2=\frac{h_2T_3+q}{h_2}=\frac{50\times 278+199.5}{50}=281.9\ \mathrm{K}=8.99\ ℃ \tag{14.21}$$

（**課題 2**）略

（**課題 3**）総解析時間，節点数，要素数のデータを**表 14.1** に示します．

表 14.1　解 析 情 報

総解析時間［s］	節点数	要素数
3.0	74268	50763

（**課題 4**）窓ガラスの温度の分布と熱流束分布を**図 14.12**，**図 14.13** に示します．

図 14.12　温度の分布

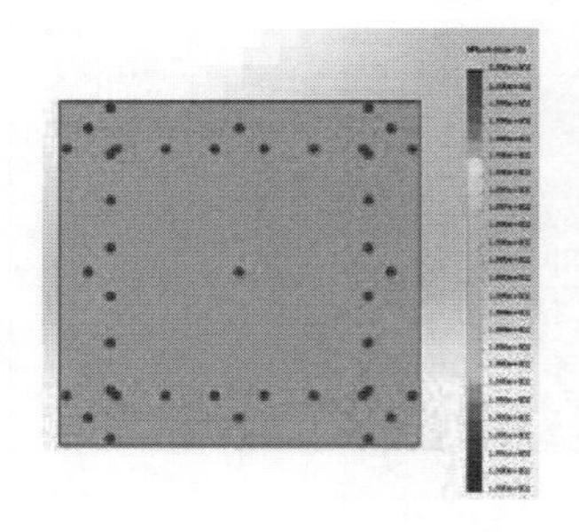

図 14.13　熱流束の分布
（全領域にわたって熱流束はほぼ一定）

（**課題 5**）誤差の計算は次式のように表されます．

$$(\text{内側温度の誤差})=\left|\frac{10.053-9.903}{10.053}\right|\times 100=1.49\ \% \tag{14.22}$$

$$(\text{外側温度の誤差})=\left|\frac{8.989-8.839}{8.989}\right|\times 100=1.67\ \% \tag{14.23}$$

理論値と SOLIDWORKS 解析値，および誤差を**表 14.2** にまとめます．

表 14.2　温度の比較

	理論値	SOLIDWORKS 解析値	誤差［%］
内側温度［℃］	10.05	9.90	1.49
外側温度［℃］	8.99	8.84	1.67
熱流束［$\mathrm{W/m^2}$］	199.5	199.5	0.0

15章　熱応力（構造-熱連成解析）

15.1　熱　応　力

実際の構造物はさまざまな材料や部材から構成されることが一般的です．構成部品を用い，構造物を組み上げるときに，はめあいに問題がないように部材の寸法を決めます．しかし，熱を発生するような構造物（例えば，ボイラ，高炉内壁），もしくは日中，熱にさらされる構造物（例えば，鉄道のレール，鋼橋など）であれば，熱の影響で部材が伸びます．材料を熱すると，温度上昇とともに材料は膨張します．一方で構造物の位置を固定するため，杭やボルトなどで締結しなければなりません．その結果，その構造物の部材に内部応力が生じ，ひずみや変形が蓄積します．このように，熱の影響で生じた内部応力を**熱応力**と呼びます．

本章では，これまでに習得した構造解析と伝熱解析を用い，構造および熱の連成解析について学びます．

15.2　構造-熱の連成解析

熱応力を解析するため，構造解析と伝熱解析を交互に実施します．最初に，伝熱解析より，温度分布を求め，熱による部材の伸縮量を求めます．その後，解析のタイプを構造解析に切り替えます．伸縮量に基づいて，部材の内部応力，ひずみ，および変形量を計算します．このように伝熱解析で求めた物理量を構造解析に用います．このような相互作用を考慮した解析を**構造-熱連成解析**と呼びます．

15.3　熱応力の定式化

温度が1℃上昇したときのひずみの変化率を**線膨張係数**と呼び，定数 α で表します．温度の変化を Δt で表すと，部材の伸び λ を次式のように表します．

$$\lambda = l\alpha\Delta t \qquad (15.1)$$

ここで，変数 l は初期の部材の長さを示します．

15.4　三 層 帯 板

図15.1に示すように長さ l，幅 a，高さ h_c の銅板の両面を長さ l，幅 a，高さ h_s の鋼板で接着します．この三層帯板の温度を Δt だけ上昇させたときに，内部応力が発生します．銅と鋼の弾性係数および線膨張係数を E_c，E_s，および α_c，α_s とします．もし，銅と鋼が接着されていない場合は，式（15.1）より，銅と鋼の伸びはそれぞれ

$$\lambda_s = l\alpha_s\Delta t \qquad (15.2)$$

$$\lambda_c = l\alpha_c\Delta t \qquad (15.3)$$

となります．$\alpha_c > \alpha_s$ であるため，熱の影響で鋼よりも銅のほうが伸びることになります．三

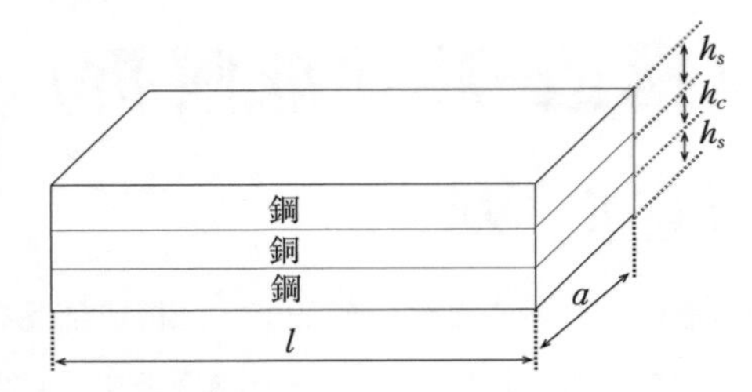

図 15.1　鋼-銅-鋼からなる三層帯板

層帯板においては，銅が鋼に接着されているため，銅の伸びを抑制します．すなわち，銅板は三層帯板の中で，圧縮荷重を受けることになります．このときの銅板に負荷する荷重（力）を $2\times P$ とします．そのときの銅の応力 σ_c は次式で表されます．

$$\sigma_c=\frac{2P}{ah_c} \tag{15.4}$$

フックの法則から次式のような関係が導かれます．

$$\varepsilon_c=\frac{\sigma_c}{E_c}=\frac{2P}{E_c a h_c} \tag{15.5}$$

ひずみ ε_c に初期の長さ l をかけることで，銅板の縮み量が得られます．

$$\varepsilon_c l=\frac{\sigma_c l}{E_c}=\frac{2Pl}{E_c a h_c} \tag{15.6}$$

銅板が鋼板に接着していなければ，式（15.3）で銅板の伸び量が得られます．実際は銅と鋼の接着より伸量が抑えられた式（15.6）の分だけ伸び量を引いておく必要があります．

$$l\alpha_c\Delta t-\varepsilon_c l=l\alpha_c\Delta t-\frac{2Pl}{E_c a h_c} \tag{15.7}$$

一方で，$\alpha_c>\alpha_s$ であるため，接着された銅の影響より，鋼には引張力が発生します．その鋼の荷重は P であるため，鋼の伸びは次式で表されます．

$$l\alpha_s\Delta t+\varepsilon_s l=l\alpha_s\Delta t+\frac{Pl}{E_s a h_s} \tag{15.8}$$

帯板どうしは接着されているため，伸縮量は一致しなければなりません．そのため，式（15.7）と式（15.8）は一致します．

$$l\alpha_c\Delta t-\frac{2Pl}{E_c a h_c}=l\alpha_s\Delta t+\frac{Pl}{E_s a h_s} \tag{15.9}$$

式（15.9）を荷重 P について解くと次式が得られます．

$$P=\frac{E_c E_s h_c h_s a\Delta t(\alpha_c-\alpha_s)}{E_c h_c+2E_s h_s} \tag{15.10}$$

したがって，銅および鋼の帯板に生じる熱応力は次式のようになります．

$$\sigma_c=-\frac{2P}{ah_c}=-\frac{2E_c E_s h_s \Delta t(\alpha_c-\alpha_s)}{E_c h_c+2E_s h_s} \tag{15.11}$$

$$\sigma_s=\frac{P}{ah_s}=\frac{E_c E_s h_c \Delta t(\alpha_c-\alpha_s)}{E_c h_c+2E_s h_s} \tag{15.12}$$

15.5 三層帯板の解析モデルを作成してみましょう

（**課題 1**）三層帯板の解析モデルを作成してみましょう．長さ 0.1 m，幅 0.01 m，高さ 0.005 m の銅板があります．**図 15.2** に示すように同じ形状の合金鋼板（鋼板）2 つを両側に配置し，各板を接着します．熱荷重条件として，三層帯板の底部の温度を 373 K に設定します．三層帯板の 4 つの側面および上面に対流条件を設定します．熱伝達係数を 5.0 W/(m^{2}K)，周囲の温度を 303.15 K に設定します．

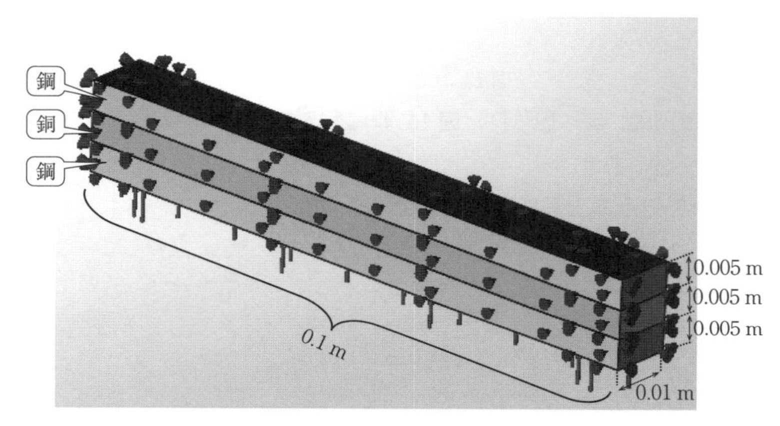

図 15.2　三層帯板の解析モデル

（**課題 2**）伝熱解析（解析タイプ：熱），および構造解析（解析タイプ：静解析）の総解析時間，節点数，要素数を調べ，表（表 15.1 と表 15.2（15.7 節））にまとめましょう．

（**課題 3**）理論式を用い，三層帯板の熱応力を計算してみましょう．

初期の温度を 30℃とします．初期において内部応力はありません．その後，三層帯板をヒーターで熱し，100℃にします．銅板と合金鋼板（鋼板）の熱応力を式（15.11），および式（15.12）からそれぞれ求め，表（表 15.3（15.7 節））にまとめましょう．また合金鋼板（鋼板）と銅の熱応力の理論値と SOLIDWORKS 解析値を求め，理論値と解析値との誤差（式（3.12））を計算してみましょう．

15.6 操　作　手　順

【15.1】SOLIDWORKS の起動と初期設定（▶【2.1】）

【15.2】単位系の設定（その 1）（▶【2.2】）

【15.3】矩形のスケッチ（▶【2.6】）（図 15.3）

○長さ 0.1 m，幅 0.01 m の長方形を作成します．矩形コーナーをクリック→①パラメータを入力

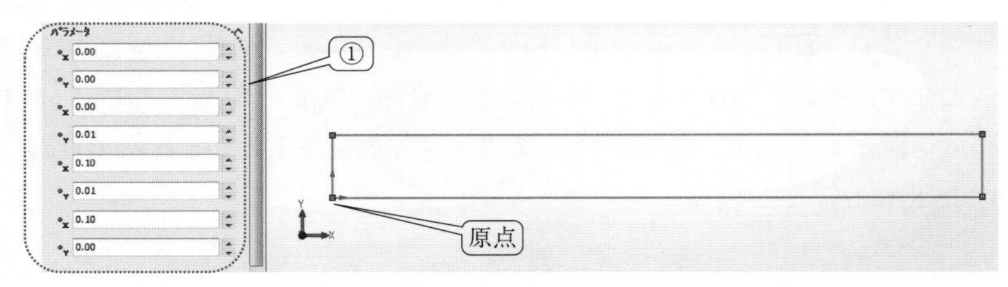

図 15.3　矩形のスケッチ

【15.4】3 次元矩形の作成（▶【2.7】）（図 15.4～図 15.8）

○高さ 0.005 m の矩形を作成

【15.5】描いた 3 次元矩形の上面に矩形をスケッチ

①3 次元矩形の上面をクリック．上面が薄い青色に反転していることを確認→②「スケッチ」のタブをクリック→③「矩形コーナー」をクリック→④矩形端部にポインタを合わせ，頂点に「 」の記号が表示されたらクリック

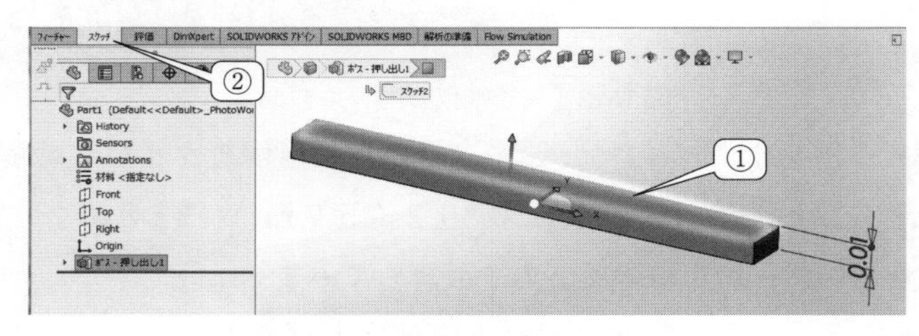

図 15.4　矩形のスケッチ

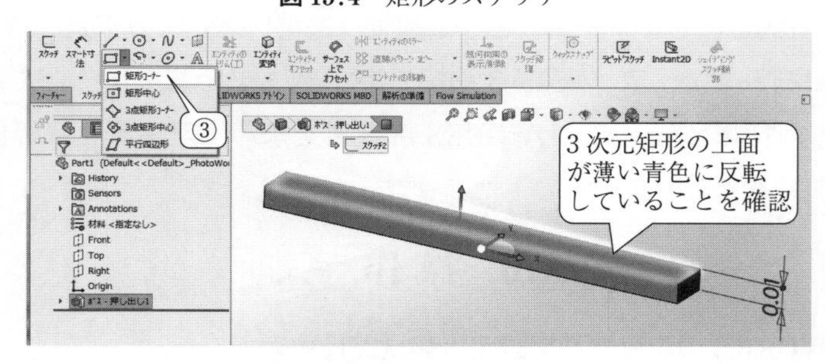

図 15.5　矩形のスケッチ

図 15.6　矩形のスケッチ

⑤ポインタをもう一方の端部に合わせ，頂点に「 」が表示されたらクリック→⑥「✔」をクリック

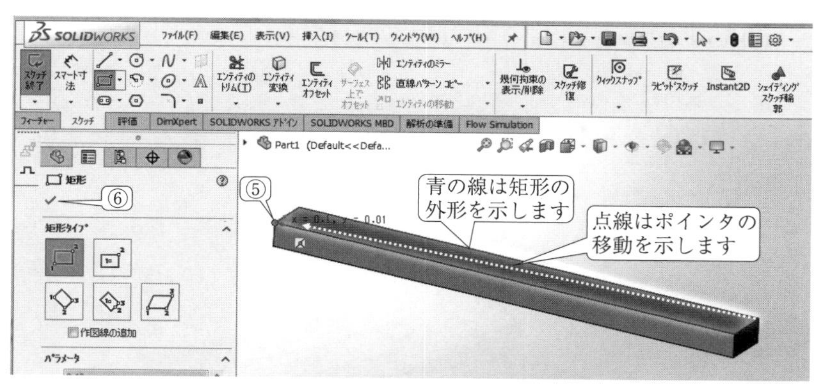

図 15.7　矩形のスケッチ

⑦「フィーチャー」タブをクリック→⑧「押し出しボス/ベース」をクリック→⑨矩形の高さ 0.005 と入力→⑩「結果のマージ」の「✔」をはずします→⑪「✔」をクリック（マージとは英語で merge であり，“統合する”といった意味になります．この場合では，最初に作成した 3 次元矩形と次に作成する 3 次元矩形を一体の形状に統合することを意味します．本章では，3 つの層に分けておく必要があるためマージはしません．）

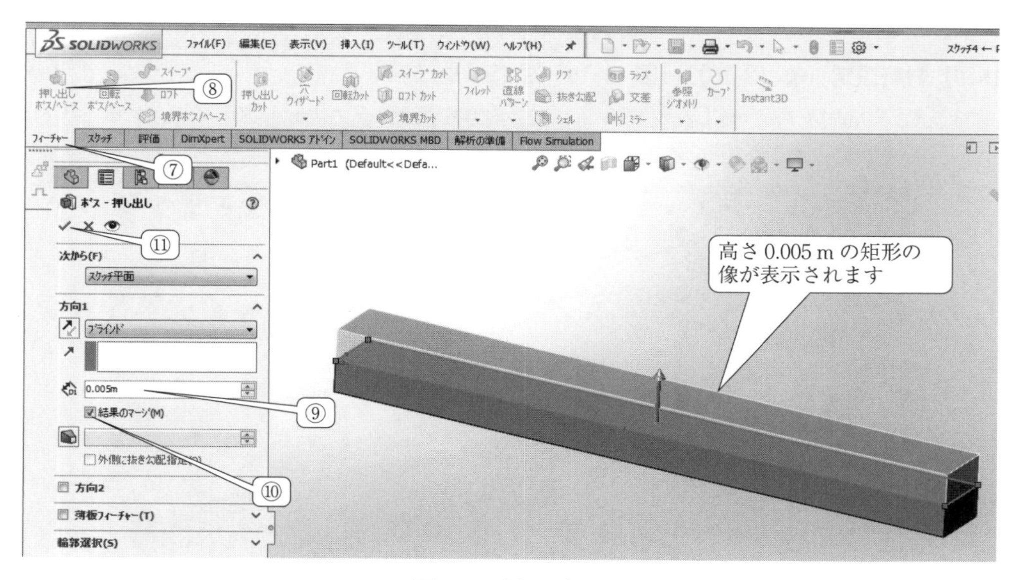

図 15.8　押 し 出 し

○三層帯板を作成するため，もう一層が必要になります．二層を作成した後に，もう一度，【15.5】の作業を繰り返します．

【15.6】アドイン（▶【2.8】）

【15.7】単位系の設定（その 2）（▶【2.3】）

【15.8】解析の種類を選択（▶【2.9】）（図 15.9）

①「熱」のアイコンをクリック→　②「✔」をクリック

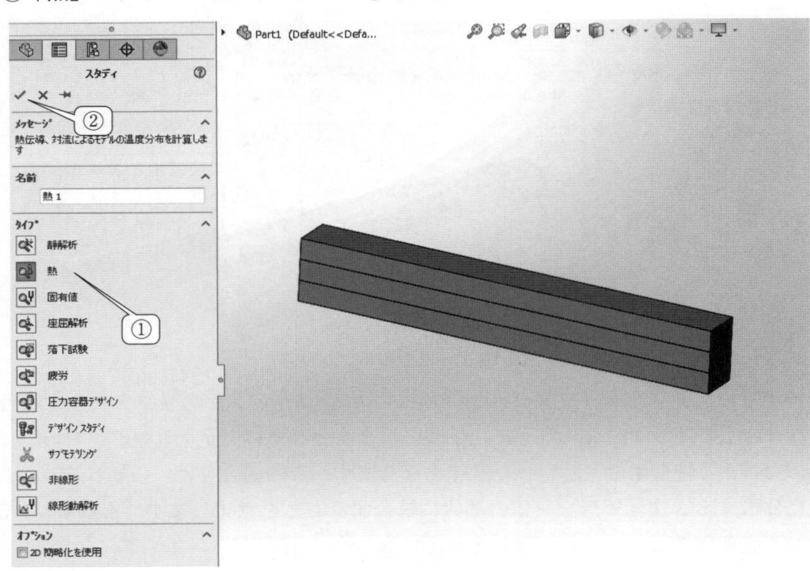

図 15.9　解析タイプの選択

【15.9】材料設定（▶【2.10】）（図 15.10～図 15.11）

①「Part1」の「▼」をクリックして，内容を展開．「ソリッドボディ 1」から「ソリッドボディ 3」を確認．

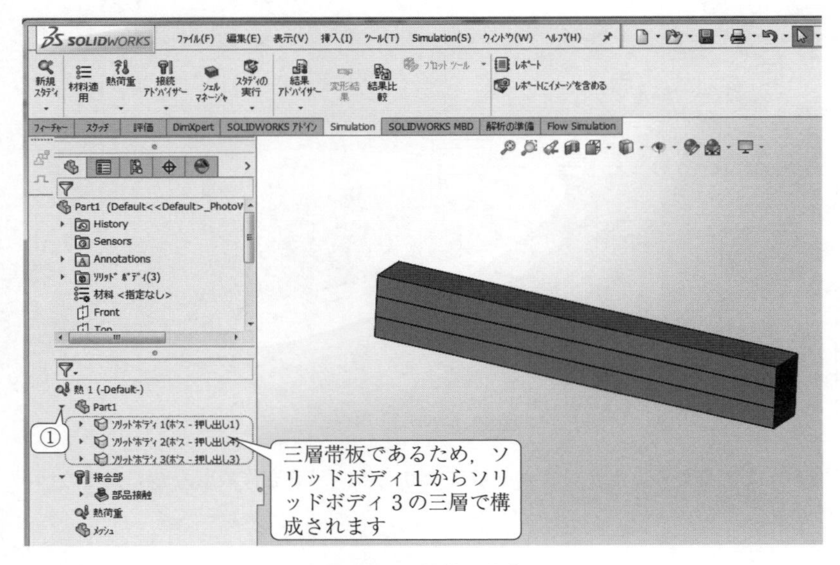

図 15.10　材料の設定

②「ソリッドボディ1」をクリックすると，三層帯板の該当部材が青色に反転します．→③「ソリッドボディ1」を右クリックし，「設定/編集　材料特性」をクリック．→三層帯板の両端の板においては，合金鋼を設定し，三層帯板の中板においては，銅を設定します．

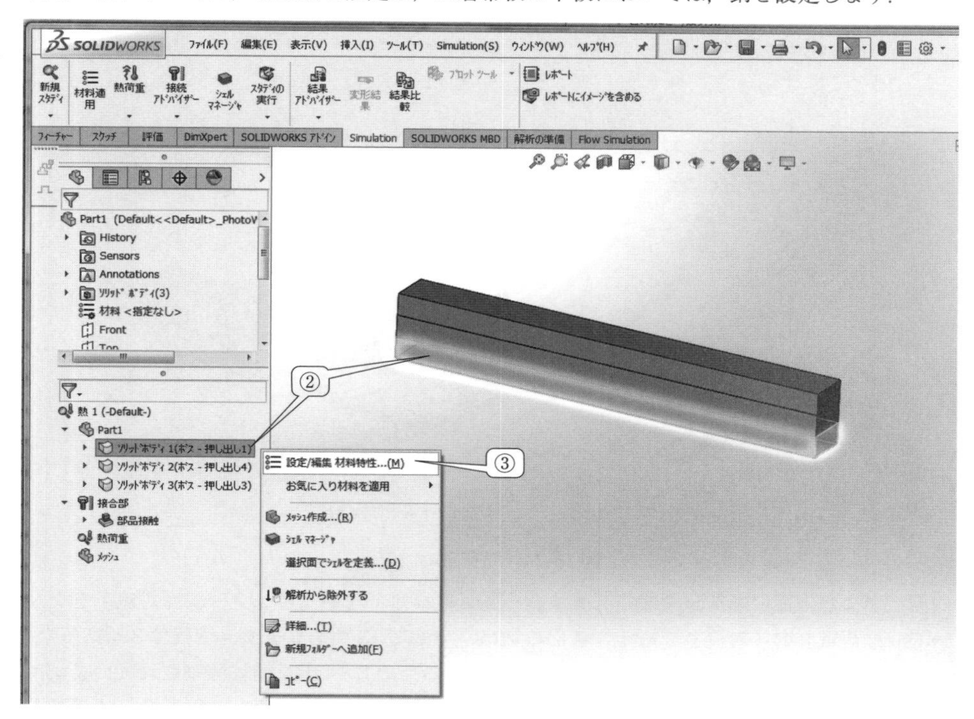

図 15.11　材料の設定

【15.10】 熱荷重条件の設定（図 15.12～図 15.16）

①「熱荷重」を右クリック→②「温度」をクリック

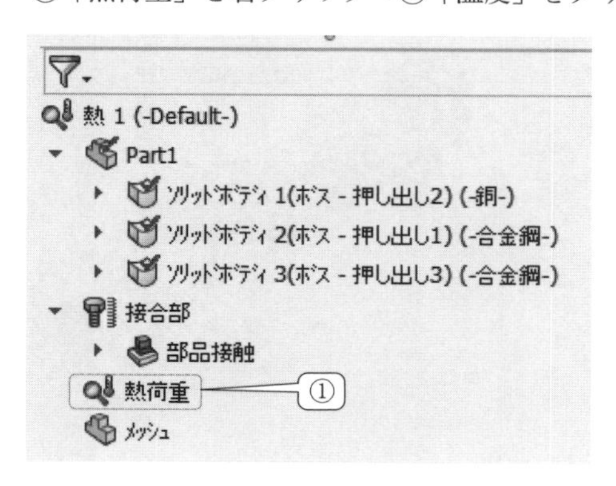

図 15.12　熱　荷　重

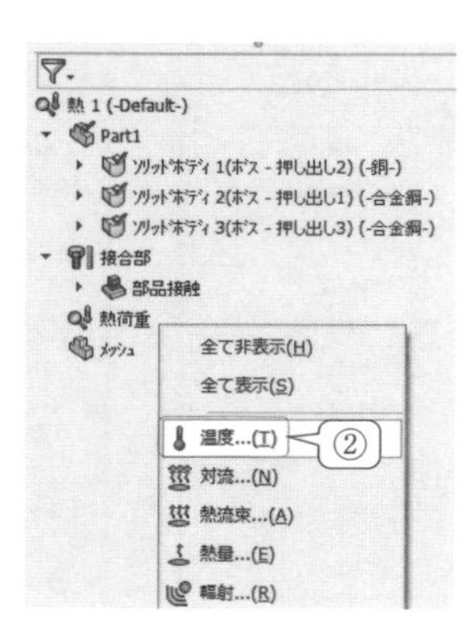

図 15.13　温　　度

③三層帯板の底部をクリックすると，底部が青色に反転します．→④「温度」に 373 と入力します．すなわち摂氏度で底部の温度を 100℃（＝373 K－273 K）に設定します→⑤「✔」をクリック

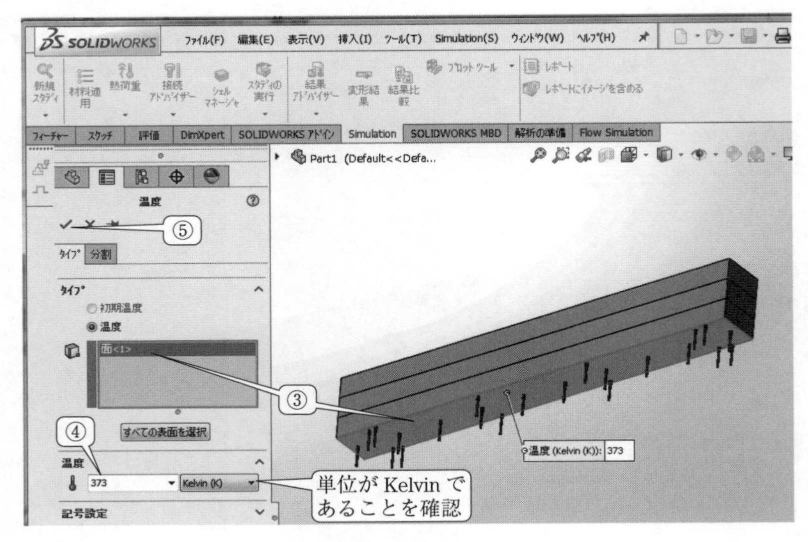

図 15.14　熱荷重の設定

○側面，および上面に熱荷重を設定します．→⑥「熱荷重」を右クリック→⑦「対流」をクリック→⑧「熱荷重」の「対流」を設定する面の数は，全部で 13 面あります．帯板は 3 層あるため，1 つの側面が 3 面に分割されており，4 つの側面があるため 3×4＝12 面に分割されています．また三層帯板の上面もあるため，12＋1＝13 面を設定する必要があります．→⑨「熱伝達係数」を 15 W/(m²K) に設定→⑩「参照周囲温度」を 303 K に設定　→⑪「✔」をクリック

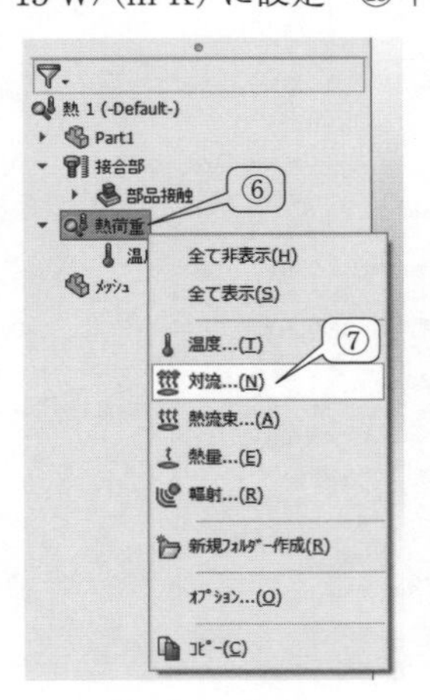

図 15.15　対　　流

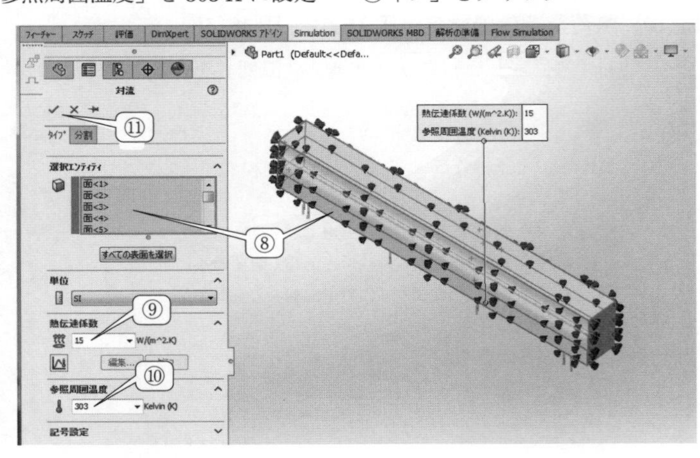

図 15.16　対流の設定

【15.11】メッシュを作成する（▶【2.15】）

○スライダーバーのつまみを「細い」へ移動→「✔」をクリック

【15.12】解析実行（▶【2.16】）

【15.13】熱解析による温度コンター図を可視化（図 15.17）

○結果の「▼」をクリックし，内容を展開→①「熱 1（温度)」にポインタを合わせ，右クリック→②「表示」をクリック

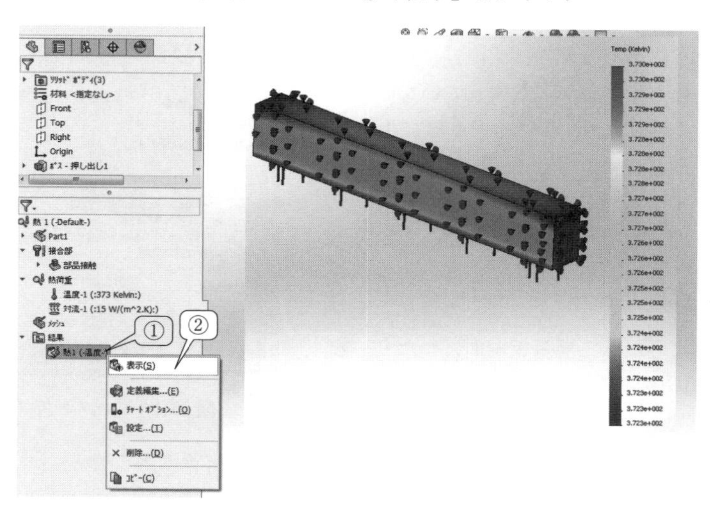

図 15.17　温 度 分 布

【15.14】解析の種類を選択（▶【2.9】）

○画面上の「Simulation」をクリック→「スタディ」をクリック→「静解析」を選択　→「✔」をクリック

【15.15】材料設定（▶【2.10】）

【15.9】の材料設定で行ったように合金鋼と銅の材料を設定します.

【15.16】熱解析のデータを取り込む（図 15.18～図 15.20）

①「外部荷重」を右クリック→②「熱効果」をクリック→③「流れ/熱効果」のタブをクリック→④「熱伝導解析の温度結果を読込む」をクリック　→⑤「ひずみゼロ時の参照温度」に 303 を入力

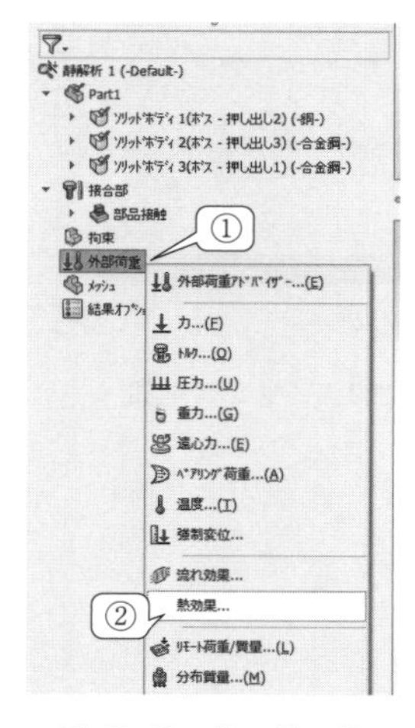

図 15.18　熱　効　果

図 15.19　熱伝導解析の温度結果を読込む

⑥「オプション」のタブをクリック→⑦「モデルを安定化させるためにソフトスプリングを使用」にチェックを入れます→⑧「OK」をクリック

（注）静解析は内部の応力やひずみの状態を可視化するときに用います．応力やひずみは，固定した物体に力を負荷したときに発生します．固定していない物体に力を負荷したら物体には応力やひずみは発生せずに，物体自体が運動します．本章の三層帯板の解析モデルは拘束がありません．一方で三層帯板の解析モデルの側面の変位を固定してしまうと，確認したい熱応力が得られません．そのため，柔らかいばねの端部を三層帯板側面に接合し，もう一方のばねの端部を変位固定します．このように，三層帯板全面にわたり，複数の柔らかいばねを配置し，解析モデルを固定します．

図 15.20　ソフトスプリング使用

ちなみに，拘束条件がない場合は，数値的に不安定になり，解析できません．

【15.17】メッシュを作成（▶【2.15】）

○スライダーバーのつまみを「細い」へ移動→「✔」をクリック

【15.18】解析実行（▶【2.16】）

【15.19】ソルバのメッセージ（▶【2.17】）

○総時間数，節点数，要素数を調べ，表 15.2 を作成します．

【15.20】応力の解析結果にメッシュの線を表示（図 15.21～図 15.22）

①「応力」を右クリック→②「定義編集」をクリック→③「設定」のタブをクリック→④「境界表示オプション」の「▼」をクリック後，「メッシュ」をクリック→⑤「✔」をクリック

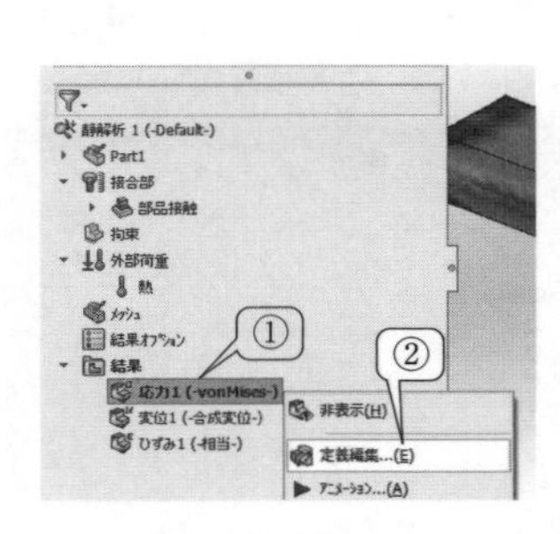

図 15.21　定義編集

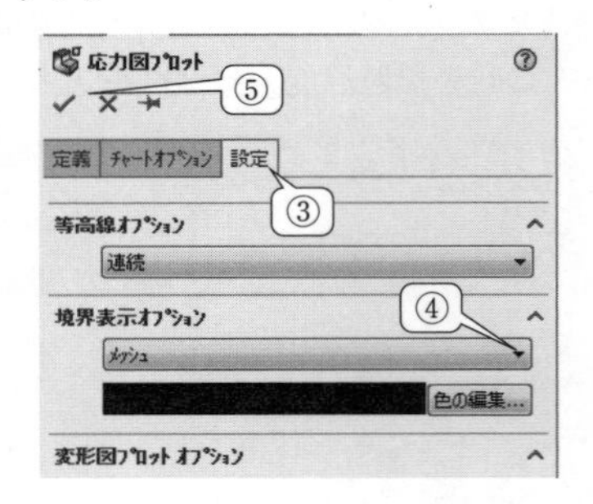

図 15.22　メッシュ追加

【15.21】 視点を変更することで三層帯板の端部を表示

【15.22】 銅板での熱応力の平均を出力（課題 3）（▶【2.19】）（**図 15.23**）

○「応力」を右クリック→「問い合わせ」をクリック→①「選択エンティティ」にチェック→② 三層帯板の銅板に対応する面をクリック→③「更新」をクリック→④銅板の応力の平均を表 15.3 に記入

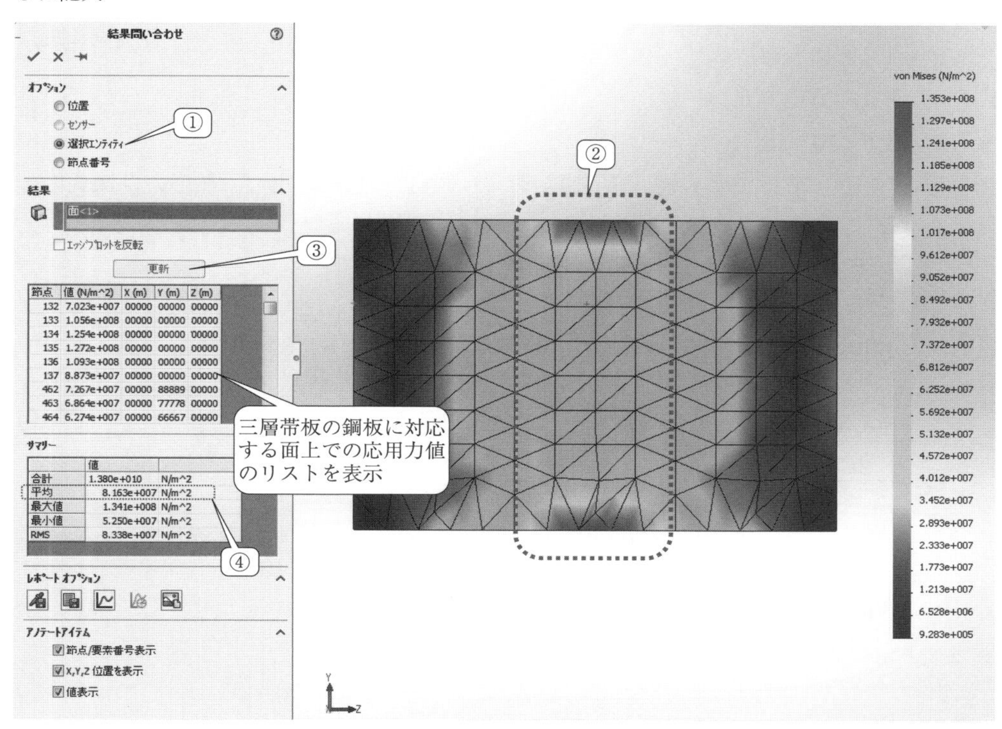

図 15.23　結果の問い合わせ

【15.23】 合金鋼板での熱応力の平均を出力（課題 3）

○【15.22】と同じ手順で合金鋼での応力の平均を出力し，表 15.3 にその値を記入する

15.7　課題解答例

（**課題 1**）15.6 節を参照のこと

（**課題 2**）伝熱解析，および構造解析の解析情報を**表 15.1**，**表 15.2** にまとめます．

表 15.1　伝熱解析の解析情報

総解析時間［s］	節点数	要素数
4	80844	55365

表 15.2　構造解析の解析情報

総解析時間［s］	節点数	要素数
7	80844	55365

（**課題 3**）合金鋼の弾性係数 E_s，線膨張係数 α_s，板の高さ h_s は次式のようになります．

$$E_s = 2.1\times10^{11}\ \mathrm{Pa} \tag{15.13}$$

$$\alpha_s = 1.3\times10^{-5}[1/\mathrm{K}] \tag{15.14}$$

$$h_s = 5.0\times10^{-3}\ \mathrm{m} \tag{15.15}$$

銅の弾性係数 E_c，線膨張係数 α_c，板の高さ h_c は次式のようになります．

$$E_c = 1.1\times10^{11}\ \mathrm{Pa} \tag{15.16}$$

$$\alpha_c = 2.4\times10^{-5}[1/K] \tag{15.17}$$

$$h_c = 5.0\times10^{-3}\ \mathrm{m} \tag{15.18}$$

また，温度差 $\Delta t = 70\ \mathrm{K}$ です．式（15.11），および式（15.12）を用い，熱応力は次式のように得られます．

$$\begin{aligned}\sigma_s &= \frac{E_c E_s h_c \Delta t(\alpha_c - \alpha_s)}{E_c h_c + 2E_s h_s}\\ &= \frac{1.1\times10^{11}\times2.1\times10^{11}\times5.0\times10^{-3}\times70\times(2.4\times10^{-5}-1.3\times10^{-5})}{1.1\times10^{11}\times5.0\times10^{-3}+2\times2.1\times10^{11}\times5.0\times10^{-3}}\\ &= +3.36\times10^{7}\ \mathrm{Pa}\qquad \text{（符号の“＋”は引張を示す）}\end{aligned} \tag{15.19}$$

$$\begin{aligned}\sigma_c &= -\frac{2E_c E_s h_s \Delta t(\alpha_c - \alpha_s)}{E_c h_c + 2E_s h_s}\\ &= -\frac{2\times1.1\times10^{11}\times2.1\times10^{11}\times5.0\times10^{-3}\times70\times(2.4\times10^{-5}-1.3\times10^{-5})}{1.1\times10^{11}\times5.0\times10^{-3}+2\times2.1\times10^{11}\times5.0\times10^{-3}}\\ &= -6.71\times10^{7}\ \mathrm{Pa}\qquad \text{（符号の“－”は圧縮を示す）}\end{aligned} \tag{15.20}$$

理論値と解析値，および誤差を**表 15.3** にまとめます．

表 15.3　熱応力の比較

	理論値［Pa］	SOLIDWORKS 解析値［Pa］	誤差［%］
合金鋼板熱応力	3.36×10^{7}	3.15×10^{7}	6.7
銅板熱応力	6.71×10^{7}	8.16×10^{7}	21.6

索　引

▷学　術　用　語◁

▷SOLIDWORKS 操作で使われる用語◁

―― 著者略歴 ――

2006年　東京大学大学院 工学系研究科 システム量子工学専攻 博士課程修了，博士（工学）
2011年　独立行政法人 宇宙航空研究開発機構／情報・計算工学センター（JAXA/JEDI）
2013年　大同大学工学部機械システム工学科准教授
2020年　大同大学工学部機械システム工学科教授
現在に至る

SOLIDWORKSによるCAE教室 ― 構造解析／振動解析／伝熱解析 ―
CAE Training Using SOLIDWORKS
― Structure Analysis / Vibration Analysis / Thermal Analysis ―

2020年3月25日　初版第1刷発行　★
2022年8月30日　初版第2刷発行

検印省略

著　者　篠原（しのはら）　主勲（かずのり）
発行者　株式会社　コロナ社
　　　　代表者　牛来真也
印刷所　新日本印刷株式会社
製本所　有限会社　愛千製本所

112-0011　東京都文京区千石 4-46-10
発行所　株式会社　コロナ社
CORONA PUBLISHING CO., LTD.
Tokyo Japan
振替 00140-8-14844・電話(03)3941-3131(代)
ホームページ　https://www.coronasha.co.jp

ISBN 978-4-339-04666-3　C3053　Printed in Japan　（新宅）